看不见的杀手

细菌

KANBUJIAN DE SHASHOU XIJUN

王子安◎主编

汕頭大學出版社

图书在版编目（CIP）数据

看不见的杀手——细菌 / 王子安主编. -- 汕头 : 汕头大学出版社，2012.5（2024.1重印）
ISBN 978-7-5658-0802-9

Ⅰ. ①看… Ⅱ. ①王… Ⅲ. ①细菌－普及读物 Ⅳ. ①Q939.1-49

中国版本图书馆CIP数据核字(2012)第097696号

看不见的杀手——细菌

主　　编：王子安
责任编辑：胡开祥
责任技编：黄东生
封面设计：君阅天下
出版发行：汕头大学出版社
　　　　　广东省汕头市汕头大学内　邮编：515063
电　　话：0754-82904613
印　　刷：三河市嵩川印刷有限公司
开　　本：710 mm×1000 mm　1/16
印　　张：16
字　　数：90千字
版　　次：2012年5月第1版
印　　次：2024年1月第2次印刷
定　　价：69.00元
ISBN 978-7-5658-0802-9

版权所有，翻版必究
如发现印装质量问题，请与承印厂联系退换

浩瀚的宇宙,神秘的地球,以及那些目前为止人类尚不足以弄明白的事物总是像磁铁般地吸引着有着强烈好奇心的人们。无论是年少的还是年长的,人们总是去不断的学习,为的是能更好地了解我们周围的各种事物。身为二十一世纪新一代的青年,我们有责任也更有义务去学习、了解、研究我们所处的环境，这对青少年读者的学习和生活都有着很大的益处。这不仅可以丰富青少年读者的知识结构，而且还可以拓宽青少年读者的眼界。

生命的生死轮回，是不可避免的，即使在没有生命的无机世界，也存在着我们所难以察觉出的“特殊生命形式”。然而，世间造成生命死亡的形式太多，既有天灾也有人祸，尤其是在看似现代化的新时代，随着技术文明的越来越发达，物质产品的样式越来越多，反而生命却愈加脆弱。相对于自然老死的生命规律，如今更多的是死于致命的屠夫——细菌。本书即是讲述了细菌的相关知识，共分为六章。第一章主要介绍了细菌的起源、分类、特征以及对细菌的研究；第二章介绍了细菌的分类学说；第三章介绍了细菌与人类健康；第四章介绍了细菌武器；第五章介绍了细菌与病毒的关系；第六章介绍了细菌专家。内容涵盖丰富，具有极强的知识性。

综上所述，《看不见的杀手——细菌》一书记载了细菌知识中最精彩的部分，从实际出发，根据读者的阅读要求与阅读口味，为读者呈现最有可读性兼趣味性的内容，让读者更加方便地了解历史万物，从而扩大青少年读者的知识容量，提高青少年的知识层面，丰富读者的知识结构，引发读者对万物产生新思想、新概念，从而对世界万物有更加深入的认识。

此外，本书为了迎合广大青少年读者的阅读兴趣，还配有相应的图文解说与介绍，再加上简约、独具一格的版式设计，以及多元素色彩的内容编排，使本书的内容更加生动化、更有吸引力，使本来生趣盎然的知识内容变得更加新鲜亮丽，从而提高了读者在阅读时的感官效果，使读者零距离感受世界万物的深奥。在阅读本书的同时，青少年读者还可以轻松享受书中内容带来的愉悦，提升读者对万物的审美感，使读者更加热爱自然万物。

尽管本书在制作过程中力求精益求精，但是由于编者水平与时间的有限、仓促，使得本书难免会存在一些不足之处，敬请广大青少年读者予以见谅，并给予批评。希望本书能够成为广大青少年读者成长的良师益友，并使青少年读者的思想得到一定程度上的升华。

2012年7月

目　录
contents

第一章　漫谈细菌学说

第二章　细菌分类学说

第三章　细菌与人类健康

第四章　说说细菌武器

第五章　谈谈细菌与病毒

第六章　说说细菌专家

第一章

漫谈细菌学说

细菌分广义和狭义两种说法。广义的细菌即为原核生物，是指一大类无核膜包裹细胞核，只存在称作拟核区（或拟核）的裸露DNA的原始单细胞生物，包括真细菌和古生菌两大类群，其中除少数属古生菌外，多数的原核生物都是真细菌。可大致分为6种类型，即细菌（狭义）、放线菌、螺旋体、支原体、立克次氏体和衣原体。而人们通常所说的细菌即为狭义的细菌，狭义的细菌为原核微生物的一类，是一类形状细短，结构简单，多以二分裂方式进行繁殖的原核生物，是在自然界分布最广的有机体，是大自然物质循环的主要参与者。

细菌是生物的主要类群之一，属细菌域。细菌是所有生物中数量最多的一类，据估计，其总数约有5×10^{30}个。细菌的结构十分简单，没有膜结构的细胞器例如线粒体和叶绿体，但是有细胞壁。细菌广泛分布于土壤和水中，可与其他生物共生。人体也带有相当多的细菌。据估计，人体内及表皮上的细菌细胞总数约是人体细胞总数的十倍。此外，也有部分种类分布在比较极端的环境中，例如温泉，甚至是放射性废弃物中，它们被归类为嗜极生物，其中最著名的种类之一是海栖热袍菌，科学家是在意大利的一座海底火山中发现这种细菌的。细菌的种类是如此之多，科学家研究过并命名的种类只占其中的小部分。细菌域下所有门中，只有约一半包含能在实验室培养的种类。

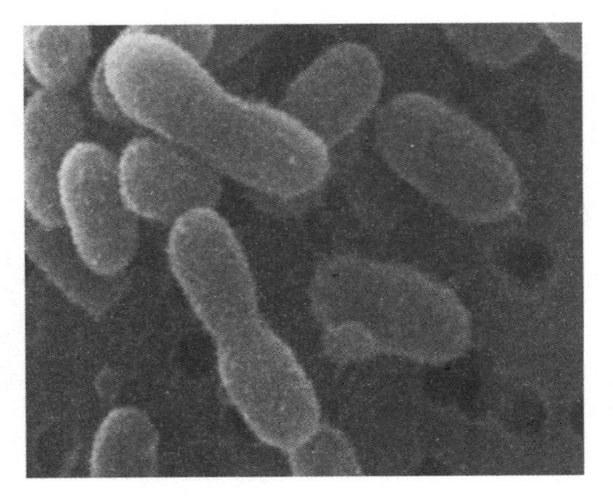

细　菌

细菌的研究史

细菌这个名词最初是由德国科学家埃伦伯格在1828年提出的，用来指代某种细菌。这个词来源于希腊语βακτηριον，意为“小棍子”。

1866年，德国动物学家海克尔建议使用“原生生物”，包括所有单细胞生物（细菌、藻类、真菌和原生动物）。

1878年，法国外科医生塞迪悦提出使用“微生物”来描述细菌细胞或者更普遍的指微小生物体。

因为细菌是单细胞微生物，用肉眼无法看见，需要用显微镜来观察。1683年，安东·列文虎克最先使用自己设计的单透镜显微镜观察到了细菌，大概放大了200倍。路易·巴斯德和罗伯特·科赫还指出细菌可导致疾病。

海克尔

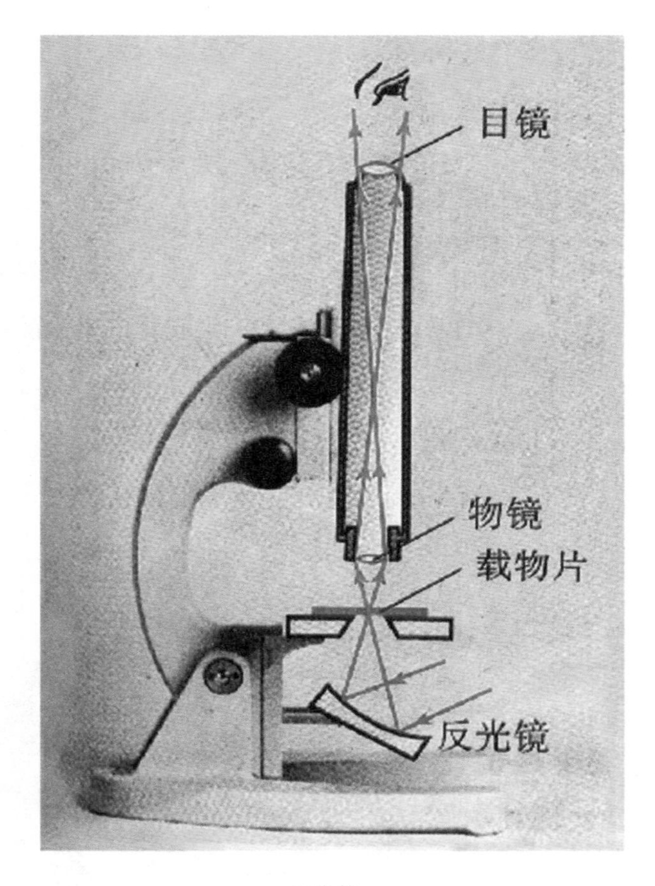

显微镜

细菌的起源

根据目前已找到的化石来推断，细菌的起源可追溯至35亿年前。然而有关细菌的研究，则是直到十九世纪显微镜发明改良后，才开始蓬勃发展。自1930年代电子显微镜发明后，人们对细菌又有了更进一步的了解。细菌是一群庞杂的微生物，通常我们可以根据其大小、裸露的染色体与独特的繁殖方式与高等生物作一区分。在细菌的外部形态上，通常根据其形状来区分，可分为球菌、杆菌、螺旋菌三类。球菌呈圆球形，分裂以后多会暂时排列在一起，有些成对排列着，我们称之为双球菌，如肺炎双球菌；而有些似一串珍珠项链般呈长链状排列，被称为链球菌；此外，也有聚集成团的球菌菌种，我们称之为葡萄球菌。杆菌呈杆状，在细菌中所占种类最多，如大肠菌、沙门氏杆菌、造成消化性溃疡的幽门螺旋杆菌、肺结核杆菌等都是。螺旋菌则呈螺旋状，种类上远比杆菌或球菌来得少，通常没有致病的能力。除了上述三种常见的形态外，还有其它形态特殊的菌种，如引起梅毒的病原菌是属于螺旋体类的特殊菌；引起砂眼的披衣菌，也是另一类特殊的细菌，此类细菌较小，人工方法培养上有困难，故以往通常误以为砂眼是由病毒所引起的。

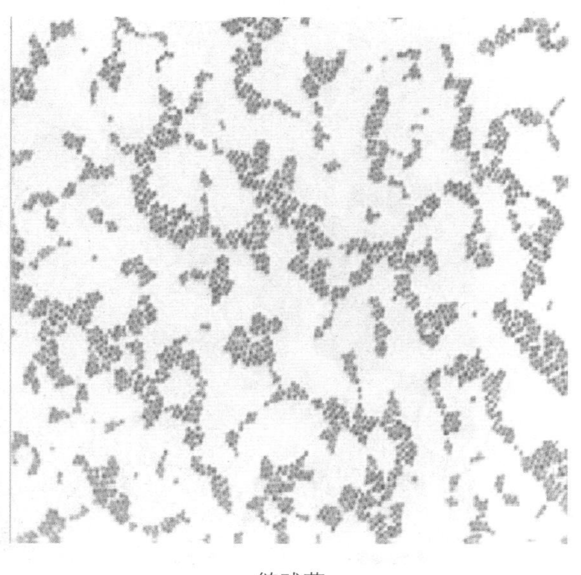

链球菌

太阳高纯度碳化物在燃烧中会自然产生对细胞生物生长有妨碍的化学物质（以下统称为有毒物质），这些有毒的物质在太阳磁场的控制下，会随着尘粒转移到太空中去。在尘粒中就带有毒性的化学物质元素。尘粒在A+B=C的运动结

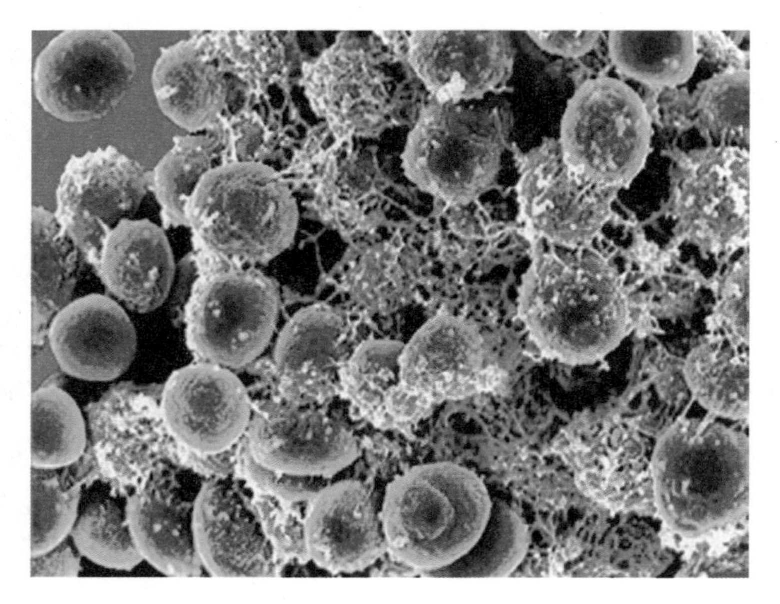

葡萄球菌

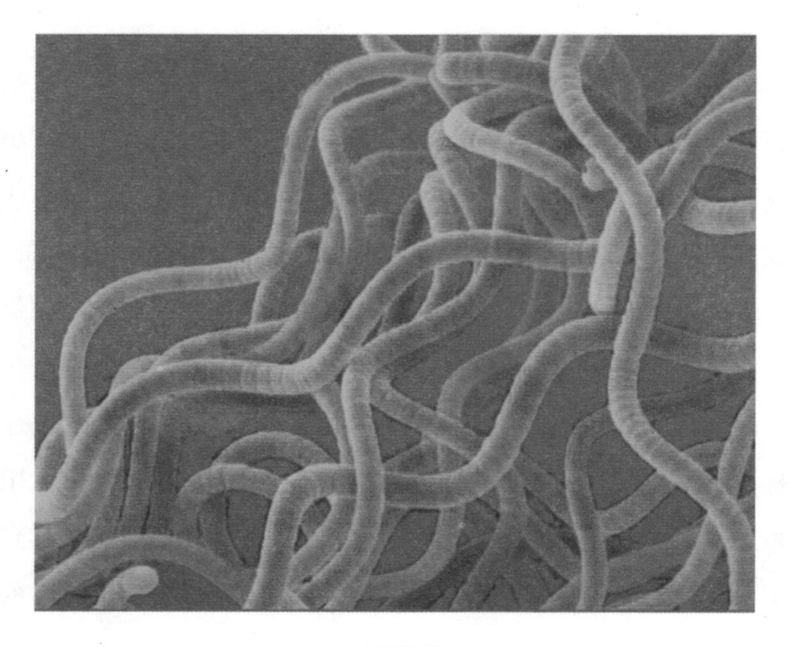

螺旋菌

合中不断发展壮大，当尘粒积聚到一定的质量，并在相互引力的作用下结合积聚时会产生冲击和碰撞的现象。当出现了火花时，也会产生有毒物质元素，这些有毒化学物质元素与尘粒紧密相依，相互依存。在太阳系内的行星体不断发展壮大的过程中，尘粒天然地存在着对生命体有害的毒性元素。然而，地球上的无机物质（尘粒结构）中的尘粒在天然条件下，在水流和波浪的冲击下会产生化合作用。在无机的尘粒物质通过物理化学反应发生质的变化的同时，有毒元素也随着尘粒的变化而变化。当尘粒转变成为微小的碳水化合物单细胞（有机分子）时，有毒物质元素也以更为微小的化合物生命个体而存在于这个个体之中，即存在于单细胞之中。它是作为一种比单细胞还要微小的呈单个孢子状生命形态，独立地依附在细胞之中而生存的，它不是由

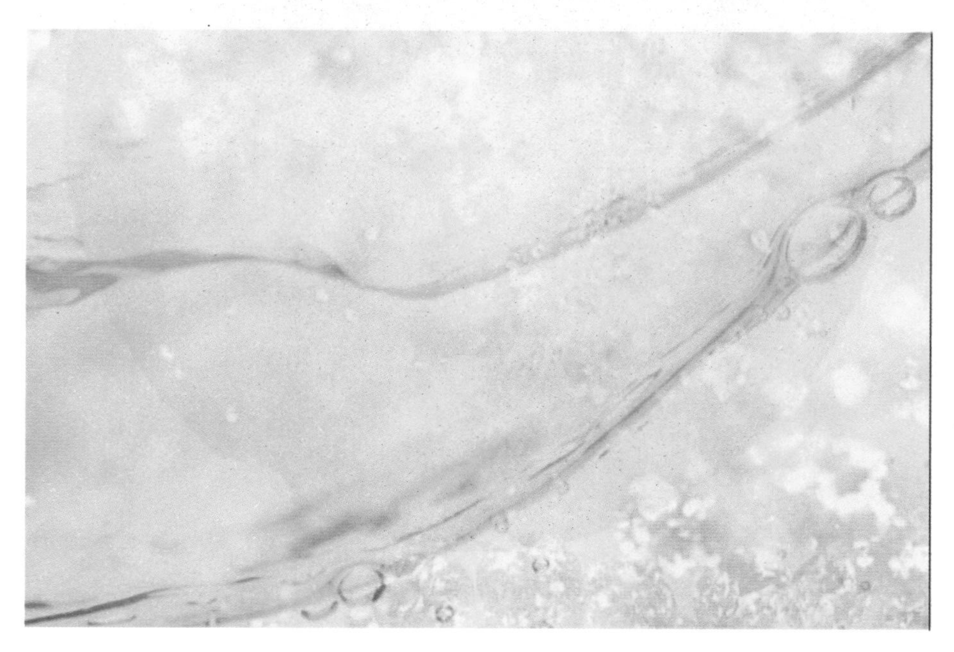

流　水

单细胞结构所构成的生命形态。这种能在细胞中而独立生存的孢子状微小生命体就是一种原核生物。原核生物在医学上统称为细菌。

细菌的生存形态有球状、杆状、弧状、冠状、链状和螺旋状等，它能寄生在细胞生命体内及有机物自然体里而独立生存。

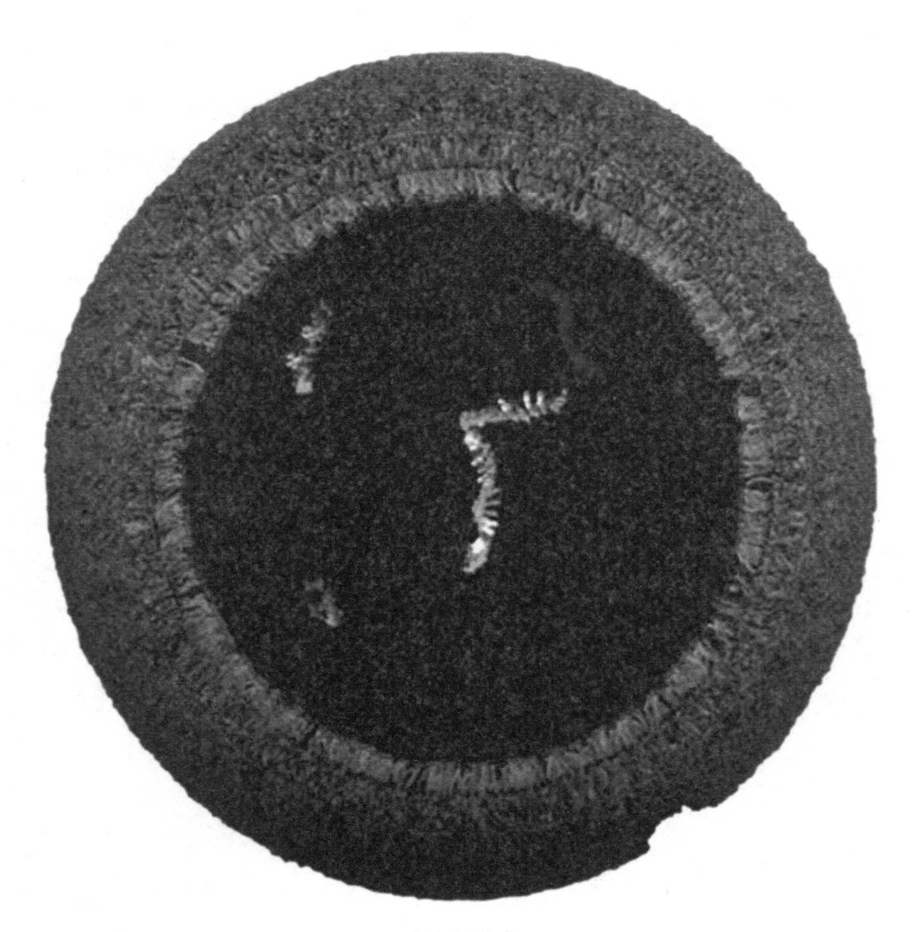

单细胞生物

细菌的分类

在科学界，有些学者把由单细胞到形成原生物之前的微小细胞生命体和体外细菌及部分的真菌都作为微生物一体来进行研究。实际上应该把它们区分开来：

（1）在细胞生命体内所寄生的细菌可称为体内细菌。

（2）脱离了细胞生命体而依靠自然界的生物质来进行生存的所有细菌可称为体外细菌。

（3）体内和体外的细菌与真菌在对细胞生命体某些生存功能细

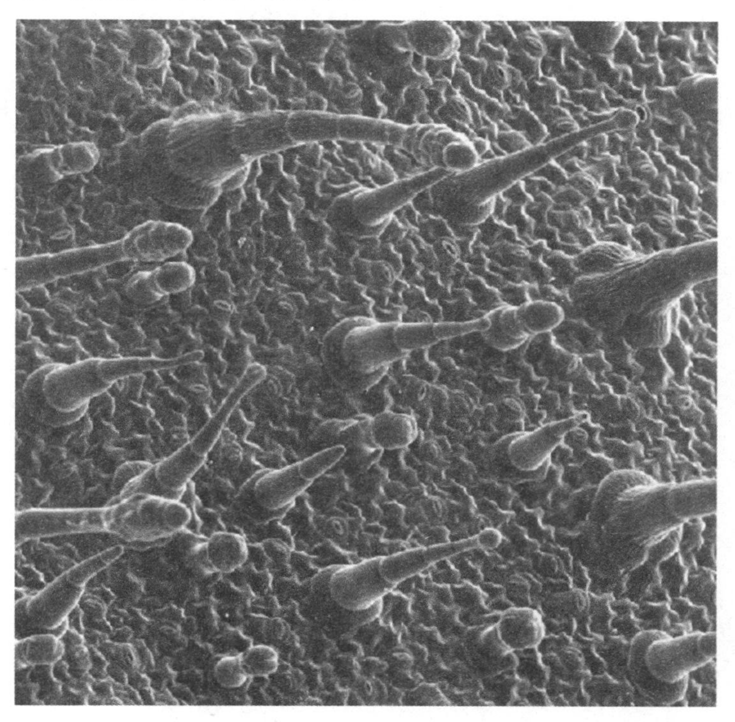

微生物

胞组织与环节细胞组织起到破坏性作用时，可称为病菌感染。

（4）由单细胞到形成原生物之前的微小细胞生命体可称为原生生物。

（5）体内细菌、体外细菌、子囊真菌和原生生物这几种微小生命体，可统称为微生物。即微生物类型有：体内细菌、体外细菌、子囊真菌和原生生物四种不同的生命形态。这样区分它们就非常清晰，将不会出现之前微生物研究上所产生的混乱现象。

细菌的表现特征

细菌能伴随着细胞生命的诞生而出现，还可以伴随着地球生物的发展而发展。细菌主要有以下七个方面的表现特征：

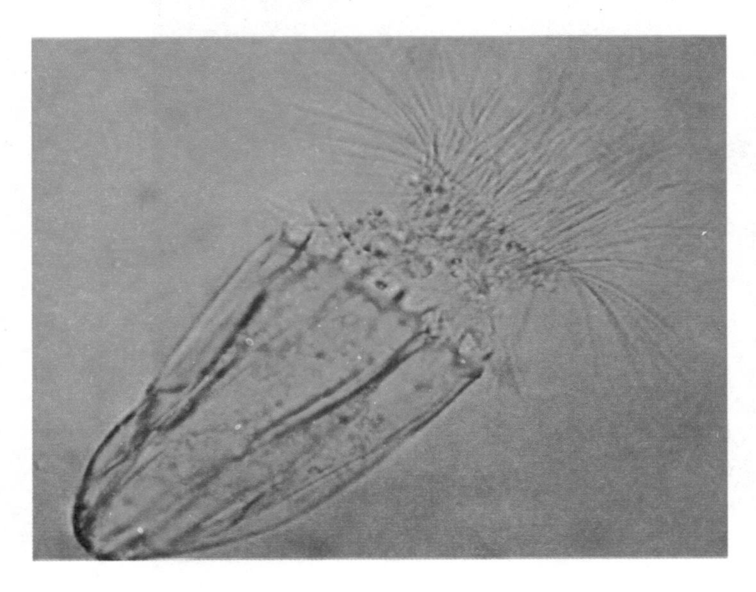

细胞动物

◆ **细菌是一种微型动物**

细菌与细胞动物一样，都是异样生物，都是以自然界动植物的生物质作为营养食物来获取能量，且都是以运动和不断繁殖的方式进行生存的。但不同的是，动物是利用空气或水中的氧气进行交换的，而细菌则是利用自然生物质的氧元素进行交换的。

◆ **细菌是一种原核生物**

细菌不是由单细胞所构成的生命形态，而是一种寄生在细胞之中，比单细胞还要微小的呈单个孢子状的生命形态。它们的生存形态有球状、杆状、弧状、冠状、链状和螺旋状等。细菌外部由较为坚硬的核壁所组成，内部是个核膜，含有胶状物质，也称为核糖体，是合成蛋白质的地方。

◆ **细菌是一种寄生物**

自然界哪里有生物质，哪里就

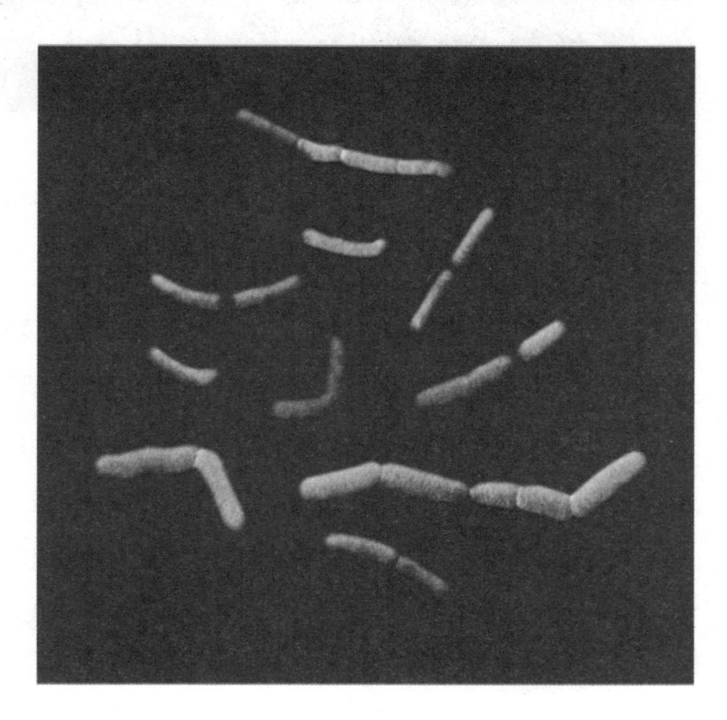

原核生物

边礁石上的寄生物

有细菌生存的足迹。科学研究表明，细菌是寄生在自然界生物质的活体（指存活中的动植物和真菌）和自然体（指由历代动植物和真菌死亡后所形成的生物质）中而生存的。在所有细胞生物活体中，约有5%的空间都是被细菌所占领的，每个人约有2.5公斤的细菌寄生在体内。细菌还能伴随着细胞生物的遗传基因细胞代代相传下去。

◆ **细菌是一种定体生物**

细菌不像细胞生物那样会不断增殖进化，它们的成菌只有形体上的变化，基本上没有体积上的增大变化，是地球上唯一一类在体积上不可以进化壮大的生物。

◆ 细菌是一种支解物

它们能对细胞生物质起到支解和分化的作用，并在支解、分化细胞生物质的过程中释放出燃烧能力特强的有毒化学物质。

◆ 以毒为器

有些动、植物本身能根据其生理的特点和生态定位，加上适者生存的需要，专门合成和分解出一些有毒化学物质（体内细菌）以作为自身生存的化学武器和赖以生存的手段。这些有毒的化学物质能高度集中，或是作为捕获其它动物的利器，或是作为其它动物攻击时自身的防御工具。诸如毒蛇、毒蛙、毒蝎、毒蛛、毒蜂、蓝环章鱼、椎型蜗牛、毒水母等动物，它们既能保护自身，又能获取食物来源。另外，还有一些植物能用自身的体内

毒水母

细菌从树叶上分解和合成出对动物带有毒性的化学物质和气体，既可以防止自身被动物所食掉，也能保证自身物种呈良性生长和延续。

◆ 人为因素

人类为了自身利益的需要，大量制造了农药、生化武器、化工产品等带有毒性的物质。另外，人类还能将用细菌来以毒攻毒、以菌治菌的方法用作医疗用途，为人类和生物的健康与成长造福。同时，细菌也能用于燃料、食品加工、环境的再循环和净化，以及生物工程等有益于人类求生存的活动。

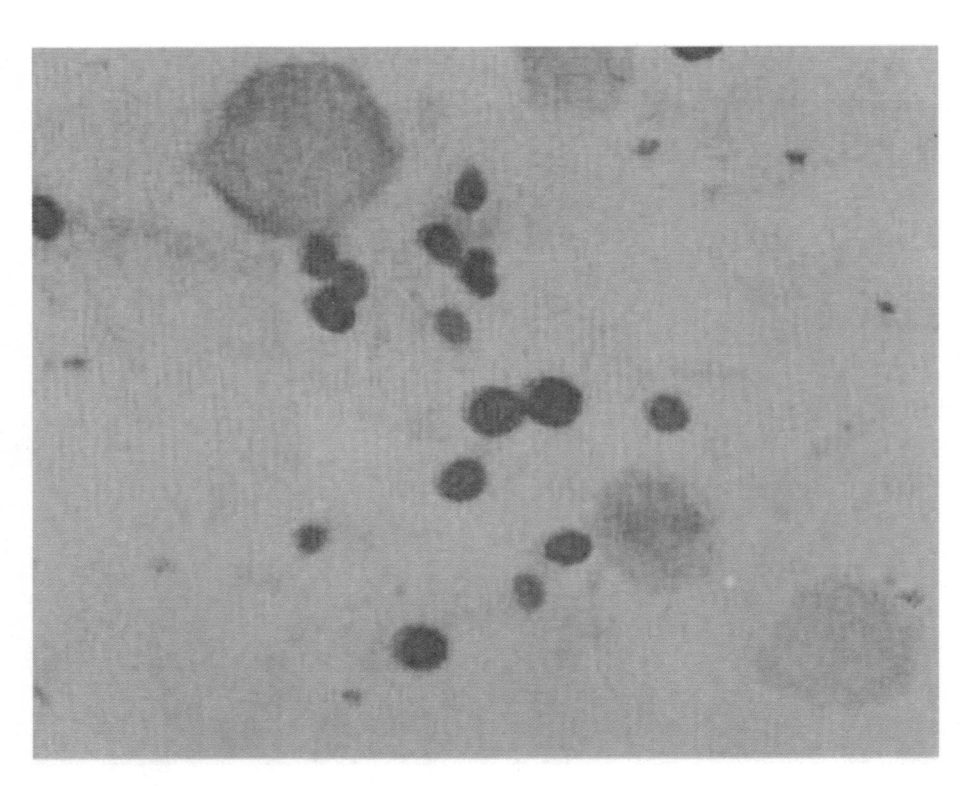

真　菌

知识百花园

细菌学简介

细菌学是微生物学的一个分支学科。它是一门主要研究细菌的形态、生理、生物化学、生态、遗传、进化、分类及其应用的科学。

1676年，列文虎克首先发现了口腔中的细菌，当时叫做“微小生物”。1861年，巴斯德用他那有名的鹅颈瓶所做的实验有力地证明了空气中有细菌存在。他还根据自己对发酵作用的研究，指出空气中存在许多种细菌，它们的生命活动能引起有机物的发酵，产生各种有用的产物，有的产物还可以为另外的细菌后继发酵，产生不期有的产物。

列文虎克

空气中也存在着人和动物的病原菌，能引起各种疾病。为了排除杂菌，巴斯德于1886年创造了巴氏消毒法。1877年，英国化学家廷德尔建立了间歇灭菌法或称廷氏灭菌法。1876年创立了

巴斯德的“鹅颈瓶实验”

无菌外科。同年，德国人科赫分离出了炭疽菌，提出有名的科赫法则。科赫为了弄清霍乱弧菌与形态上无法区别的其他弧菌的不同，进行了大量生理、生物化学方面的研究，使医学细菌学得到率先发展。

1880年前后，巴斯德研究出鸡霍乱、炭疽、猪丹毒的菌苗，奠定了免疫学的基础。科赫首先采用平板法得到炭疽菌的单个菌落，肯定了细菌的形态和功能是比较恒定的。单形性学说取得初步胜利之后，细菌学家就建立了以形态大小为基础的细菌分类体系，随后又用生理、生物化学特性作为分类的依据，使细菌分类学的内容逐步得到充实。

19世纪的最后20年，细菌学的发展超出了医学细菌学的范畴，工业细菌学，农业细菌学也迅速建立和发展起来。1885—1890年，维诺格拉茨基配成纯无机培养基，用硅胶平板分离出自养菌（硝化细菌、硫化细菌等），还研制了一种“丰富培养法”，能比较容易地把需要的细菌从自然环境中选择出来。

化学实验工具

1889—1901年，拜耶林克成功分离根瘤菌和固氮菌，确证了细菌在物质转化、提高土壤肥力和控制植物病害等方面的作用。20世纪初，细菌学家们在研究传染病原、免疫、化学药物、细菌的化学活性等方面取得较大进展，基本上证实了细菌的发酵机理与脊椎动物肌肉的糖酵解大体相同，而细菌对生长因子的需要也与脊椎动物对维生素的需要基本一致。

1943年，德尔布吕克分析了大肠杆菌的突变体；1944年，埃弗里在肺炎球菌中发现转化作用都是由DNA决定的；1957年，木下宙用发酵法生产

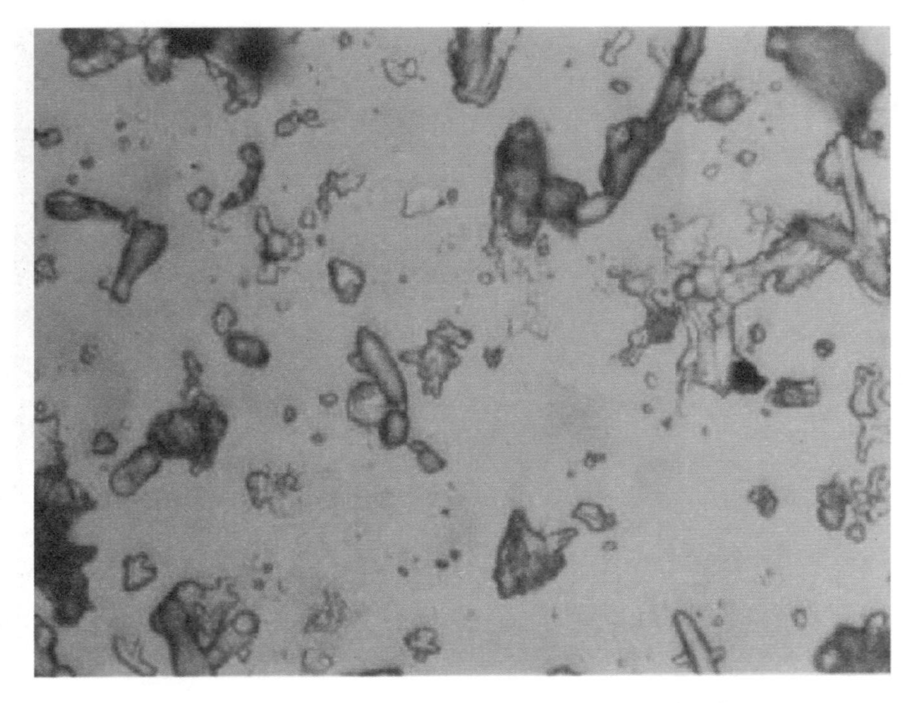

炭疽菌

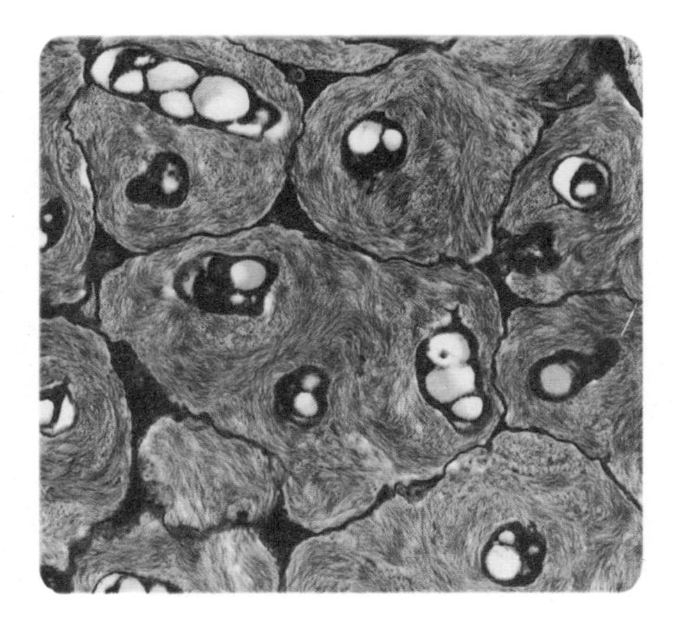

固氮菌

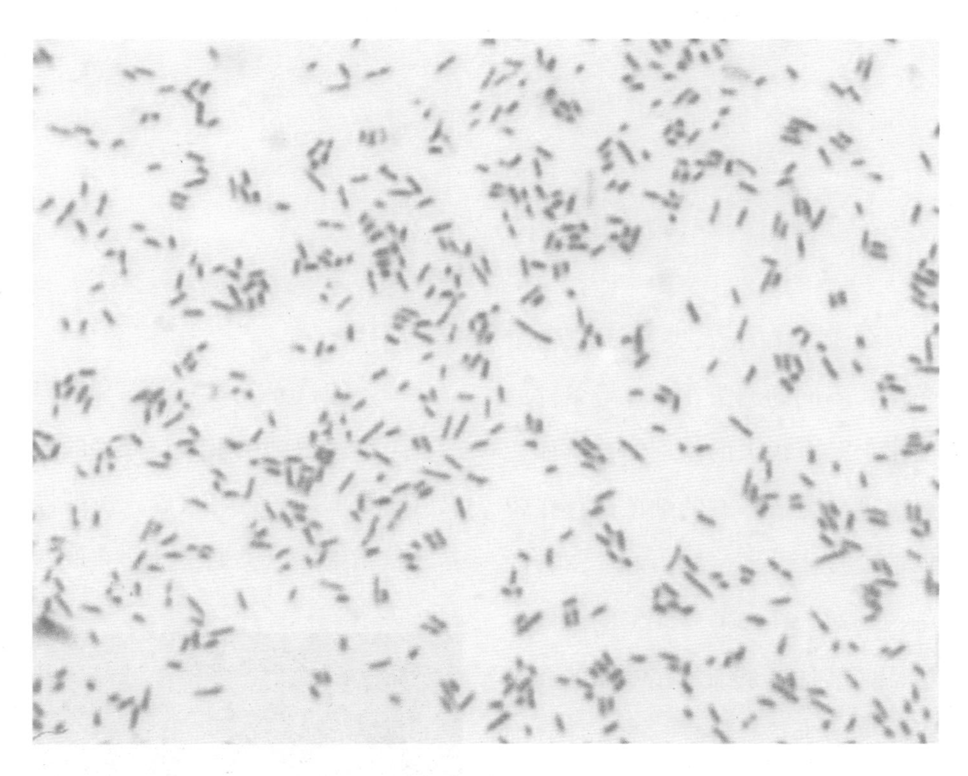

大肠杆菌

出氨基酸；在用大肠杆菌制造出胰岛素之后，1980年，吉尔伯特又用细菌制造出人的干扰素，从而将细菌学的研究提高到分子生物学的水平。

细菌具有体积小、繁殖快、活力强、种类多、易变异等特点，能在人工控制的条件下进行研究和生产，是现代生物学以及其他学科的重要研究工具。

细菌的“生活”

细菌存在于人类生活的各个角落，不同的细菌在对环境条件的要求上是有很大的差别的。例如，对温度的要求，有的细菌适宜在较低的温度下生存（-70℃），有的细菌则适于在45℃～50℃的温度中生活，某种温泉细菌在90℃的高温下也能够生长。但是，绝大多数细菌的生长适宜温度是20℃～40℃，也就是适合在室温或人的体温环境下生活。同动物和植物一样，水分也是细菌细胞的主要成分。在一般情况下，细菌中水分的含量为75%～85%。如果缺少水分，细菌就不能正常生长和繁殖，因此，干燥的环境是不利于细菌生存的。另外，细菌的身体中除了水分，还含有蛋白质、糖类、脂类和无机盐等多种成分。

细菌的营养方式有自养和异养两种，大多数细菌是进行异养的，也有少数的细菌进行自养。所谓异养，是指细菌以类似于动物获取营

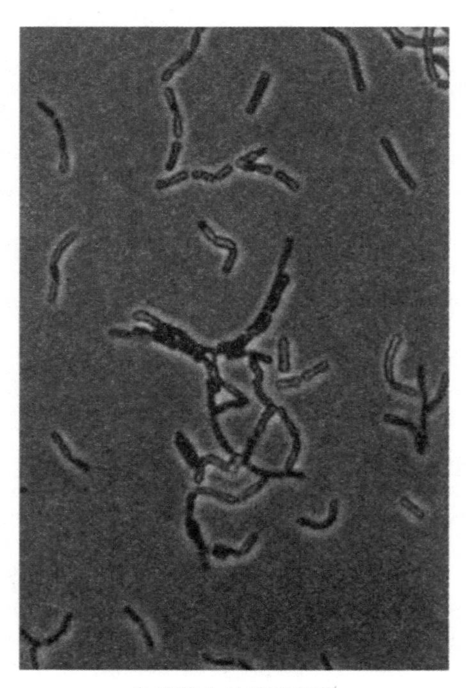

自养菌中的硫磺细菌

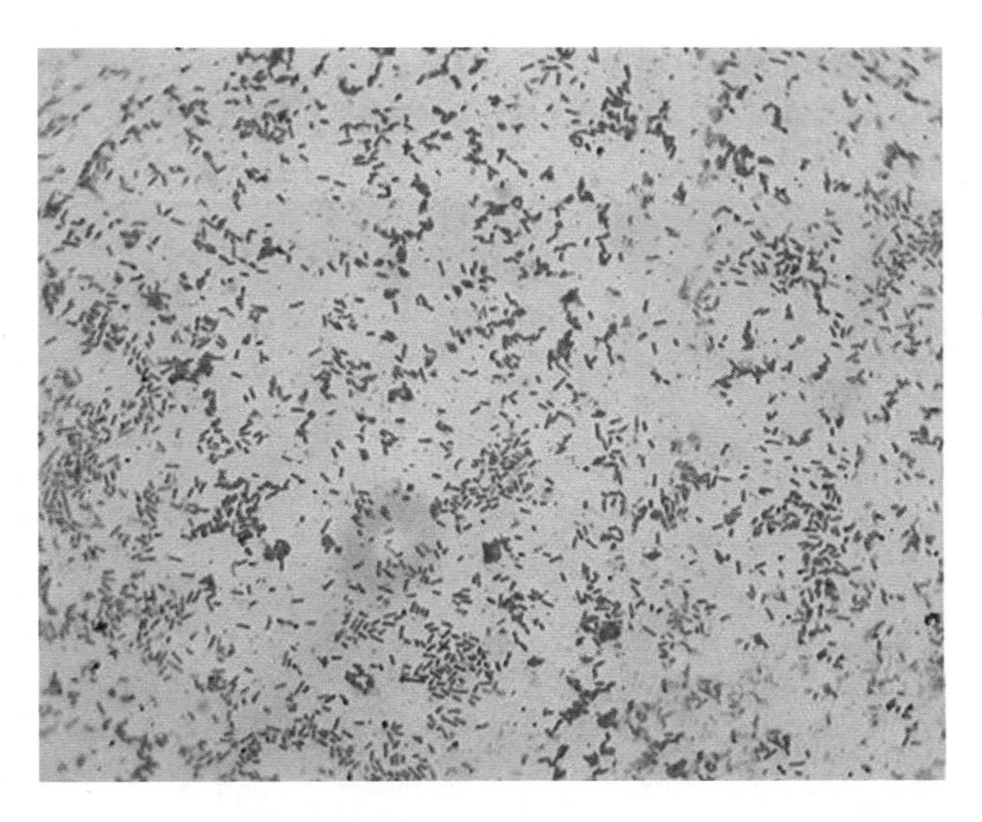

专性需氧菌

养物质的方式，直接从外界吸收有机物，供应身体的需要；自养，是指细菌像绿色植物一样，不直接从外界获取有机物质，而是从外界吸收二氧化碳等无机物作为原料，自己制造有机物。

细菌的生活方式也有两种，腐生和寄生。腐生，是指细菌在动物的尸体、粪便和植物的枯枝落叶体上生活，从那里吸取有机物，同时使这些动植物遗体腐败；寄生，是指细菌在活的动植物上生活，从它们身上吸取有机物。其中有的细菌能使动植物生病。

许多细菌的生活是离不开氧气的，没有了氧气，它们就会死亡，

这样的细菌叫需氧菌。土壤中的许多细菌就是需氧菌，它们能把土壤中的动物尸体、植物的残根落叶转变成肥料。但细菌也不都是这样，有的细菌只能在没有氧气的情况下生活，叫做专性厌氧菌。平时，在家庭中制作泡菜所利用的是一种乳酸杆菌，它就是专性厌氧菌。制做泡菜时，必须避免空气进入，这是为了防止氧气阻碍乳酸菌的活动。

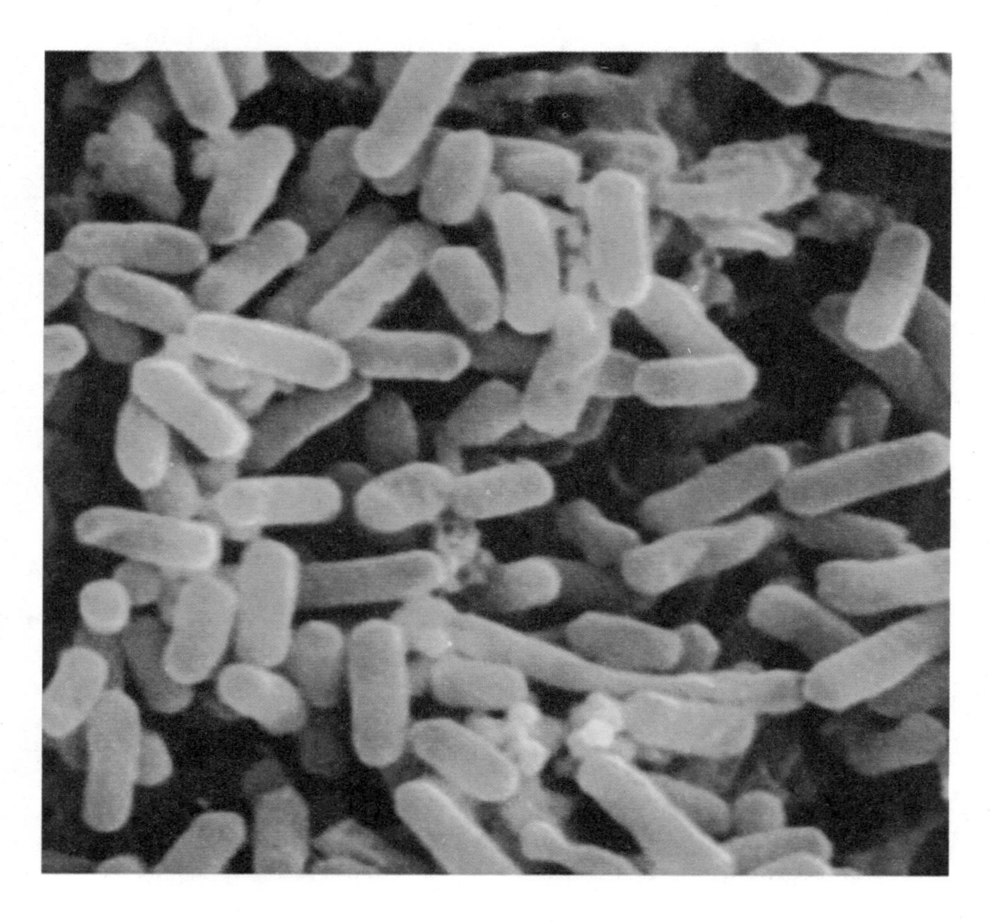

专性厌氧菌

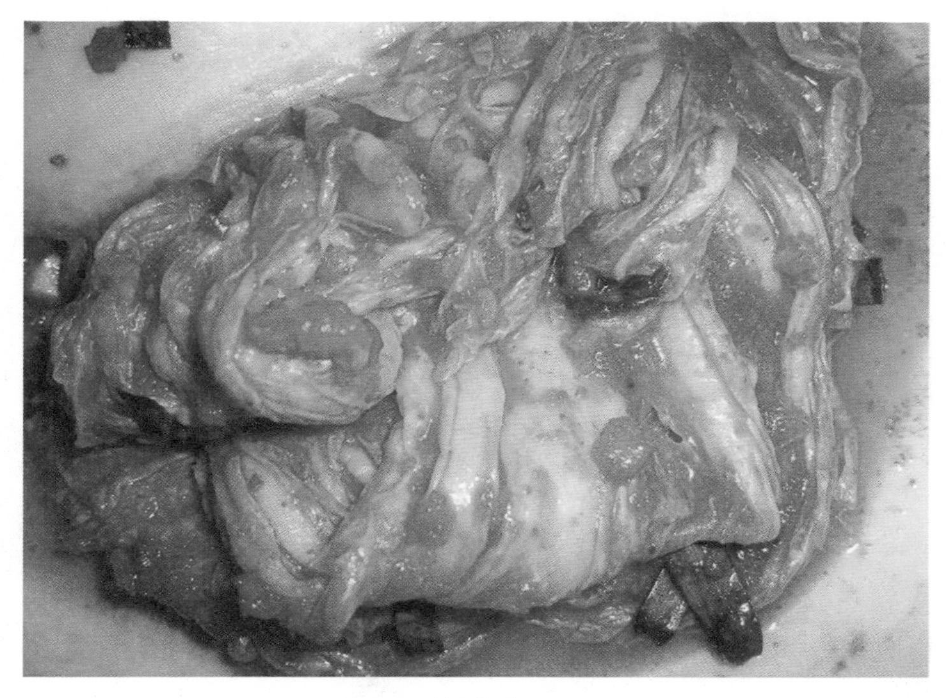

韩国泡菜

还有一些细菌，在没有氧气的情况下能活动，在有氧气的情况下也能活动，这样的细菌叫兼性厌氧菌。生活在人和动物肠道中的大肠杆菌，就是这样的细菌。

因此，有机物丰富的地方，如肥沃的土壤、人们的各种食物、人和动植物体内外，都是这些细菌生活的好地方。

细菌与细胞的关系

细菌的外部是由较为坚硬的核壁所组成，内部是个核膜，含有胶

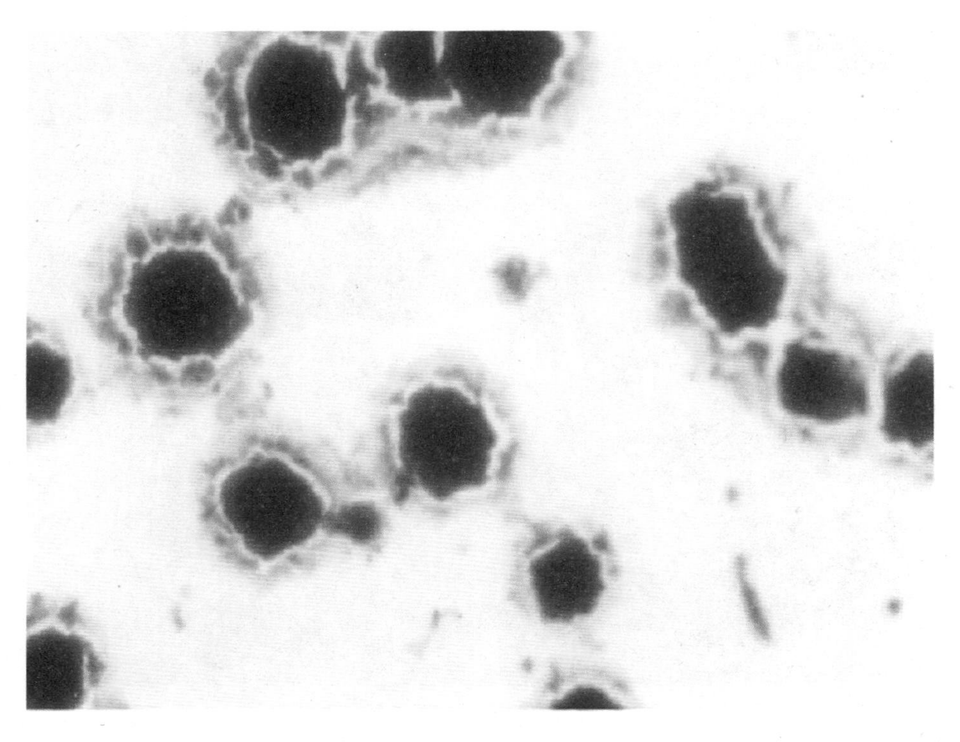

核糖体

状物质，也称核糖体，是合成蛋白质的地方。它具有运动和不断繁殖的特性。在地球上，细胞与细菌是天生一对的，是同时诞生的，因为只有细菌与细胞同时出现，细菌才能将单细胞的有机物作为其天然食物的来源。细菌是伴随细胞生物的发展而发展的，当单细胞进化发展成为植物和动物时，细菌也随着细胞生物体不断发展而相应增加，它能依附在细胞生物体内不同的器官和细胞组织中而生存。

细菌是一种异养寄生物，它不依赖呼吸空气中的氧气来生存，而是把有机物质中的氧元素以及依靠所有的自然有机物质，包括动植物体内的有机物质作为营养而生存的。它是一种能依靠自然有机物

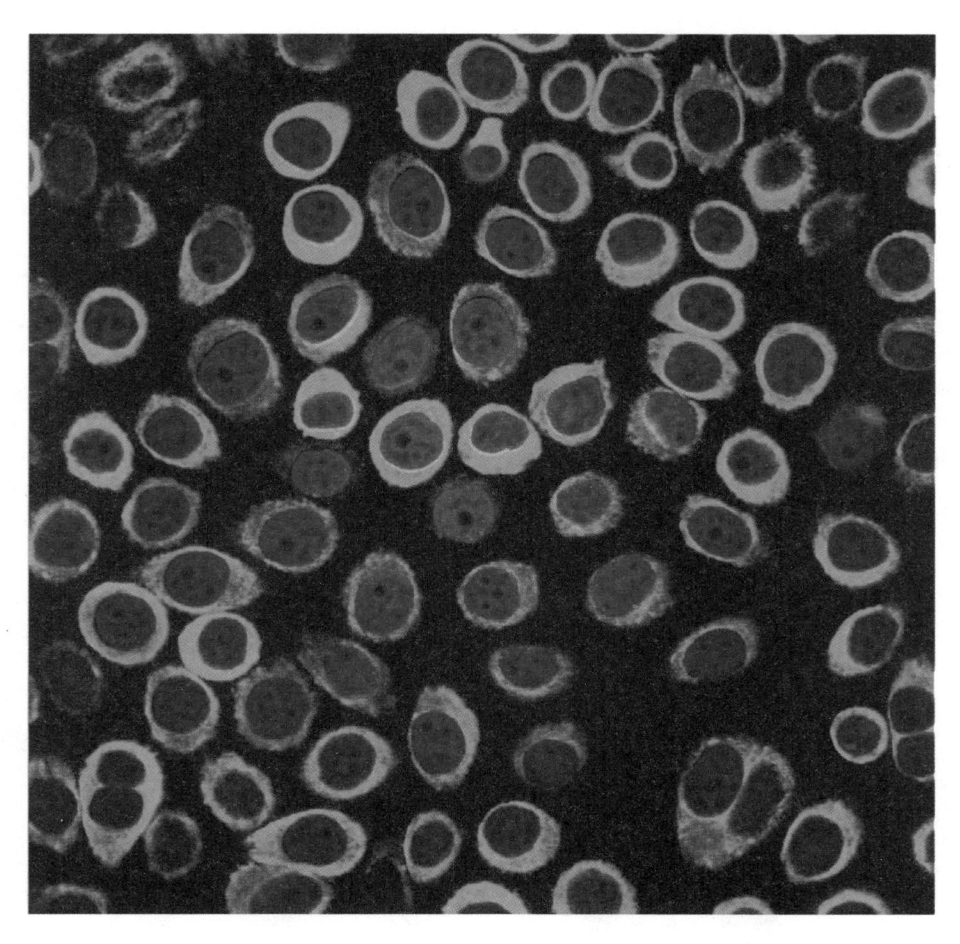

细　胞

质而独立生存的、比单细胞还要小的、可以自我进行运动的微型原核动物。地球上，没有自然有机物质的地方，就不可能有原核生物的存在。换句话来说，没有细胞生物的出现，就不可能会有细菌的出现。根据有关科学家监测，在人类中平均每个人所寄生的原核生物（细菌）重量约达2.5公斤。约占人体5%的空间。另外，细菌还有一个

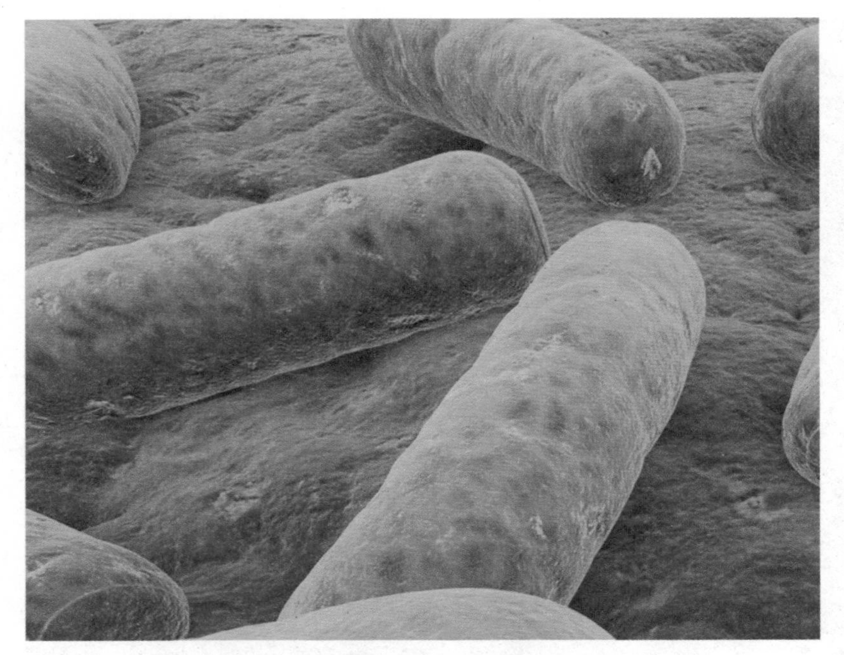

进行繁殖的原核生物

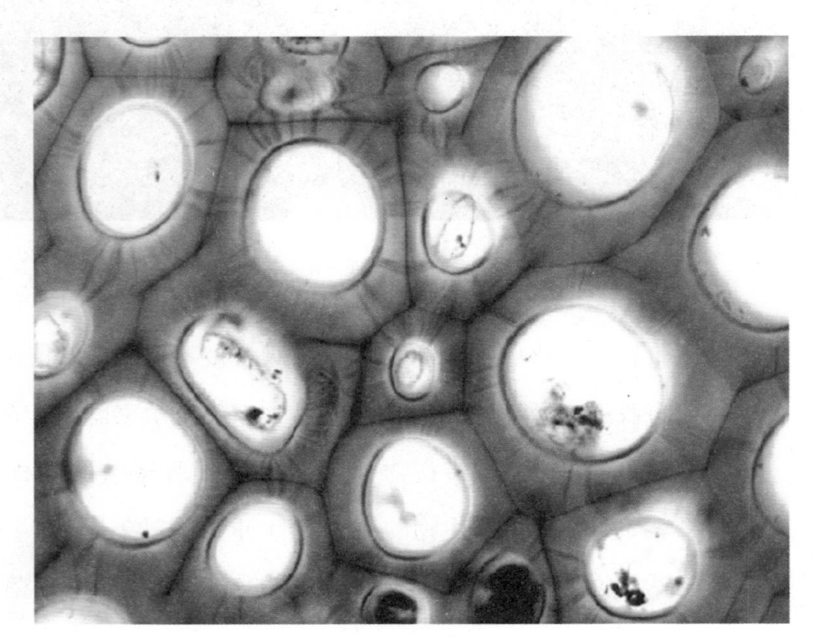

细 胞

特点，它不像动植物那样会不断增殖进化，它们的生命体基本上是保持不变的形态。

细菌是推动细胞生物发展的内在动力，它能起到推动细胞不断分裂和再生的特殊作用，是促进细胞生物体成长壮大的重要内因之一。因为在细胞生命体内，细菌与细胞两种不同的生命都有求生存的天生欲望，所以在动、植物成长的过程中，细胞与细菌之间同时进行着求生存的大竞赛，细菌在细胞生命体内不断繁殖及觅食其有机物。而细胞生物要满足细菌的食量需要，必须不断地相应增加和再生自身细胞的数量。这个过程，无形中起到了促使细胞生命体不断成长与壮大的特殊作用。细胞与细菌在促进细胞生命体发展壮大的同时，必然会把两者之间的发展调节到具有同步性和平衡性，使细胞生命体生长呈良性化，互为因果地推动细胞生命体的成长与壮大，共同保持着共生性和相互适应性的生态效果。如果细胞发展快，细菌发展慢，并且细菌与细胞是同步协调发展的话，就不会危及细胞生命体的正常生长，动、植物的生长就会呈良性化且不断地进化发展。相反，如果细胞生物某些功能细胞组织发展慢或再生细胞能力差，而某种细菌在其某些环节细胞组织里繁殖速度快的话，就会直接影响到细胞生命体内部生态系统的平衡性，会逐步侵蚀、支解和破坏细胞生命体内部生态系统的某些功能细胞组织和环节细胞组织，而使其生态出现失同步性和不协调性，导致人体病态现象的发生，严重时会危及细胞生物体的生命。

由于动、植物的延续都是以一代传一代的方式进行的，动、植物上代生命体的死亡是细胞组织结构系统的死亡，而细菌是寄生在细胞组织结构系统里而独立生存的，它不会被生命主体的死亡所影响，它会一直伴随着所寄生主体死亡后所形成的生物质继续生存下去。细胞生命体死亡后，一方面会被腐食动物吞噬；另一方面，可给细菌提供新的生存环境：在主体死亡的地表上有植物存在，有逐年由细胞生物所遗留下来的有机生物质，还有生命主体死亡本身的有机物。这些从死亡的生命主体所分离出来的细菌，就能相应地转移到其他有机物中继续生存。另外，动物的排泄物里的细菌，能把排泄物中的有机生物质作为食物进行生存。同时，细菌也能依靠自然界所形成的有机生物质继续生存下去。

因为细菌的生存活动是围绕着生物链和食物链的物质运动变化而不断循环生存的，所以细菌天生是

生物链

一种生命力和繁殖力特强的微小的原核动物。这些能脱离了细胞生命主体并依赖于其它生物质继续生存下去的细菌，可称为体外细菌。而在继续完成它的历史使命之外，体外细菌还将对自然界中海洋及地面所有积淀的生物质（碳化物）起到支解和分化的重要作用。同时，它还能一直伴随着生物质形成地壳里的碳化物沉积层（又称石油），并能在碳化物沉积层中继续起到支解和分化作用，释放出大量的甲烷（CH_4）、甲醇（CH_3OH）、氨气（NH_3）等燃烧能力特强的有毒化学物质，起到不断提升碳化物纯度的重要作用。而这些有毒化学物质又为实现形成地球地核积聚高纯度碳化物的基础原料而准备的。地下天然气和煤矿瓦斯的形成，就是由体外细菌在支解、分化沉积碳化物的过程中所释放出来的燃烧能力特强的有毒化学气体。此外，体外细菌也可以通过空气中生物质的尘埃、食物链、生物链、带有生物质的液态水、吸血的动物和苍蝇等多条传播途径，重新回到细胞生命体之中。在此情况下，部分生命力和繁殖力特强的体外细菌，若对生命体某些生存功能细胞组织与环节细胞组织起到了破坏性作用时，可将其称为病菌感染。

由此可见，我们应该一分为二地认识细菌。一方面它能对细胞生命的细胞起到分裂和再生的特殊作用，促使细胞生命体不断成长和壮大，能在分化支解自然性物质的同时释放出燃烧能力特强的有机化学物质，不断提升由动植物所形成的碳化物的纯度，不断为地球形成合格的高纯度碳化物原材料并逐渐累进到地核里，实现太阳系能量物质的积累。这是其好的一面。而另一方面，由于细菌与细胞生命体是相对同步发展的，当细胞生命体发展成为各种不同适应环境变化的功能器官时，细菌也以相应的生存形态伴随着不同功能器官的细胞组织而生存，逐步达到相互适应，相互共生的生态效果，形成了不同类型的细菌。细菌要保护自身的领地和食物，维护所寄生的属主，与外来细菌（体外细菌）作坚决的斗争。这个过程，能在无形中不断增强细胞生命体第一免疫系统的免疫力，从而起到对细胞生命体的抗体作用。

知识小百科

冰层中的古代细菌

在人类历史上类似当年的黑死病这样不断来袭的新品种细菌层出不穷，从SARS到禽流感再到H1N1。随着人类活动的不断加剧，交通速度的不断提高，新生传染病对人类以及生物种群所形成的“灭顶”威胁如同利剑时刻悬于颈后。“潘多拉魔盒”一旦开启，病毒被“激活”，它们将如何在全球传播？冰川病毒是否会扮演恐怖杀手的角色，终结人类文明？人类只能束手以待还是可以积极应对？

对此，中国科学院专家任贾文表示，如果能想办法“拖延”气候变暖的脚步，那么古代病毒再厉害，也终究将受制于冰川的封锁。同时，只要能给科学家足够的时间，及时研制出相应的疫苗，人类就不用那么担忧了。

针对冰川病毒最离奇的猜测是：病毒其实是当年纳粹德国运往南极基地的生化武器。根据是在1938年以后，纳粹德国突然对南极洲大感兴趣，先后组织了两支科考队飞往南极，拍摄了大量南极冰带的照片，并将数千

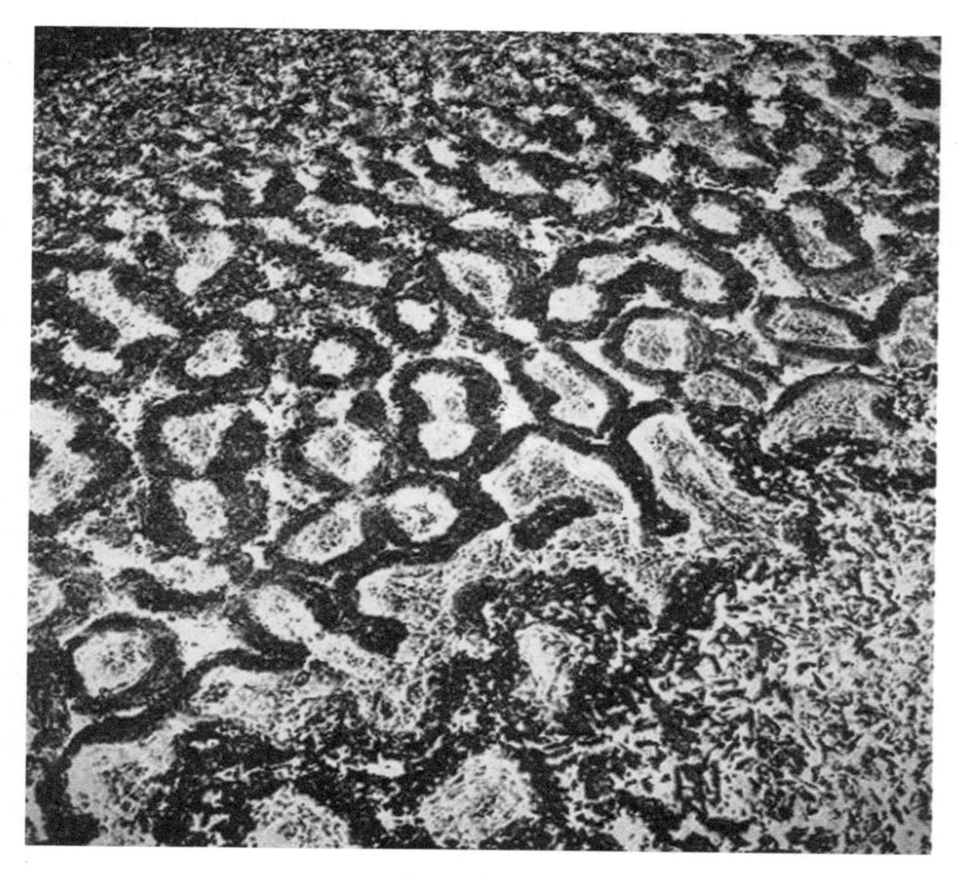

远古细菌

枚印有纳粹标记的金属旗子分散在南极大陆上。美英情报机构的档案记载表明，二战末期一艘代号为U-530的德国潜水艇于1945年4月13日离开基尔港前往南极洲。到达后，船上16名成员在南极洲多年冻土带挖了一个冰窟窿，将他们随船带去的箱子埋了进去。所有的一切，令一些科学家怀疑这些就是化学武器。

不过，亲临冰川现场进行微生物研究取样的科学家们的解说更具说服力。目前，威胁人类的冰山“终极病毒”究竟将从何而来，一旦被“激

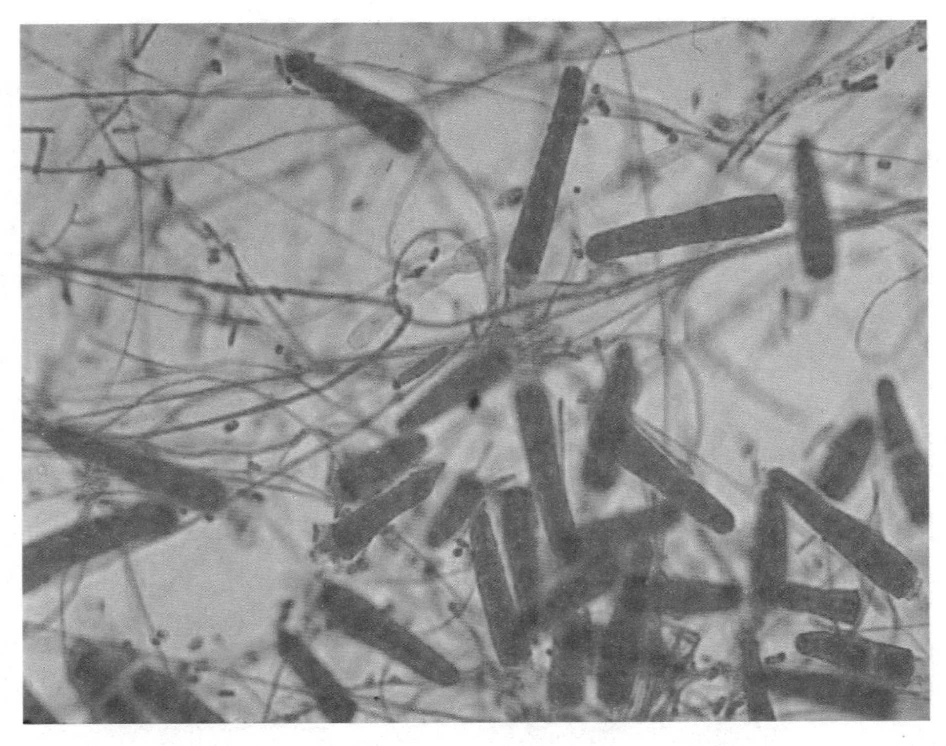

真 菌

活”又将如何传播？科学家们进行了大胆的猜想。

（1）南极冰湖释放“史前杀手”

极地冰芯微生物考察、科研计划的发起人和组织者斯科特·罗杰斯教授，曾向记者介绍了当时正在进行的研究：“南极洲沃斯托克冰湖被科学家们称为‘地球上的木卫二’，这个和北美的安大略湖一样庞大的冰湖深藏在4000米厚的冰层下。冰层起了毯子的作用，阻隔了湖泊与地表的低温，也保护了众多史前微生物。我们目前正对沃斯托克冰湖上覆盖的冰层进行微生物取样研究。我们已经分析了10根冰芯样本中的真菌、细菌。虽然里面的微生物数量稀少，但它们依然活著。最后我们总共在沃斯托克湖的冰芯中发现了36种不同的微生物。我们的相关报告近期就将出炉。”“我们找到的确实是一些奇异的东西——是我们以前从未见过的东西。”美国宇航局马歇尔空间科学实验室的理查德·胡佛说，“在冰里有多种微生物。一些是已知的如蓝藻、细菌、真菌、孢子、花粉微粒和硅藻类，但另一些是我们从前从未见过且无法辩认的。”

距湖面100米深处的极端深冰的样本（年龄大约有40万年）是由美国、俄罗斯和法国科学家组成的国际研究小组采集的。由于针对它的微生物研究尚未结束，科学家们尚无法确定这个地下湖泊是否将在未来释放“终极病毒”。

（2）候鸟打造“病毒培养基”

中国科学院寒区旱区环境与工程研究所从事冰川微生物研究的张新芳博士认为，古老的冰川病毒会与现代的一些病毒基因进行交换，衍化出像SARS一样对人类具有极大威胁的新型病毒。

“骑”着鸟儿全球飞的病毒，通过冰山实现保存，在合适的机会，它们和同类大聚会，最终将成为“变形金刚”，也让科学家非常担忧。罗杰斯教授正在对北极圈附近冰湖内的A型流感病毒进行研究。这些湖泊上常年有候鸟来往（例如鸭类和鹅类），它们会在水中排放病毒，这些病毒在冬天被冰层储藏起来。等候鸟来年再返回时，它们会带来新型的病毒毒株，融化的冰中释放的旧毒株则与“新面孔”的同类“聚会”，湖泊便成为了天然的“混合培养基”。“这增加了病毒遗传变异的机率，实际上我们也不断在冰层的融化、冻结过程中发现这样的例子。我将会提

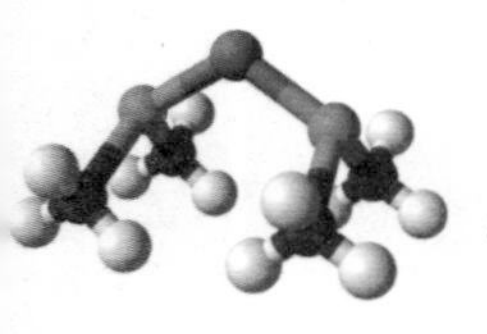

冰　川

取样本，和科学界已知的A型流感病毒进行比对，确认在这些冰湖中发生了什么。”

而候鸟的全球迁徙，更增加了极地湖泊季节冰这一“终极病毒培养基”病毒外传的可能性。

古代细菌被人类唤醒

当科学家寻找生命的起源时，他们会把目标指向距今38亿年到25亿年的太古代形成的岩石。据《科学》杂志报道，一项对远古“叠层石”的最新研究证实，细菌在34亿年前确实已经十分繁荣，并且创造了一块巨大的暗礁。

另外据英国《自然》杂志在线报道，这些被称为“叠层石”的岩石构造是在西澳大利亚皮尔巴拉地

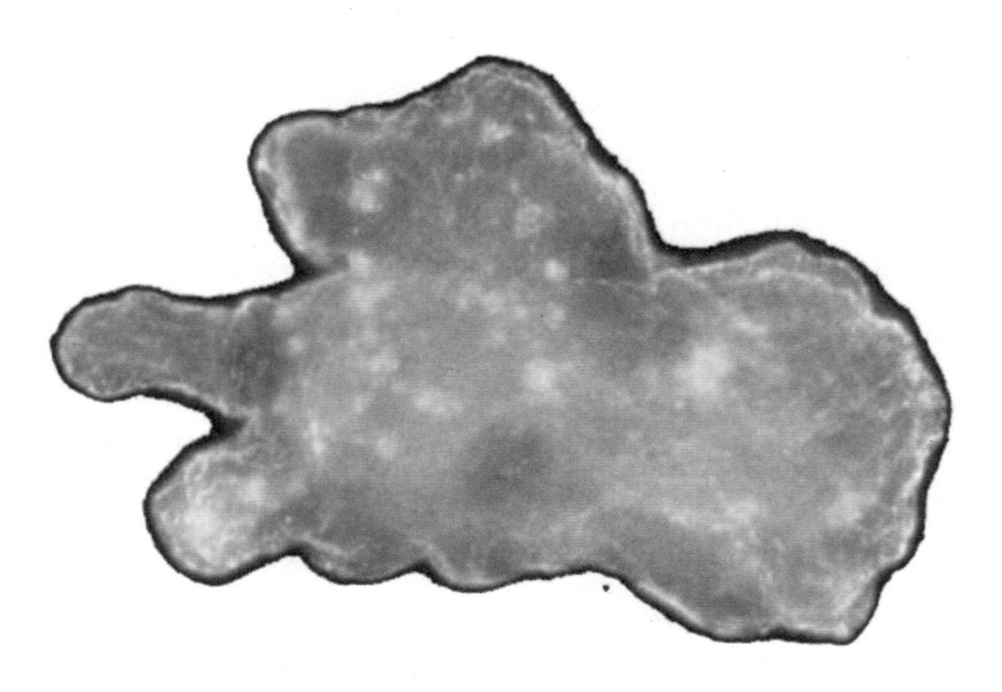

细 菌

区发现的，地质学者在该构造是否由活的生物体形成的问题上产生了分歧。由于这些岩石具有波状斑纹，许多人断定这是远古微生物群的特点。但也有人争辩说，这些超过34亿年的岩石构造太古老了，而生命不过是在更早的几亿年前才刚刚出现，因而这些构造不可能是由生命造成的。不过，科学家最新发现这些岩石构造中保存了相当多不同种类的微生物。他们表示，这些被普遍认为是地球上最早期化石的岩石，为一种叫做“微生物礁”的生态系统提供了基础，证明了这种生态系统具有和今天的珊瑚礁相似的复杂性。

对该“叠层石”进行研究的是澳大利亚悉尼麦考瑞大学的阿比盖尔·奥尔伍德及她的同事，他们认为“叠层石”确实是由当时活生生的生物体形成的。他们在10公里长的沿线对岩石进行了采样，发现了七种不同的构造迹象，包括波状、脊状以及鸡蛋盒状等，这些都说明了一系列不同原始生物体的存在。奥尔伍德表示，这些生物体生活在浅的阳光充裕的水域，这些“叠层石”是一条远古的多岩石海岸线遗迹。该“叠层石”最引人注目的是一种锥形构造，就目前所知，没有任何地质学过程能够形成这样的结构。对此奥尔伍德认为它们应当是线状的生物体朝阳光移动彼此滑行而过时形成的，沿线收集的矿物沉积物最终形成了这些岩石锥。

该研究小组在《自然》杂志上发表的报告指出，该“叠层石”不同斑纹的多样性表明，许多不同类型的微生物当时生活在那里。奥尔伍德表示，“生命在当时不是初露端倪，而是很好地得到了确立。”同时，研究人员估计，如果生命能够如此快速地实现多样化，或许它们当时也能在其他的地方比如火星上繁荣发展。

但是，《科学》杂志的文章指

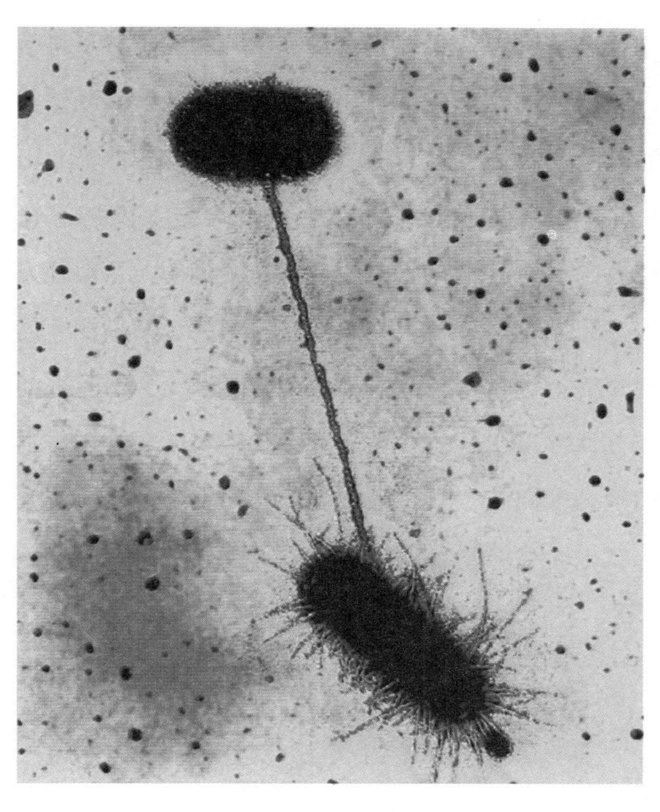

微生物

性，不过他也希望该“叠层石”今后能被证实是真的化石。英国牛津大学的马丁·布拉希尔指出该构造更像是化学沉淀物。布拉希尔也对《自然》杂志中该论文的推理表示反对，他指出更好的生命“指示剂”应该是由形状一致的微化石构成，并表示“复杂性作为生命的标志出，一些古生物学者仍然对此怀有疑问。该“叠层石”的电脑模型表明，简单的化学反应和物理影响就能够仿造出“叠层石”，因此那些化石被怀疑有人工铸造的可能。美国国家航空航天局天体生物学院主任Bruce Runnegar谨慎表示，他还未排除其他非生物学过程的可能是不足为凭的，极端的可变性期冀来自物理机制”。

如果该“叠层石”是生命形成的观点属实，那么奥尔伍德小组的研究结果可能会有很大的价值。奥尔伍德指出，尽管这些发现没有将最早的生命依据提前，但是这一系列不同的构造表明，生物多样性的

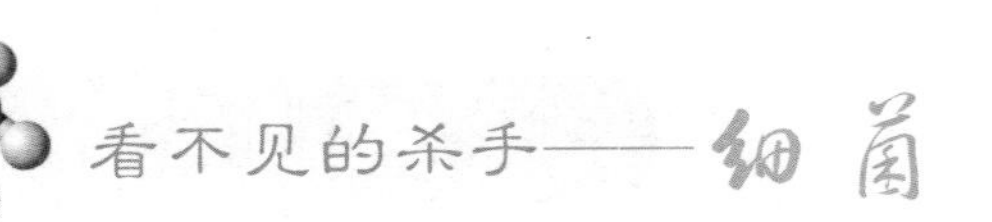

出现速度可以比生物学家以前认为的快得多。这甚至可以表明外星生命更加有可能存在。她补充表示，“即使火星只有曾经很短一段时间内适合生存，生命仍然有出现的可能。”

科学家认为，34亿年前火星和地球的环境状况在许多方面都很相似，包括具有代表性的液态水和主要由二氧化碳构成的大气层。英国伦敦伯克贝克学院的一位行星科学家伊恩·克劳福德表示，“既然在这样的条件下生命能在地球上出现，那么生命在火星上发展进化的推测也应该是合理的。”他补充说：“只有将来对火星的勘测才能决定事实是否如此，寻找远古的‘叠层石’类构造将无疑是未来勘测战略的重点。”

第二章

细菌分类学说

细菌的分类是在对细菌的大量分类标记进行鉴定和综合分析的基础上进行的，用作细菌的分类标记的有形态学、生理生化学、免疫化学和遗传学等方面的性状。近年来，应用各种现代化技术和设备对细胞的化学结构和化学组成的研究，对它们的来源关系的分析，为发展细菌分类学开拓了前景。细菌的分类的变化从根本上反应了发展史思想的变化，许多种类甚至经常变动或改名。随着基因测序，基因组学，生物信息学和计算生物学的发展，细菌学被放到了一个合适的位置。最初除了蓝细菌外（它完全没有被归为细菌，而是被归为蓝绿藻），其他细菌被认为是一类真菌。随着它们的特殊的原核细胞结构被发现，这明显不同于其他生物（它们都是真核生物）的特征导致细菌被归为一个单独的种类。

细菌的分类等级和其他生物相同，为界、门、纲、目、科、属、种，临床细菌检验常用的分类单位是科、属、种。种是细菌分类的基本单位。形态学和生理学性状相同的细菌群体构成一个菌种；性状相近、关系密切的若干菌种组成属；相近的属归为科，依次类推。在两个相邻等级之间可添加次要的分类单位，如亚门、亚纲、亚属、亚种等。同一菌种的不同细菌称该菌的不同菌株，它们的性状可以完全相同，也可以有某些差异。具有该种细菌典型特征的菌株称为该菌的标准菌株，在细菌的分类、鉴定和命名时都以标准菌株为依据。标准菌株也可作为质量控制的标准。

细菌的分类方法

细菌分类是根据每种细菌各自的特征，并按照它们的亲缘关系对它们进行分门别类，按不同等级编排成系统。由于细菌的数目非常多，可以按照不同的方式进行分类，主要的分类方法有：

◆ 按表型特征分类法

细菌的形态、染色以及细菌的特殊结构是最早和最基本的分类依据，众多的理化特征如细菌生长条件、营养要求、需氧或厌氧、抵抗力、菌体成分、能否利用某些糖

蓝细菌

类和有机酸、蛋白质、氨基酸、代谢途径、代谢产生、呼吸酸、毒性酶、毒素、致病力等也一直被用作分类依据。目前，有两种以生理生化学作为细菌分类的方法，即传统培养特性、生化反应、抗原性作为分类依据，然后按主次顺序逐级区分。这种方法使用方便，分类亦较为明确，但往往带有一定程度的盲目性。

富含蛋白质的食物

分类法和数值分类法。

传统分类法：19世纪以来，以细菌的形态、生理特征为依据的分类法奠定了传统的分类基础。它通常选择一些较为稳定的生物学性状，如细菌的形态结构、染色性、

数值分类法：随计算机的应用而发展的细菌分类方法。它对细菌的各种生物学性状按“等重要原则”进行分类，一般需选用50项以上的生理、生化指标逐一进行比较，通过计算机分析各菌间的相似

度，划分出细菌的属和种，并确定它们的亲缘关系。

◆ **遗传学分类法**

遗传学分类是按细菌的核酸、蛋白质等在组成的同源程度对细菌进行分类。该分类法具有下述优点：第一，对细菌的“种”有一个较为一致的概念；第二，使分类不会出现经常性或根本性的变化；第三，可制定可靠的细菌鉴定方案；第四，有利于了解细菌的进化和原始亲缘关系。

细菌的分类系统

国际上普遍采用伯杰分类系统，自1923年《伯杰鉴定细菌学手册》第一版问世以来，每隔四五年修订一次，至1974年已出版至第八版。1984年将其易版为《伯杰系统细菌学手册》，共4卷。此新版对细菌的高级分类作了重新安排，并按细菌细胞壁的结构特点将原核生物界分为4个菌门：薄壁菌门、厚壁菌门、软壁菌门和疵壁菌门。伯杰系统细菌学手册第1卷（1984年）登载的为医学、工业和普通微生物中重要革兰阴性细菌，第2卷（1986年）为放线菌外的革兰阳性菌，第3卷为古细菌、蓝藻菌和其他革兰阴性菌，第4卷为放线菌。

1994年出版了《伯杰鉴定细菌学手册》第9版，该版摘录了《伯杰系统细菌学手册》第1~4卷所有菌属的表型描述，把所有细菌根

据类型排列成1~35群，除群11蓝藻菌保留“目”分类单位，其余细菌都不设目；除了群5保留肠杆菌科、弧菌科和巴斯德菌科科名和群11蓝藻菌科外，其他均无科名，但以细菌表型为基础的4个主要类型和《伯杰系统细菌学手册》提出的4个菌门正好相对应。

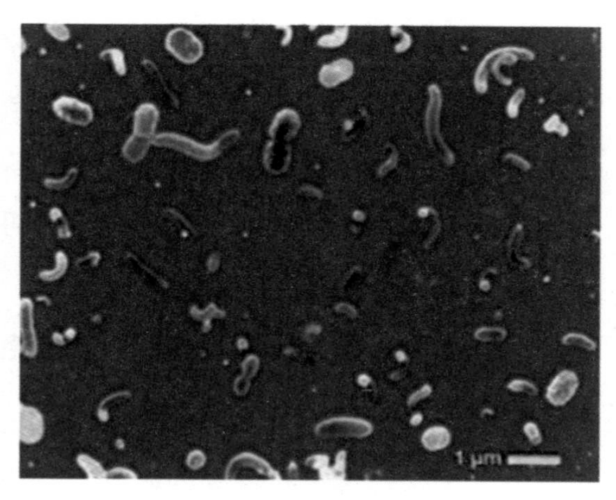

厚壁菌门

临床上也有采用CDC的系统分类，该系统由美国疾病控制和预防中心（center for disease control and prevention，CDC）使用核酸杂交和核酸序列分析结果编排，如肠杆菌科的CDC分类法。

主要的细菌种类

细菌的种类非常多，下面我们介绍一些主要的细菌种类：

◆ 酸杆菌门

酸杆菌门是新近被分出的一门细菌，它们是嗜酸菌，现在对它们研究还很少，但它们在生态系统中具有重要作用，比如在土壤中。

◆ 放线菌

放线菌是一类革兰氏阳性细菌，曾经由于其形态而被认为是介于细菌和霉菌之间的物种。它具有分支的纤维和孢子，依靠孢子繁殖，表面上和属于真核生物的真菌类似。从前被分类为“放线菌目”，因为放线菌没有核膜，且细胞壁由肽聚糖组成，和其它细菌一样。目前通过分子生物学方法，放线菌的地位被肯定为细菌的一个大分支。放线菌用革兰氏染色可染成紫色（阴性），和另一类革兰氏阳性菌——厚壁菌门相比，放线菌的GC含量较高。

放线菌大部分是腐生菌，普遍分布于土壤中，一般都是好气性，有少数是和某些植物共生的。也有寄生菌，可致病，寄生菌一般是厌氧菌。放线菌有一种土霉味，使水

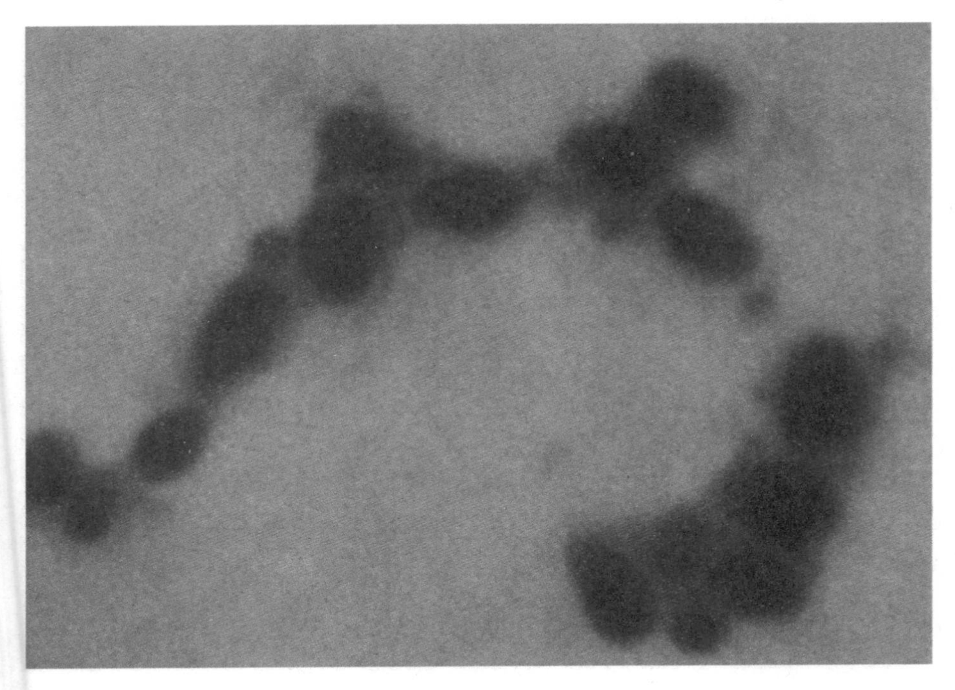

革兰氏阳性细菌

和食物变味，有的放线菌也能和霉菌一样使棉毛制品或纸张霉变。放线菌在培养基中形成的菌落比较牢固，长出孢子后，菌落有各种颜色的粉状外表，和细菌的菌落不同，但不能扩散性的向外生长，和霉菌的也不同。放线菌有菌丝，菌丝和细菌的宽度相似，但菌丝内没有横隔，这和霉菌又不同。

放线菌主要能促使土壤中的动物和植物遗骸腐烂，最主要的致病放线菌是结核分枝杆菌和麻风分枝杆菌，可导致人类的结核病和麻风病。放线菌最重要的作用是可以产生、提炼抗菌素，目前世界上已经发现的2000多中抗菌素中，大约有56%是由放线菌（主要是放线菌属）产生的，如链霉素、土霉素、四环素、庆大霉素等都是由放线菌产生的。此外有

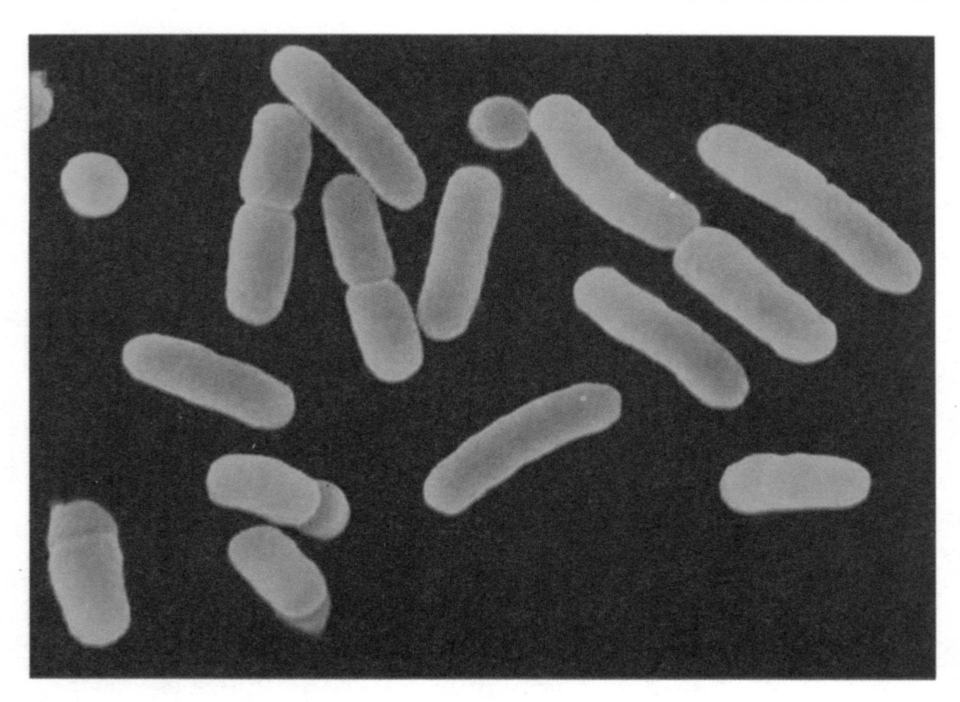

革兰氏阴性细菌

些植物用的农用抗菌素和维生素等也从放线菌中提炼的。

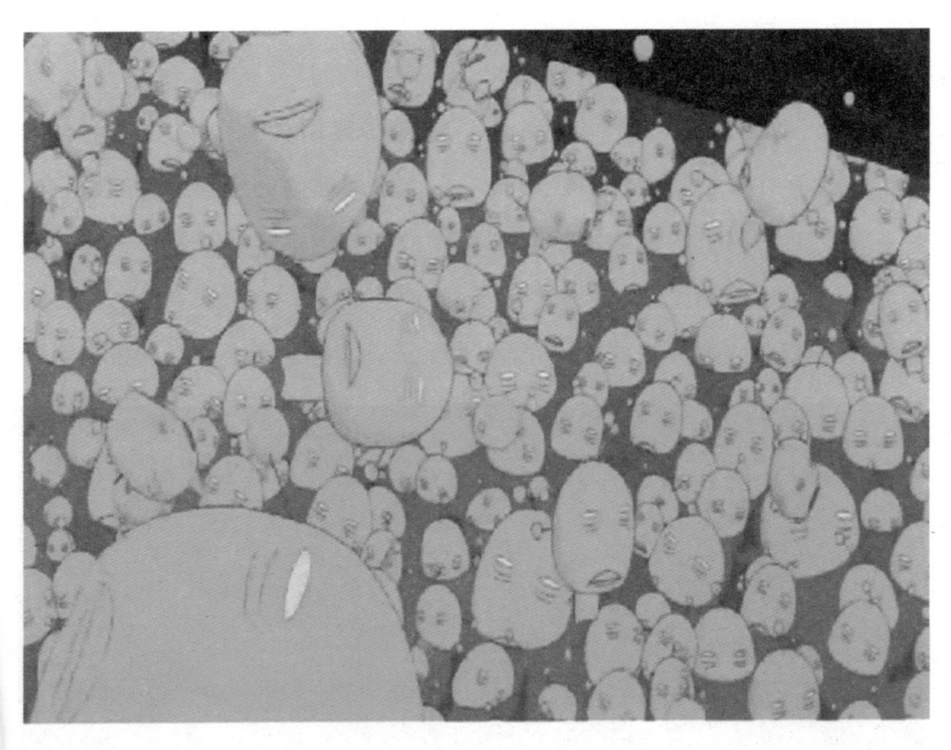

霉　菌

◆ **产水菌门**

产水菌门包括了一些在多种严酷环境条件下生存的细菌，如热泉、硫磺池、海底热泉口等等。其中产水菌属中的一些种类可以在85℃~95℃的高温环境中繁衍。产水菌门属于真细菌，但却是在16S RNA演化树中的细菌中最接近古菌和真核生物的一支。古菌中也存在着大量生活在超高温环境下的种类。

◆ **拟杆菌门**

拟杆菌门包括三大类细菌，即拟杆菌纲、黄杆菌纲和鞘脂杆菌纲，它们的相似性体现在核糖体

16S RNA。很多拟杆菌纲的种类生活在人或者动物的肠道中，有些时候成为病原菌。在粪便中，以细胞数目计，拟杆菌属是主要微生物种类；黄杆菌纲主要存在于水生环境中，也会存在于食物中。多数黄杆菌纲细菌对人无害，但脑膜脓毒性金黄杆菌可引起新生儿脑膜炎。黄杆菌纲还有一些嗜冷类群。而鞘脂杆菌纲中的重要类群为噬胞菌属，在海洋细菌中占有较大比例，可以降解纤维素。

◆ **衣原体门**

衣原体门的生长完全在其它生物的细胞内进行，是专性寄生菌。衣原体原先多被归入衣原体属，随着分子生物学发展，目前根据系统

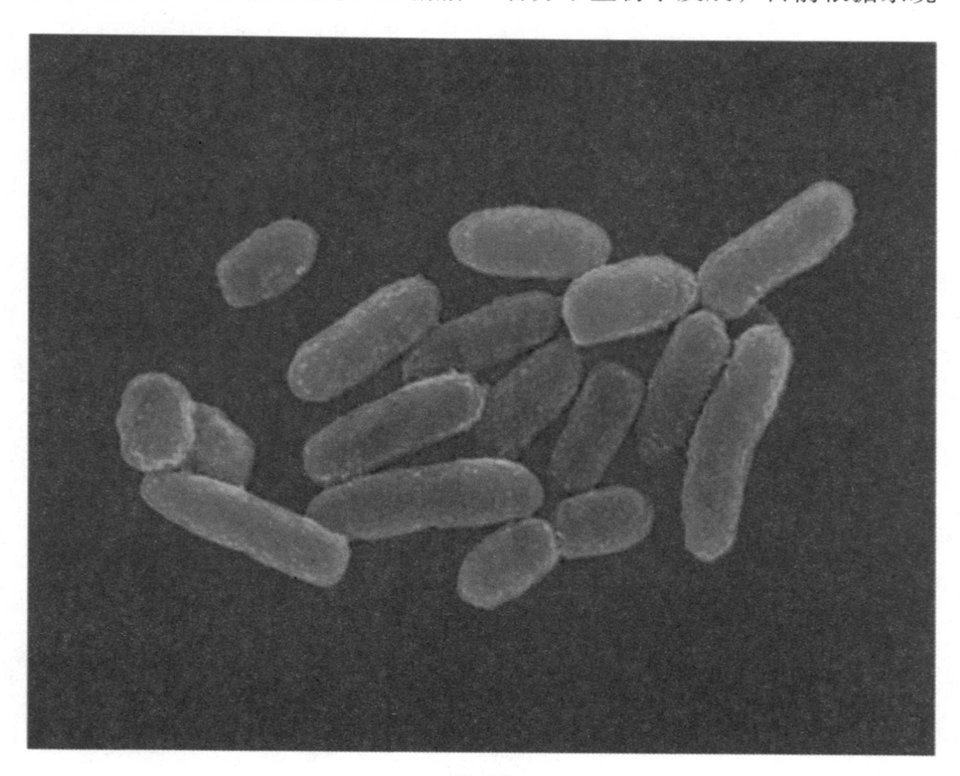

病原菌

发育树分为四个科。

衣原体是一种既不同于细菌也不同于病毒的一种微生物。衣原体与细菌的主要区别在于其缺乏合成生物能量来源的ATP酶，也就是说衣原体自已不能合成生物能量物质ATP，其能量完全依赖被感染的宿主细胞提供。而衣原体与病毒的主要区别在于其具有DNA、RNA两种核酸、核糖体和一个近似细胞壁的膜，并以二分裂方式进行增殖，能被抗生素抑制。

已知的与人类疾病有关的衣原体有三种，分别是鹦鹉热衣原体、沙眼衣原体和肺炎衣原体，这三种衣原体均可引起肺部感染。如鹦鹉热衣原体可通过感染有该种衣原体的禽类如鹦鹉、孔雀、鸡、鸭、鸽等的组织、血液和粪便，以接触和吸入的方式传染给人类。而沙眼衣原体和肺炎衣原体则主要在人类之间以呼吸道飞沫、母婴接触和性接触等方式传播。

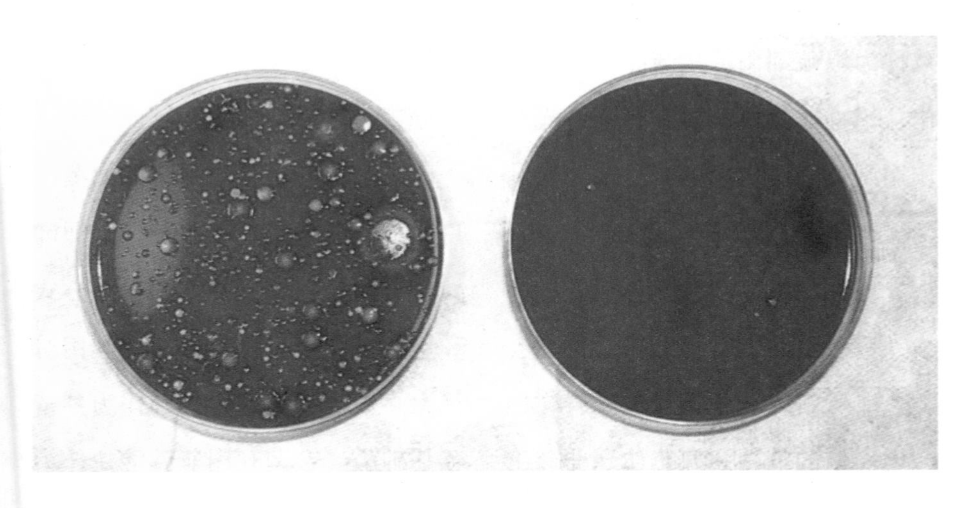

鹦鹉热衣原体

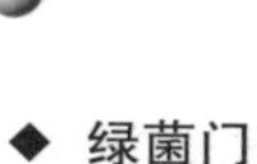

◆ **绿菌门**

绿菌门是一类进行不产氧光合作用的细菌。这类细菌没有已知的近亲，最近的类群为拟杆菌门。绿菌门通常不活动（一个种具有鞭毛），形状为球状、杆状或者螺旋状。其生存要求无氧环境和光，它们的光合作用是利用一种被称作绿体的微囊中附在膜上的菌绿素c、d和e吸收光能来进行的。它们利用硫化物作为电子供体，产生单质硫沉积在胞外，这些硫又可被进一步氧化生成硫酸盐。由于绿菌门细菌的颜色因菌绿素而多显绿色，故又被称为绿硫细菌。（与绿硫细菌相比，植物、真核藻类和蓝藻的光合作用则是利用水为电子受体，使其受氧化而变为氧气）。

◆ **绿弯菌门**

绿弯菌门是一类通过光合作用产生能量的细菌，又称作绿非硫细菌，还有一部分被称作热微菌的细菌也属于绿非硫细菌。它们具有绿色的色素，包括作为反应中心的菌绿素a和作为天线分子的菌绿素c，通常位于称作绿体的微囊中。

典型的绿弯菌门细菌是线形的，通过滑行来移动。它们是兼性厌氧生物，在光合作用中不产生氧气，不能固氮，利用3-羟基丙酸途径，而不是常见的卡尔文途径来固定二氧化碳。细胞壁的肽聚糖中含有D-鸟氨酸，类似于革兰氏阳性菌，不同的是革兰氏染色结果仍为阴性。系统发生树显示绿弯菌门和其他的光合细菌具有不同的起源。

◆ **产金菌门**

产金菌门是一支独特的细菌，目前世界上只发现了一个种，即砷酸产金菌。它具有独特的生活方式和生化过程能无机自养，并利用对绝大多数生物是剧毒的砷作为其营养。砷酸产金菌利用亚砷酸盐作为电子供体，将其氧化成砷酸盐。可

砷酸产金菌

以在富含亚砷酸盐的地方发现砷酸产金菌，比如被砷污染的湖底或者含砷的金矿中。

◆ **蓝藻门**

蓝藻门是藻类植物的一门，旧称蓝绿藻门。它能进行光合作用放氧的原核生物，也有人把蓝藻划为生物的一界——蓝菌界。它是单细胞个体或群体，或为细胞成串排列组成藻丝（细胞列）的丝状体，不分枝、假分枝或真分枝；具核质，无核膜；色质区主要由类囊体及其有关结构藻胆体和糖原颗粒等所组成；具叶绿素a、藻胆素、胡萝卜素、类胡萝卜素等光合色素，

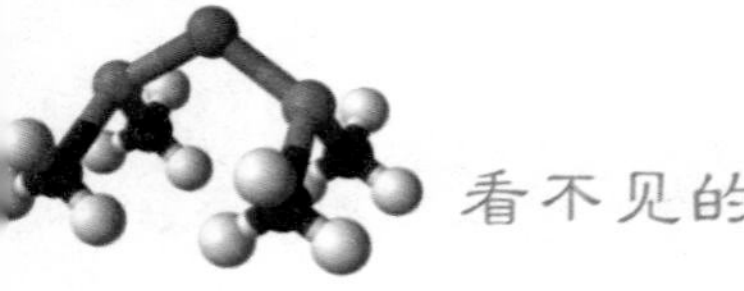

蓝 藻

但无叶绿体膜，不形成叶绿体；具细胞壁。蓝藻在地球上已存在约30亿年，是最早的光合放氧生物，对地球表面从无氧的大气环境变为有氧环境起了巨大的作用。目前已知蓝藻约2000种，中国已有记录的约900种。

蓝藻有极大的适应性，分布很广。如，淡水和海水中、潮湿和干旱的土壤或岩石上、树干和树叶上、温泉中、冰雪上，甚至在盐卤池、岩石缝中都有它们的踪迹，有些还可穿入钙质岩石或介壳中（如穿钙藻类）或土壤深层中（如土壤蓝藻），在热带、亚热带的中性或微碱性生境中生长旺盛。有许多种类是普生性的，如陆生的地耳，不仅在热带、亚热带、温带有，在寒带甚至南极洲也有。

蓝藻的抗逆性很强，能耐干旱，有些干燥标本存贮65～106年还可保持活力，如中国的固氮鱼腥藻干燥保存19年后再重新培育时还能生长和固氮。有些蓝藻能在76℃温泉中生长繁殖，有的在54℃条件下还能生长固氮（如鞭枝藻），有的可抗-35℃的低温（如地木耳），有一些在过饱和盐水中也可生长。因此，蓝藻常是先锋植物。

蓝藻中有160多种（大多数为念珠藻目的种类）能固定大气中的分子态氮成为结合态氮，合成蛋白质，据估计在热带水稻田中可固氮 1～70千克氮／公顷·年，在自然界的氮素平衡中起了重要作用，可以作为水稻田肥源，改良土壤结

地木耳

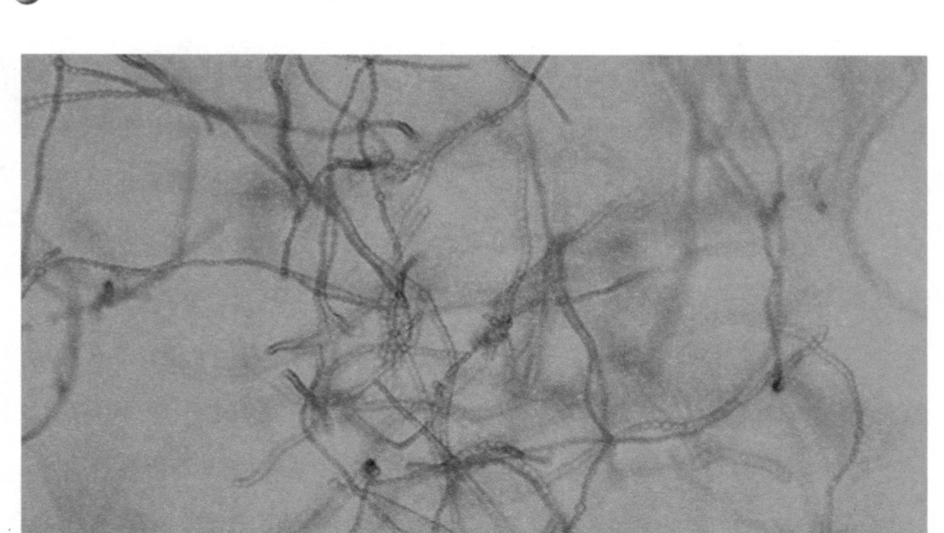

固氮蓝藻

构，提高土壤保肥保水能力。中国已筛选出自己的固氮蓝藻藻种，首先在湖北省数万亩的大面积晚稻田中放养试验成功，提高了水稻的产量达10%～15%。

蓝藻含有较高的蛋白质、较完备的氨基酸和多种维生素，因此可以作为食物。如中国传统食品发菜（产于中国北部和西北部半干旱地区）、葛仙米（产于华中南山区稻田湿地）、地耳（普生）等。螺旋藻等含蛋白质可高达70%，为非洲乍得、拉丁美洲墨西哥的传统食品，近年来已人工培养，作为商品。螺旋鱼腥藻在中国陕西被用作为鱼种的饵料。有些鱼类，如罗非鱼以蓝藻为食料。

若蓝藻在水体中过量增殖，往往形成“水华”。城市的池塘、湖泊、水沟中，含有较多的营养物质，特别是氮、磷，导致蓝藻的大量增殖，使水色蓝绿而浓浊；死亡分解时，散发出腐臭、腥臭气味，使水质变坏。有一些蓝藻水华的突变种甚至含有毒物质，如铜绿微囊藻的有毒突变种含有微囊藻毒素；水华鱼腥藻的有毒突变种含有鱼腥藻毒素；水华束丝藻的有毒突变种含有束丝藻毒素。人畜饮用大量繁殖这些蓝藻的水时，往往中毒，导致痉挛等，甚至死亡。有一些海产席藻，接触皮肤时会引起皮炎。

蓝藻也会产生有害影响，如在富营养化水体中，蓝藻大量繁殖可形成赤潮，导致养鱼池水缺氧而使鱼浮头甚至死亡，也会影响紫菜、蛏、蛤等的正常生长。此外，水华和赤潮发生时，蓝藻的有毒突变种分泌的毒素以及腐藻分解时散发的腐臭将影响饮用水源的水质，使人

葛仙米

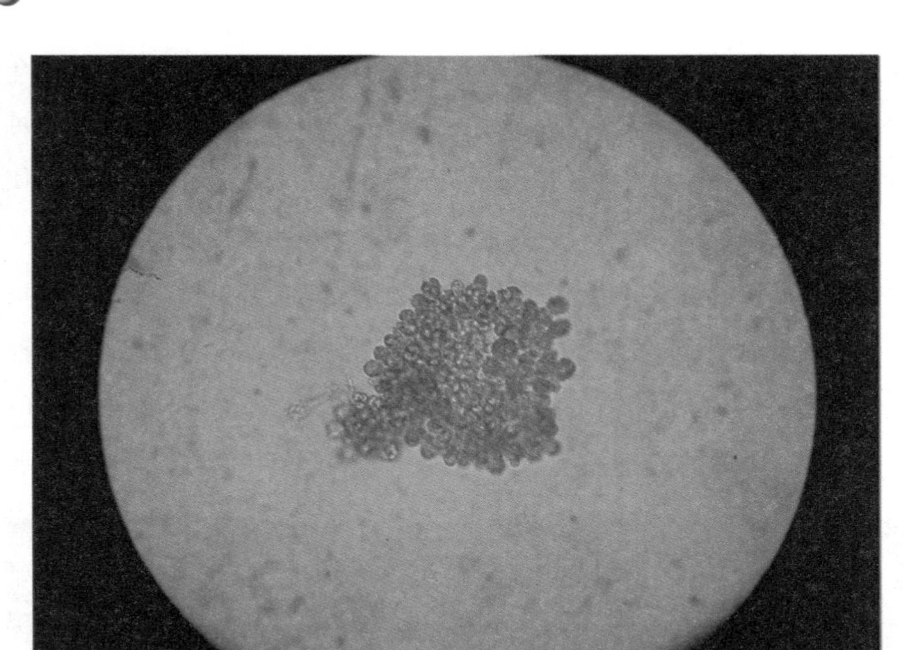

铜绿微蓝藻

畜中毒。

◆ 脱铁杆菌门

脱铁杆菌门是一类通过专性或兼性厌氧代谢获得能量的细菌，可利用多种电子受体。

◆ 异常球菌-栖热菌门

异常球菌-栖热菌门，包括几个耐辐射的种，并且因能够吃掉核污染和一些有毒物质而出名。栖热菌目包括几个耐热的属，其中水生栖热菌的耐高温DNA聚合酶被广泛应用于聚合酶链式反应。这些细菌具有厚的细胞壁，因此染色为革兰氏阳性。但它们又具有第二层细胞膜，因此结构上和革兰氏阴性细菌更接近。

◆ 网团菌门

网团菌门是一类细菌，只包含一个属，即网团菌属。它是极端嗜热菌，能利用有机物获得能量。这种生物可以制造木聚糖酶，将木聚糖分解成木糖。用这种酶对木质纸浆进行预处理，就能够利用较少的氯气漂白而得到更白的纸。

◆ 纤维杆菌门

纤维杆菌门是一类革兰氏阴性细菌，只包括纤维杆菌属一个属。纤维杆菌属生活在反刍动物的瘤胃中，在其细胞周质中有纤维素酶可以分解纤维素使动物能够吸收。

◆ 厚壁菌门

厚壁菌门细胞壁含肽聚糖量高，约50%~80%，细胞壁厚10~50纳米，革兰氏染色反应阳性，菌体有球状、杆状或不规则杆状、丝状

木聚糖酶

或分枝丝状等。一般无鞭毛，二分裂方式繁殖，少数可产生内生孢子（称为芽孢）或外生孢子（称分生孢子），为化能营养型，没有光能营养型。

◆ **梭杆菌门**

梭杆菌门是一个小类群的革兰氏阴性细菌。其中梭杆菌属常见于消化道，是口腔菌群之一，也可导致一些疾病。

◆ **芽单胞菌门**

芽单胞菌门目前仅有一属得到正式命名，即芽单胞菌属，是一类革兰氏阴性细菌，通过出芽方式繁殖。

◆ **硝化螺旋菌门**

硝化螺旋菌门是一类革兰氏阴

硝化细菌

性细菌，其中的硝化螺旋菌属作为硝化细菌，可将亚硝酸盐氧化成硝酸。

◆ 浮霉菌门

浮霉菌门是一小门水生细菌，在海水、半咸水、淡水中都可见到，其中的浮霉菌属和小梨形菌属等都是专性好氧菌。它们通过出芽法繁殖。形态上，它们通常是卵形，不用来繁殖的一端有柄，可以用来附着。它们的生活史分为固着细胞和有鞭毛的游动细胞，类似α-变形菌纲的柄杆菌属。浮霉菌门的细胞壁中含有糖蛋白而不含胞壁质，因此它们可以通过青霉素等破坏细胞壁的抗生素来选择性富集。最为奇特的一点是，浮霉菌门细胞具有复杂的胞内膜结构，甚至有些属（如出芽菌属）的染色质被膜包围且紧缩，类似于真核生物的细胞核，这在原核生物中是绝无仅有的。

此外，在浮霉菌门中还有一类和浮霉菌属等关系较远的细菌，如（Candidatus Brocadia）、（Candidatus Kuenenia）和（Candidatus Scalindua）属，它们至今未能成功分离得到纯菌株，因此尚未获得正式命名和分类。它们能够在缺氧环境下利用亚硝酸盐氧化铵离子生成氮气来获得能量，因此称作厌氧氨氧化菌，对全球氮循环具有重要意义，也是污水处理中重要的细菌。

◆ 变形菌门

变形菌门是细菌中最大的一门，包括很多病原菌，如大肠杆菌、沙门氏菌、弧菌、螺杆菌等著名的种类。也有自由生活的种类，包括很多可以进行固氮的细菌。变形菌门主要是根据核糖体RNA序列定义的，名称取自希腊神话中能够变形的神（这同时也是变形菌门中变形杆菌属的名字），这是因为该门细菌的形状具有极为多样的形状。

所有的变形菌门细菌都为革兰氏阴性菌，其外膜主要由脂多糖组成。其中很多种类利用鞭毛运动，但也有一些非运动性的种类依靠滑行来运动。此外还有一类独特的黏细菌，可以聚集形成多细胞的子实体。

变形菌门包含多种代谢种类。很多并非紧密相关的属可以利用光合作用储存能量，因其多数具有紫红色的色素，所以被称为紫细菌。

变形菌门根据rRNA序列被分为五类（通常作为五个纲），用希腊字母α、β、γ、δ和ε命名。其中有的类别可能是并系的。

α-变形菌除包括光合的种类外，还有代谢C1化合物的种类、和植物共生的细菌（如根瘤菌属）、与动物共生的细菌和一类危险的致病菌立克次体目。此外真核生物的线粒体的前身很可能也属于这一类。

β-变形菌包括很多好氧或兼性细菌，通常其降解能力可变，但也有一些无机化能种类，如可以氧化氨的亚硝化单胞菌属和光合种类（红环菌属和红长命菌属）。很多种类可以在环境样品中找到，如废水或土壤中。该纲的致病菌有奈氏球菌目中的一些细菌（可导致淋病和脑膜炎）和伯克氏菌属。在海洋中很少能发现β-变形菌。

γ-变形菌包括一些在医学上和科学研究中很重要的类群，如肠杆菌科、弧菌科和假单胞菌科。很多重要的病原菌都属于这个纲，如沙门氏菌属（肠炎和伤寒）、耶尔辛氏菌属（鼠疫）、弧菌属（霍乱）、铜绿假单胞菌（就医时引发的肺部感染或者囊

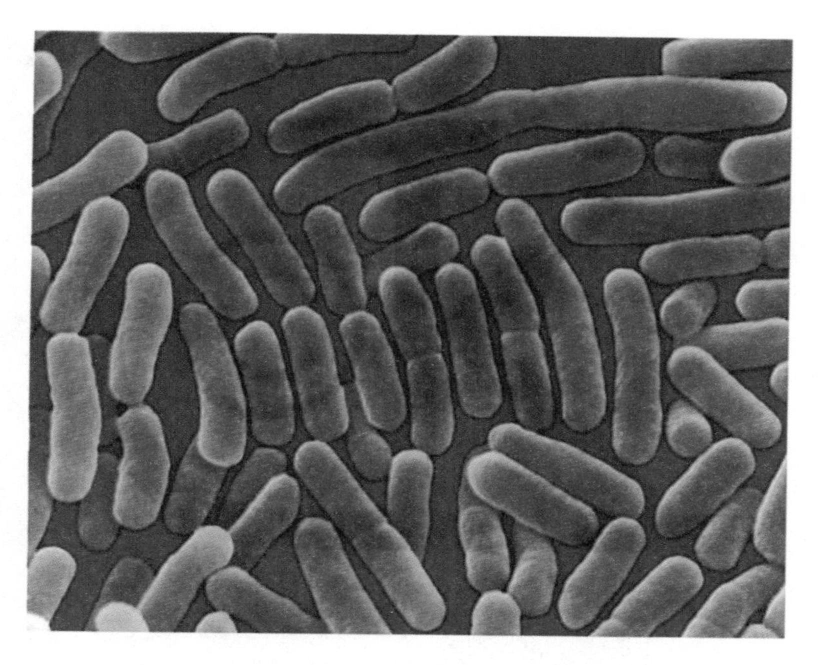

沙门氏菌

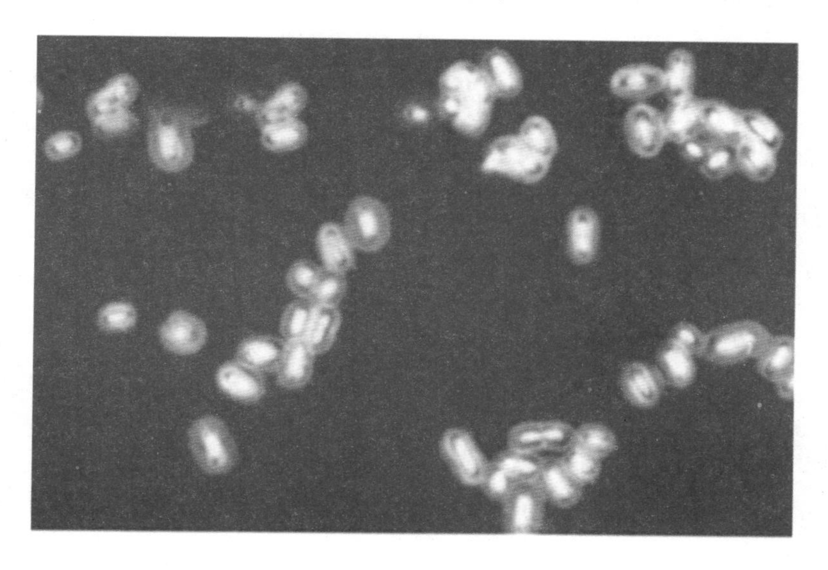

细菌的荚膜染色法

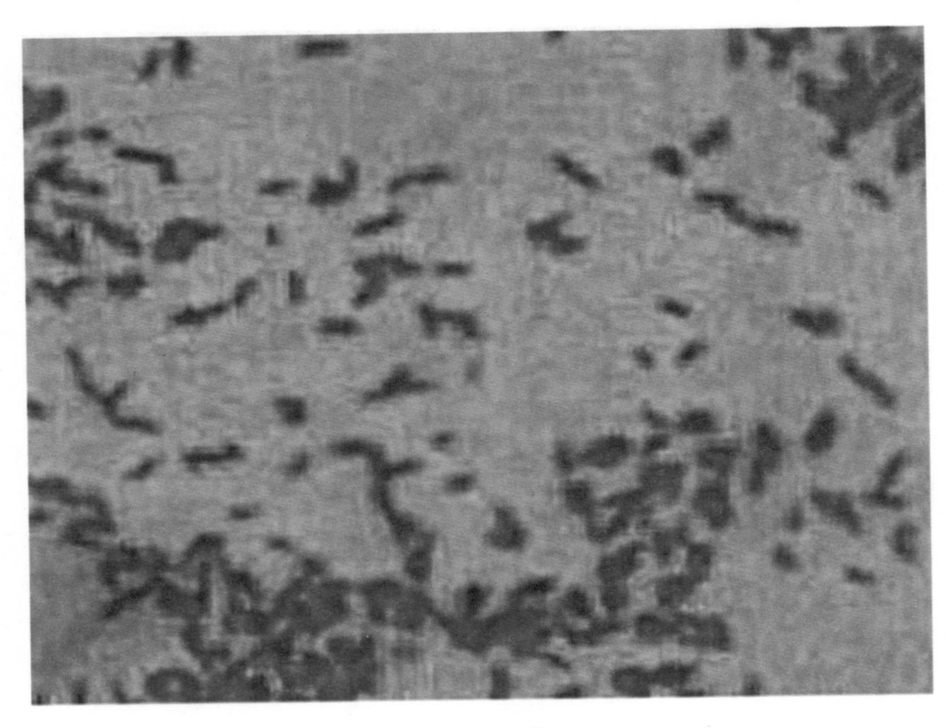

肝肠菌科细菌

性纤维化）。重要的模式生物大肠杆菌也属于此纲。

δ-变形菌包括基本好氧的形成子实体的黏细菌和严格厌氧的一些种类，如硫酸盐还原菌（脱硫弧菌属、脱硫菌属、脱硫球菌属、脱硫线菌属等）和硫还原菌（如除硫单胞菌属），以及具有其它生理特征的厌氧细菌，如还原三价铁的地杆菌属和共生的暗杆菌属和互营菌属。

ε-变形菌只有少数几个属，多数是弯曲或螺旋形的细菌，如沃林氏菌属、螺杆菌属和弯曲菌属。它们都生活在动物或人的消化道中，为共生菌（沃林氏菌在牛身体中）或致病菌（螺杆菌在胃中或弯曲菌在十二指肠中）。

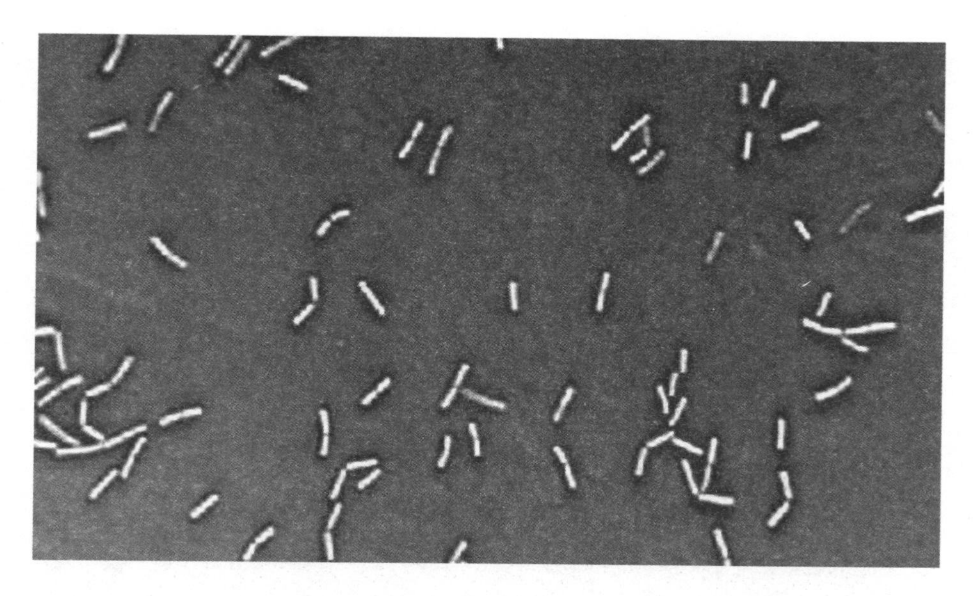

匹美西林致病菌

◆ **螺旋体门**

螺旋体门是一类很有特点的细菌，有长的螺旋形盘绕的细胞。在细胞膜和细胞壁之间的鞭毛被称为“轴丝”。螺旋体可以通过轴丝产生的扭转运动前后移动。多数螺旋体营厌氧自由生活，但也有很多例外。它在生物学上的位置介于细菌与原虫之间。它与细菌的相似之处是都具有与细菌相似的细胞壁，内含脂多糖和胞壁酸。以二分裂方式繁殖，无定型核（属原核型细胞），对抗生素敏感；它与原虫的相似之处是体态柔软，胞壁与胞膜之间绕有弹性轴丝，借助它的屈曲和收缩能自由运动，易被胆汁或胆盐溶解。螺旋体在分类学上由于更接近于细菌而被归属在细菌的范畴内。

林恩·马古利斯经认为真核细胞的鞭毛来自共生的螺旋体，但同意这一观点的生物学家不多，因为二者结构上没有太多相似之处。

螺旋体广泛分布在自然界和动物体内，分5个属：包括柔氏螺旋体属，又名疏螺旋体属、密螺旋体属、钩端螺旋体属、脊螺旋体属、螺旋体属。前三属中有引起人患回归热、梅毒、钩端螺旋体病的致病菌，后二属不致病。

螺旋体包括回归热螺旋体、奋森氏螺旋体、Lyme病螺旋体三种。回归热螺旋体能引起回归热，以节肢动物为媒介而传播。回归热是一种以周期性反复发作为特征的急性传染病。该螺旋体为疏螺旋体属，其中能引起人类疾病的有

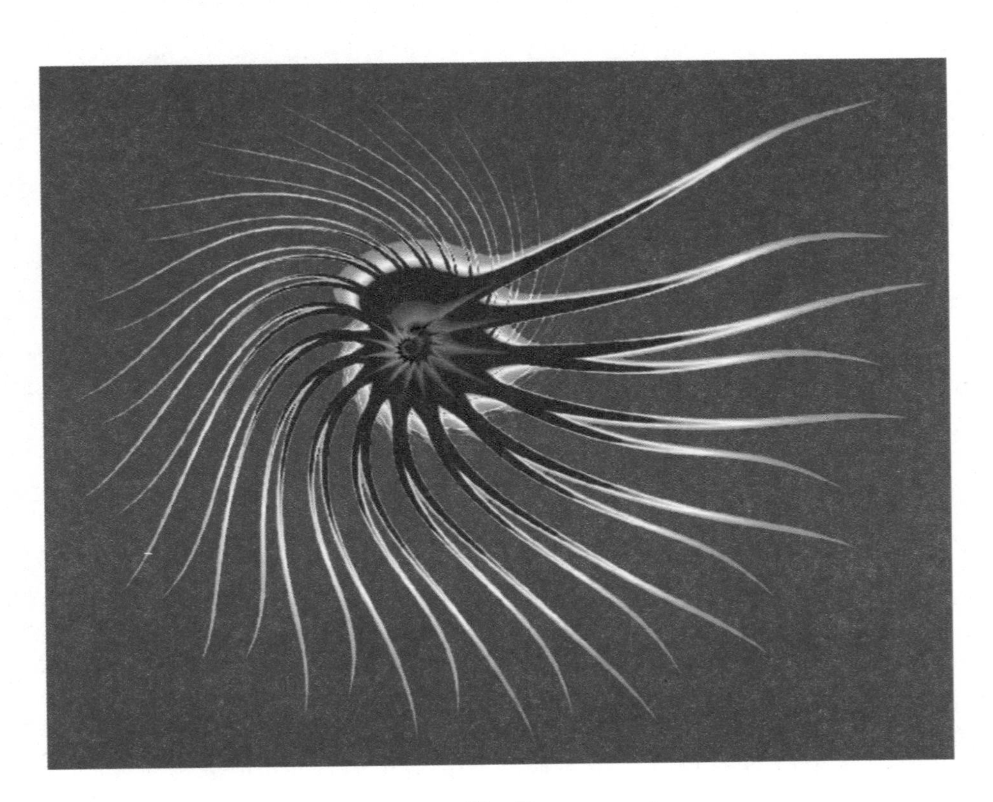

鞭 毛

两种：一为回归热螺旋体，以虱为传播媒介，其中能引起流行怀回归热，国内流行主要是该种回归热。二是杜通氏螺旋体，以蜱为传播媒介，引起地方性回归热，国内较少见；奋森氏螺旋体属于疏螺旋体，寄居在人类口腔中，一般不致病，当机体抵抗力降低时，常与寄居在口腔的梭杆菌协同引起奋森氏咽峡炎、齿龈炎等；Lyme病螺旋体是疏螺旋体的一种，能引起以红斑性丘疹为主的皮肤病变，这是一种以蜱为传播媒介，以野生动物为储存宿主的自然疫源性疾病。该螺旋体是70年代分离出的新种，属于疏螺旋体中最长（20 ~ 30微米）和最细（0.2 ~ 0.3微米）的一种螺旋体。

◆ 热脱硫杆菌门

热脱硫杆菌门是一个小类群的嗜热硫酸盐还原细菌。

◆ 热微菌门

热微菌门是一类绿非硫细菌。正如它的名字所说的那样，是一类嗜热菌。一些学者认为热微菌不应构成单独的一个门，而应并入另一类绿非硫细菌——绿弯菌门。

◆ 热袍菌门

热袍菌门，又译作栖热袍菌门，是一类嗜热或者超嗜热细菌，其细胞外面有一层“袍”一样的膜包裹，可以吸收碳水化合物。不同的种类可适应不同的盐浓度和氧含量。重要的属有如热袍菌属。

◆ 疣微菌门

疣微菌门是一门才被划出不久的细菌，包括少数几个被识别的种类，主要存在于水生和土壤环境，或者人类粪便中。还有很多未被成功培养的种类是和真核宿主共生

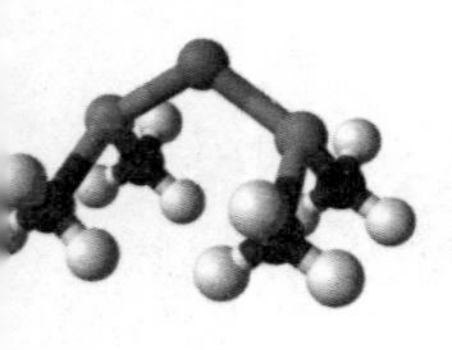

的，包括一些原生生物的外共生菌和线虫动物配子中的内共生菌。疣微菌门生物中的疣微菌属和突柄杆菌属具有胞质突出形成的两个到多个突起，因此得名。它们通过二分分裂繁殖。它们的最近类群可能是衣原体门。

第三章

细菌与人类健康

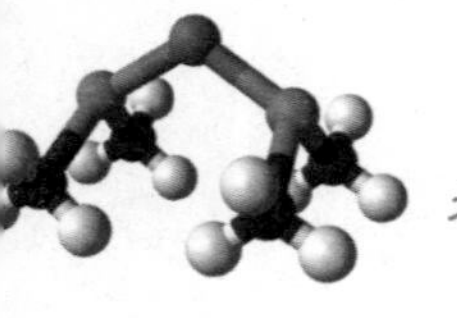

细菌在自然界上是分布最广、跟人类关系最密切、数量最多的一种微生物。纽约大学医学院的微生物学家马丁·布拉瑟尔认为，有些细菌只是暂时与我们接触，有些则对人类有益。这项研究发表在一期美国的《国家科学院学报》上。研究人员从参与试验的6名健康人前臂上取下药签，研究人类皮肤内的细菌种群，结果确定了大约182种细菌。科学家估计人体皮肤内可能存在至少有250种细菌。

细菌是单细胞微生物，被认为是地球上最早的有生命物质。虽然一些细菌能引起疾病，但通常居住在我们体内的细菌是有益的，例如消化道内的细菌。科学家高詹博士说："没有有益细菌，身体就无法生存。"研究人员还提出，实际生活在人体内的细菌数量是人类细胞的10倍。其实细菌就是我们身体的一部分，很多正常有机体对我们的皮肤起到保护作用。因此有时频繁的清洗其实并不高明，因为那样会洗掉我们的防护层。

研究人员发现，这些皮肤中的细菌比以前认为的更具有多样性，其中8％的细菌种类是以前我们不知道的。有4个种类的细菌似乎是皮肤的常住居民，它们分别是：葡萄球菌、链球菌、丙酸杆菌和棒状杆菌，数量占总数的一半多。其他一些都是"临时性游客"。虽然每个人体内的细菌数量都保持在一个基本数值，但这些细菌的数量却是随着时间而变化的。

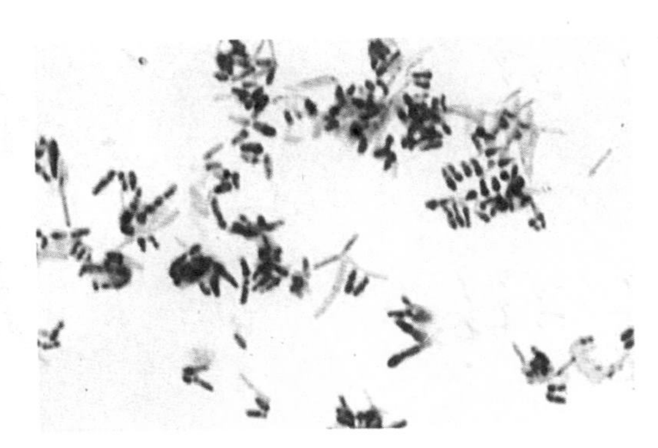

棒状杆菌

因此，细菌与人类的健康是密切相关的。

人体与细菌

细菌在自然界广泛分布于土壤、空气和水中，或与其他生物共生。人的身体上也带有相当多的细菌，据估计，人体内及表皮上的细菌总数约是人体细胞总数的10倍，就人体来说这个数量是非常可观的。

刚出生的婴儿，其体表和体内是没有细菌的。但在婴儿出生几个小时后，他的体表和口腔里就会出现多种细菌。从此以后，人体与外界相通的呼吸道、消化道、阴道、皮肤等部位终生都会存在各种细菌。细菌的大小以微米为测量单位，如果将人体内的细菌逐个头尾相接，其长度可以绕地球2周还多。

人要想健康长寿，是离不开正常菌群的。正常菌群在通常情况下能抑制有害菌的繁殖，阻挡有害菌的入侵，其代谢产物能为人体提供叶酸、烟酸、维生素B_1、维生素B_2、维生素B_6、维生素B_{12}、氨

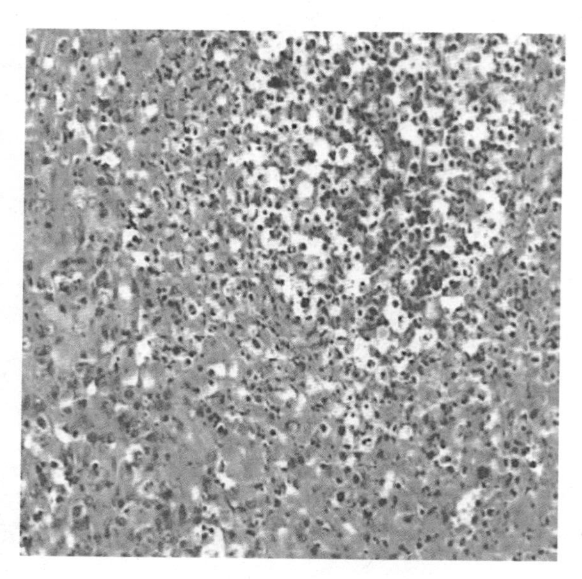

NK细胞性淋巴瘤

基酸等营养素。正常菌群产生的醋酸、乳酸能使肠道PH值下降，有利于食物中钙、铁、维生素D的吸收。正常菌群也是维持和增进人体免疫力的重要组成部分，对提高NK细胞（自然杀伤细胞）的活力和增进机体分泌免疫球蛋白IgA有重要作用。正常菌群还是人体健康长寿的重要因素。有关部门曾对广西巴马地区长寿乡百岁老人的排泄物进行过检测，发现受检者每克粪便中含双歧杆菌1亿个，是正常人的10万倍。

人体内有一部分细菌是条件致病菌，一般情况下不致病。但在机体受凉、过度疲劳、精神受到强烈刺激时，人体的免疫力会明显下降，此时条件致病菌就会趁虚而入、兴风作浪，金黄色葡萄球菌会引起化脓性病变，口腔里的单

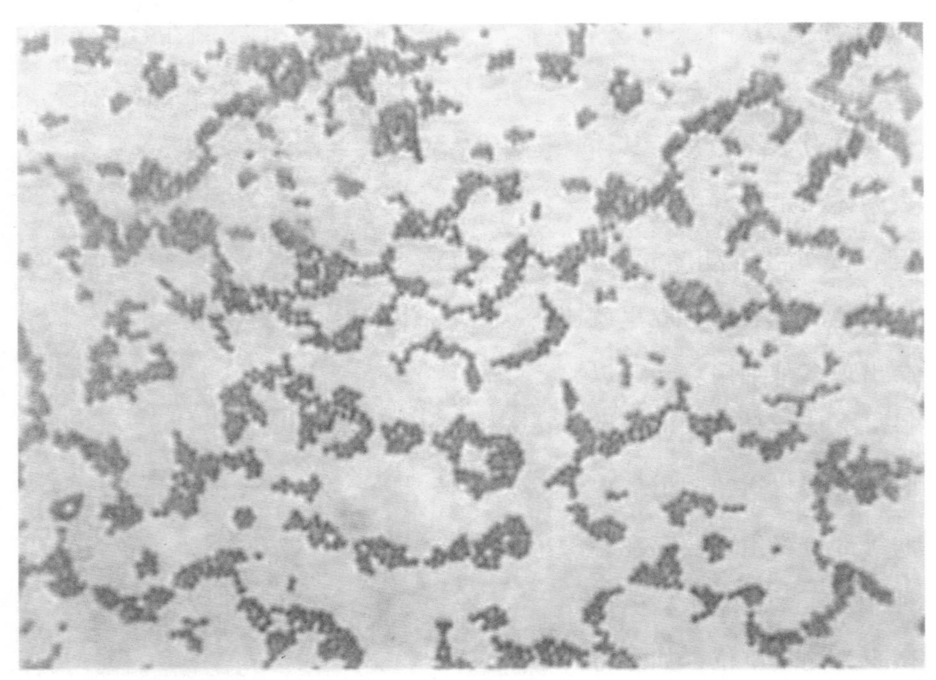

金黄色葡萄球菌

纯疱疹病毒会引起鹅口疮，变形杆菌会引起腹泻等。有的细菌本身就会致病，如结核杆菌可引起肺部、肾脏的结核病，肺炎双球菌可引起肺炎。大肠杆菌是存在于肠道的腐败菌，如果肠道中腐败菌占优势，就会催人衰老，诱发肿瘤或引起肠炎。只有在正常菌群占优势时，腐败菌的繁殖才会被抑制。

对人类寿命来说，细菌是最大的天敌，细菌对人类的健康、长寿威慑力最大。这也许是两种不同类型生命特性所形成的生态规律，因为细菌是依靠自然界所有的有机生物质作为营养而生存的，所以，它能在生物质里进行不间断的繁殖和发展，这是一种在生物质环境里不受制约的生长状态；而动、植物体内的细胞组织是会受到上一代的DNA遗传物质所控制的，包括物种

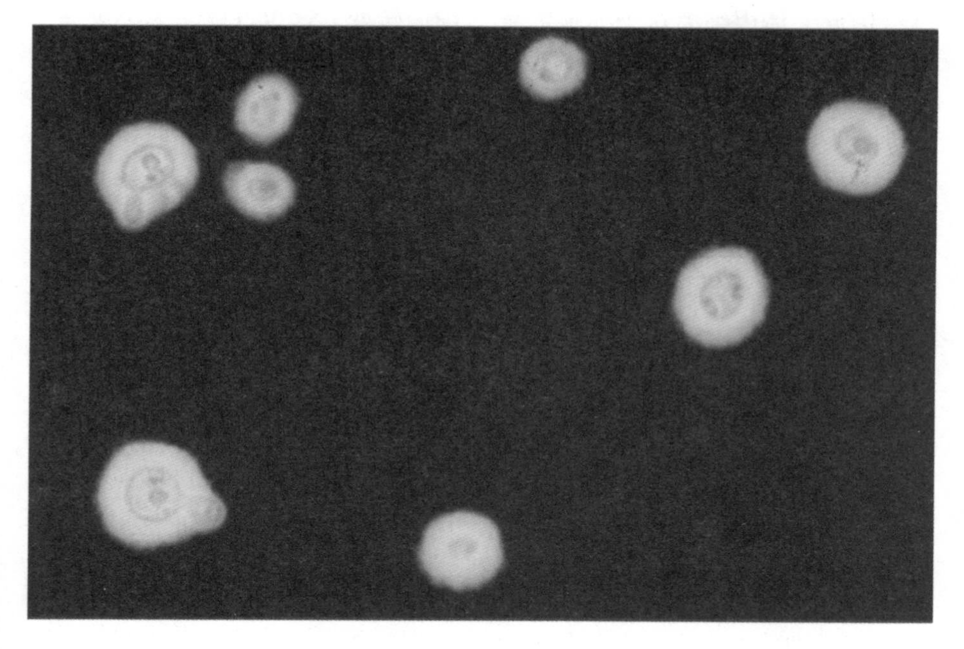

肺炎双球菌

形状大与小和寿命长与短等。这是一种受到制约的生长状态。这样，细菌就具有了会对细胞生物体的寿命带来威慑的自然性。

因此，体内细菌对于细胞生命个体而言，可分为有益细菌和有害细菌两种。有益细菌是指能与细胞生命体相互共生的，在不断推进生物进化的同时，起到对细胞生命体具有抗体作用的细菌种类（称为人体第一免疫系统）。有害细菌是指在不能与细胞生命体相互共生的同时，起到逐步侵蚀和支解细胞生命体某些功能细胞组织作用的细菌种类。

有害细菌的出现也有如下两个表现特征：

其一，是体内有益细菌。当细胞生物个体随着年龄的老化，再生细胞的功能衰退，所再生的有机物数量无法供给体内有益细菌不断繁殖的食量需要时，它们就会逐渐侵蚀和支解生命组合体的某些功能细胞组织，使细菌生物与所寄生的细菌之间在生态上发生不同步现象，进而逐步破坏细胞生命体的生理循环功能系统，并从有益细菌向有害细菌转变。这也许就是人类肿瘤病因的原理。因为在细胞生命体某些功能组织逐渐衰退的同时，寄生在衰退组织里的细菌逐渐繁殖，数量逐渐增多，吃量不断增大，就形成了前者的一方渐弱，而后者的一方渐强的生态反差现象。在细菌侵蚀和支解衰退组织的过程中，人体还拥有的血液球蛋白和淋巴的第二个内在生理免疫系统与此支解过程产生了排斥作用，使细胞生命体里的衰退组织逐渐形成瘤状的异物，使人体的衰退组织逐渐失去了环节的功能作用。在瘤状物逐渐增大的同时，无形中直接切断了人体生态系统的连带性功能，严重时就能引至细胞生命体的死亡。

其二，是体外细菌。当每一代细胞生物体死亡之后，其体内细菌

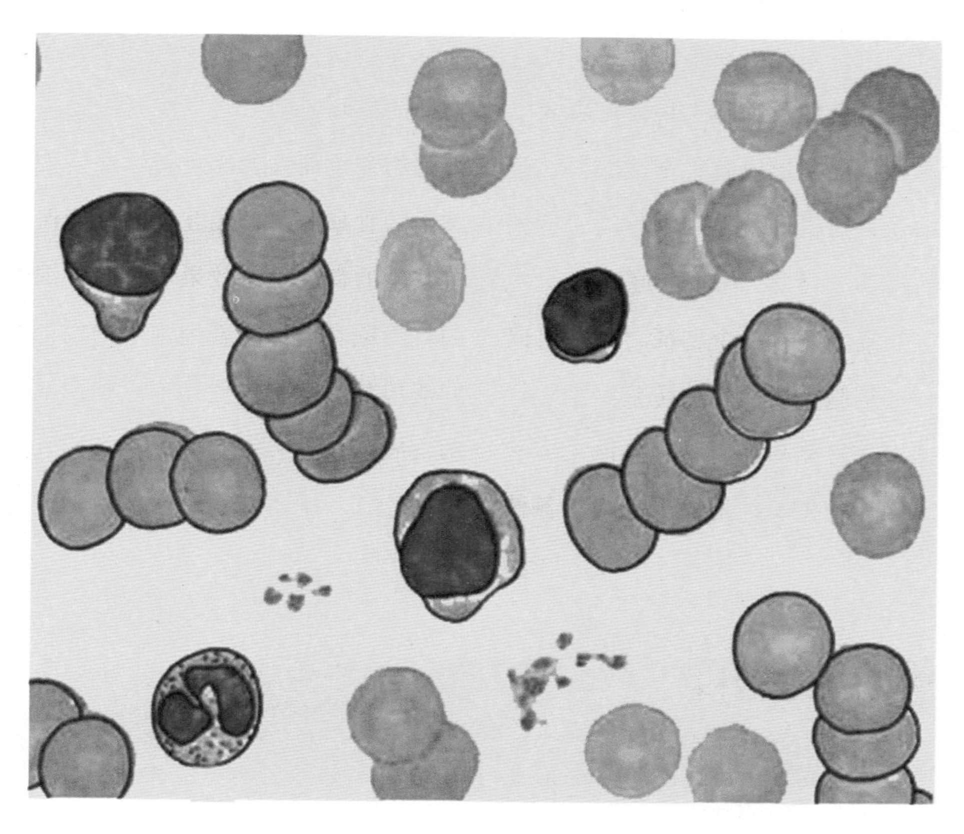

血液球蛋白

从此就伴随着主体死亡后所形成的生物质，走进了大自然有机物链的生存道路。经过沧海桑田般的变化锻炼和演变，久而久之，其中有部分能繁衍出比体内细菌生命力和繁殖力还要强很多的特性，因而当它们重新回到细胞生命体中生存时，就能战胜其体内的有益细菌，取而代之。而在高速度繁殖数量迅速增多、食物量增大的同时，细胞生命体正常的再生细胞数量无法供给如此突增的食量需要，就会逐步出现侵蚀和支解其肌体功能细胞组织的现象，使细胞生命体组织出现炎症，从而破坏循环组织，便使人体逐渐失去了抗体作用，导致其

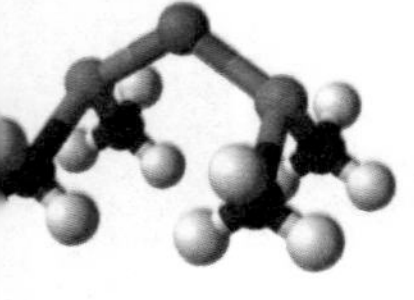

内部生态系统出现不平衡性，严重的甚至会危及细胞生物体的生命。这种情况是形成有害细菌的另一个途径，这也许就是细胞生物“传染病”和“瘟疫”出现的原理。

细菌还有一个特征，即它可以加入细胞生命体的遗传基因细胞行列，并且能陪伴着细胞生命主体的基因一代传一代地发展。因为各种细胞生物物种的传宗接代都是处在物种的青壮时期，它们此阶段再生细胞的数量能大大满足寄生在体内细菌的食量需要，相互之间都能保持共生的良性生态效果。因而，细菌就能顺利地伴随着细胞生物物种的遗传基因细胞代代相传，共同协调发展。

知识小百科

细菌与人类健康

2006年，制药巨头辉瑞公司的科学家们注意到了一个奇特的现象：在一项常规测试中，老鼠尿液中的代谢产物马尿酸指数低得出奇，这项偏离预期的代谢指数使接下来的实验无法进行。科学家们对此进行了进一步调查发现，这些老鼠是由美国北卡罗来纳州罗利市的同一个实验室培养出来的，所有的代谢产物指数都理应相同，但不寻常的是，有问题的老鼠都是在同一个特定房间里饲养长大的。再进一步调查又揪出了令人意想不到的肇事者——老鼠胃肠道微生物群的独特构成改变了它们的新陈代谢。

“这真是令人吃惊。”辉瑞制药的资深科学家洛拉·C·罗博斯基评

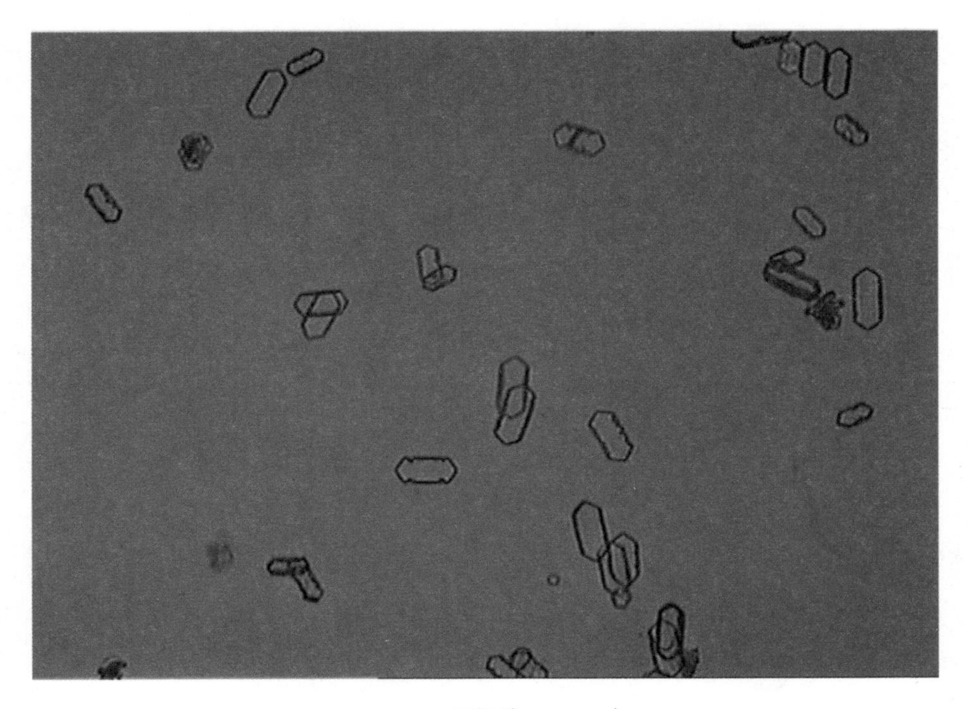

马尿酸

论说。罗博斯基是公司一个研究小组的成员，致力于使用光谱学和模式识别的软件来分析体液中的代谢产物的研究——被称为代谢组学（关于定量描述生物内源性代谢物质的整体及其对内因和外因变化应答规律的科学），从而更准确地选择药品化合物进行治疗。这项技术的研究揭示了在个体对药物的反应中，通常被忽略的一种影响因子——胃肠道微生物区系。

长期以来，科学家们都推测胃肠道细菌对人体健康起一定的作用。这些微生物一般经由哺乳和身体接触，从母亲传到婴儿身上，但是它们只适宜生存于胃肠道环境中，因此很难在体外研究。“值得一提的是，第一篇细述人体胃肠道细菌区系的论文，几个月前刚刚发表。”杰弗里·I·戈

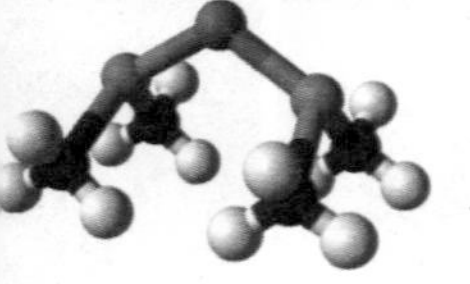

登——美国华盛顿大学圣路易斯分校的基因组科学研究中心主任表示。这篇由美国斯坦福大学的保罗·B·埃克伯格及同事们发表的文章，通过基因组测序推测出了我们人体胃肠道中至少有400种细菌。每种细菌又分为不同的品系，还由于遗传变异而种数倍增。在人体肠道末端的微生物通过将糖类分解成更易消化的形式，能帮助释放至少20%的卡路里。

要搞清楚这些神秘的小虫子对健康有何影响，科学家们的研究还刚刚起步。例如两年前，美国威斯康星医学院的戴维·G·比尼恩发现胃肠道微生物制造的钠丁酸盐可以阻碍COX-2，从而可抑制血管生长。COX-2是一种与多种炎症有关的生物酶，也是诸如万络等消炎药的作用目标。其他研究表明，有些大肠杆菌区系会对二甲胂——即砷元素（砒霜的主要成分）的一种衍生物进行代谢，有可能产生带毒化合物，这也许可以解释砷是怎么使胃肠道致癌的了。胃肠道微生物也可以协助释放食物（例如大豆）中

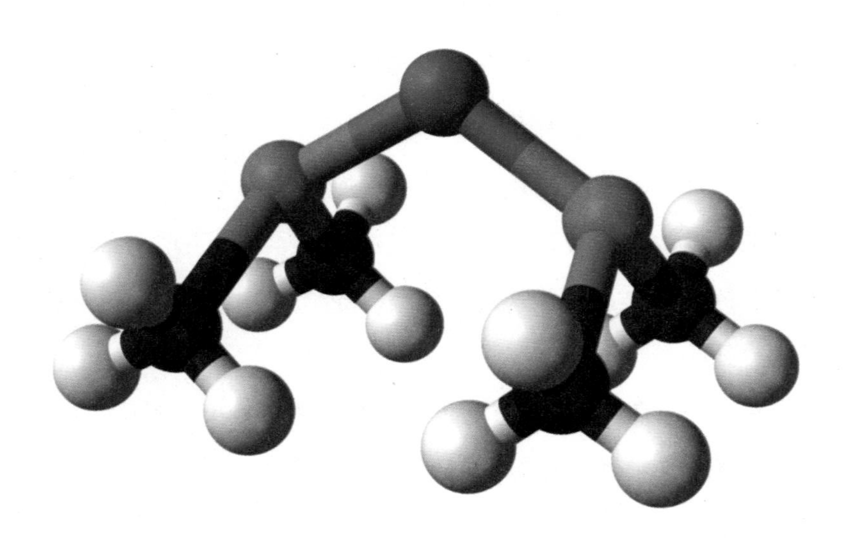

二甲砷

具有治疗作用的化合物。戈登和其他一些科学家作出假设，容易长胖的人可能是因为胃肠道里面某种细菌特别缺乏，才导致脂肪积累的。

罗博斯基说，虽然辉瑞的科学家们没有检测那些异常老鼠对药物的代谢能力，这项发现仍能部分解释：为什么来自预期无差别的实验动物的数据，有时候会大相径庭。此外，她补充说，调查者们已经发现，胃肠道微生物对药物代谢确是有影响的。但是影响究竟有多显著，还不得而知。

杰里米·K·尼科尔森是英国伦敦皇家学院的一位代谢组学的研究先驱，他毫不怀疑细菌能极大影响人体对药物的反应。他坚持认为："环境很大程度上决定了新陈代谢，你有多大精神压力，你有什么样的胃肠道微生物群——这些东西被证明具有难以想象的重要性。"举例来说，许多微生物会制造能够激活肝脏中的有毒物降解酶的化合物，有的微生物代谢的产物则是人体新陈代谢途径中不可缺少的参与者。

尼科尔森推测说，少数人群具有的细菌区系甚至能使某些药物变成毒药，例如消炎药万络可能引起心血管并发症。但大多数鉴别对药物反应个体差异的研究，都把努力的重点放在了人体基因，而不是基因-环境的相互作用上，尽管后者很可能更为重要。

为细菌“平反”

近年来，某些传染性疾病和感染性疾病在一些地方频发，而由于各种原因，这些疾病造成了一些人员死亡。众所周知，这些疾病都是由细菌和病毒引起的。在自然界，一些细菌可以成为病原体，从而导致人们患上破伤风、伤寒、肺炎、梅毒、霍乱和肺结核等疾病。

细菌对人体的感染方式，无外乎是接触、空气传播、食品污染、水质污染和带菌生物传播等。的确，在人类漫长的历史进程中，细

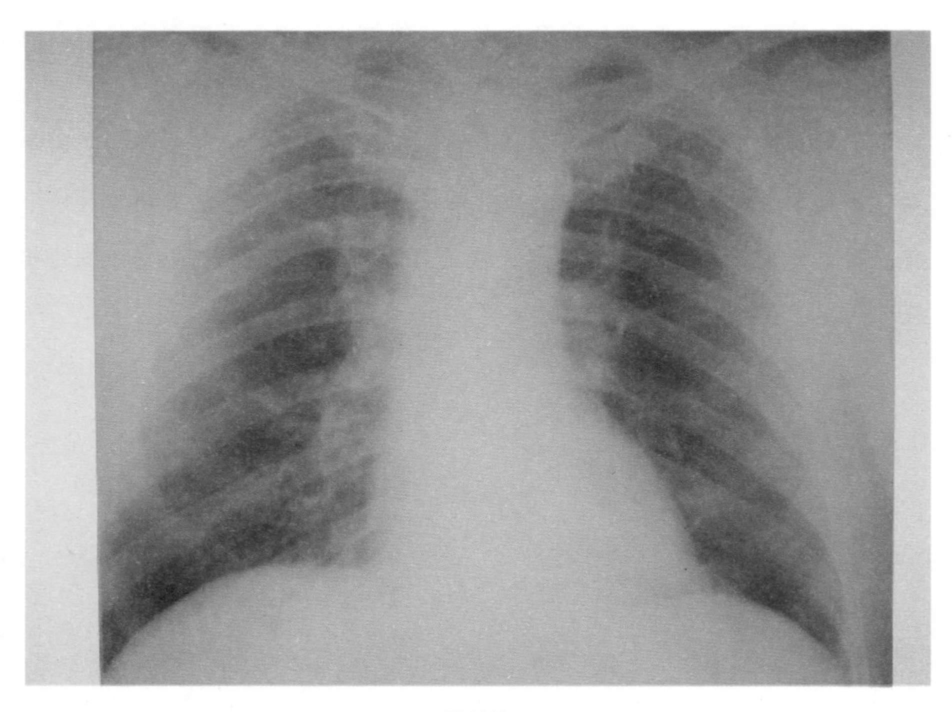

肺结核

菌曾经给人类带来过无数次的疫病和灾难。因此每每提及细菌时，人们都会毛骨悚然、谈虎色变，唯恐避之不及，视其为不祥之物。

在现代生活中，人们为了保护健康，大量使用化学和物理的方法进行杀菌消毒，水果蔬菜食用前用消毒剂浸泡，餐具用红外线照射，洗手时使用消毒药皂，连洗澡时也让搓澡工使劲去搓身体的皮肤，似乎这样就能把皮肤上的细菌除掉。在大多数人们的心目中，细菌是罪

消毒剂

恶滔天、罄竹难书之物，应当赶尽杀绝。但其实，世界上的一切事物都有两面性，细菌做为自然界一种古老的生物，当然也不例外，正确认识细菌对人体正负两方面的作用是非常重要的。人体只有努力维持正常菌群的优势，使机体内的正常菌群始终处于一种良好状态，才能避免和减少致病菌、腐败菌对人体健康的危害。

细菌虽然对人类有许多危害，但它也有许多有用之处。细菌很早以前就被我们的祖先用于食品制造，例如在醋的传统制造过程中，就是利用空气中的醋酸菌使酒转变成醋的。其他利用细菌制造的食品还有奶酪、泡菜、酸菜、酱油、腐乳、臭豆腐、果酒、啤酒等。细菌还能用于制造药品，一些细菌可以分泌抗生素，例如青霉素就是由青霉菌分泌的，链霉素就是由链霉菌分泌的。

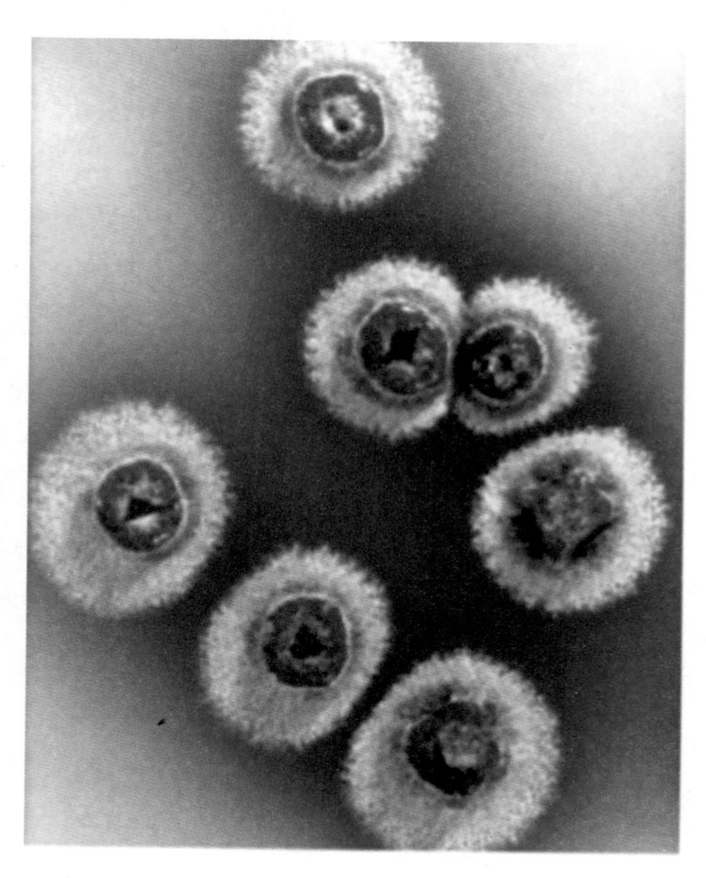

链霉菌

随着社会的发展，细菌对人类活动的影响将会越来越大。细菌具有降解多种有机化合物的能力，它的这一长处经常被用来清除环境污染和进行垃圾处理，在专业界被称做生物复育。例如，科学家曾利用嗜甲烷菌来分解三氯乙烯和四氯乙烯污染，为美国的佐治亚州解决了严重的环境污染问题。随着科学水平的不断提高，细菌在生物科技领域中将会有更加广泛的利用价值和运用前景。

一本科普杂志上曾写道，利用细菌分解食物时持续释放出带电粒子的功能，可以让细菌发电。因此生物学家预言，21世纪将是细菌发电造福人类的时代。说起细菌发电，可以追溯到1910年，当时的英国植物学家就把铂作为电极放进大肠杆菌的培养液里，成功地制造出了世界上第一个细菌电池。

1984年，美国科学家设计出一种太空飞船使用的细菌电池，其电极的活性物质是宇航员的尿液和活细菌。不过，那时的细菌电池放电

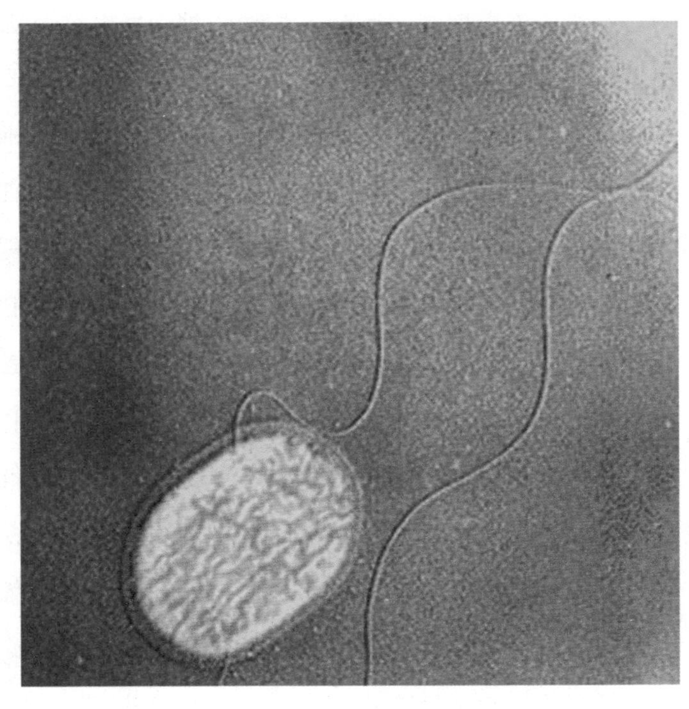

细菌电池

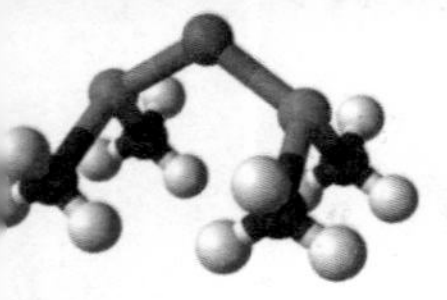

效率较低。直到20世纪80年代末，细菌发电才有了重大突破，英国化学家让细菌在电池组里分解分子，以释放电子向阳极运动产生电能。其方法是：在糖液中添加某些诸如染料之类的芳香族化合物作为稀释液，来提高生物系统输送电子的能力。在细菌发电期间，还要往电池里不断充气，用以搅拌细菌培养液和氧化物质的混和物。据计算，利用这种细菌电池，每100克糖可获得1352930库仑的电能，其效率可达40%，远远高于现在我们使用的电池的效率，而且还有10%的潜力可挖掘。只要不断地往电池里添入糖就可获得2安培电流，且能持续数月之久。

利用细菌发电原理，还可以建立细菌发电站。在10米见方的立方体盛器里充满细菌培养液，就可以建立一个1000千瓦的细菌发电站，每小时的耗糖量为200千克。虽然发电成本是高了一些，但这是一种不会污染环境的“绿色”电站，更何况技术发展完善后，完全可以用诸如锯末、秸秆、落叶等废弃有机物的水解物来代替糖液。因此，细菌发电的前景还是十分诱人的。

现在，各个发达国家为了保护环境的需要，都在充分利用和开发细菌发电这个新能源，研究人员如八仙过海，各显神通。美国的研究人员设计出一种综合细菌电池，是由电池里的单细胞藻类首先利用太阳光将二氧化碳和水转化为糖，然后再让细菌利用这些糖来发电；日本的研究人员是将两种细菌放入电池的特制糖浆中，让一种细菌吞食糖浆产生醋酸和有机酸，再让另一种细菌将这些酸类转化成氢气，由氢气进入磷酸燃料电池发电；英国的研究人员则发明出一种以甲醇为电池液，以醇脱氢酶铂金为电极的细菌电池。

在大力开发和利用细菌发电的研究过程中，人们惊奇地发现，细菌还具有捕捉太阳能并把它直接转化成电能的“特异功能”。最近，美国科学家在死海和大盐湖里找到一种嗜盐杆菌，它们含有一种紫色素，这种紫色素在把所接受的大约10%的阳光转化成化学物质时，即可产生电荷。科学家们利用它们制造出一个小型实验性太阳能细菌电池，结果证明，完全可以利用这种嗜盐杆菌来发电。使用嗜盐杆菌发电，就可以用盐代替糖，这样发电的成本就会大大降低。由此可见，让细菌为人类供电已经不是遥远的设想，而即将成为不久的现实。

死　海

细菌除了可用于食品制造、制药、清理环境污染、垃圾处理和发电等造福人类的项目外，它还是人体肠道内参与食物消化不可缺少的一种微生物。众所周知，食物的消化是从口腔开始的，食物在口腔内被磨碎，这是一种机械性消化。磨碎的食物经食道进入胃后，即受到

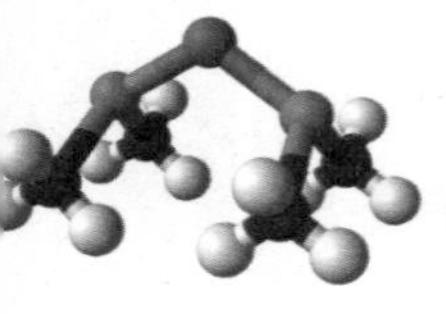

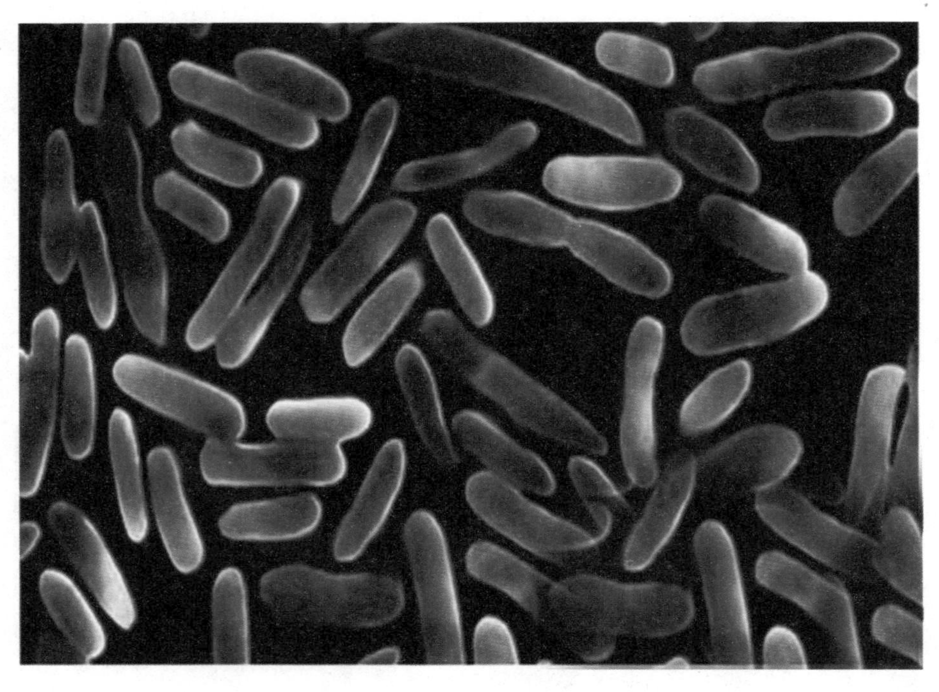

人体肠道细菌

胃壁肌肉的机械性消化和胃液的化学性消化，但胃只能吸收少量的水和酒精，大部分的食物都要在小肠进行消化。在胃里，食物中的蛋白质被胃液中的胃酸和胃蛋白酶初步分解，变成粥样的食糜状态，在胃壁肌肉的作用下，小量多次地通过幽门向十二指肠推送。食糜由胃进入十二指肠后，就开始了小肠内的消化。小肠是消化、吸收食物营养的主要场所，食物在小肠内受到胰液、胆汁和小肠液的化学性消化以及小肠的机械性消化，各种营养成分逐渐被分解为简单的可吸收的小分子物质，被小肠壁吸收。食物通过小肠后，消化过程已基本完成，只留下难于消化的残渣进入大肠。大肠内的细菌是靠分解小肠的废弃物生活，这些细菌中有一系列的酶，它们能够把食物残渣中遗留的有机化合物进行分解，然后让大肠吸收。大肠内的细菌大部分是厌氧性细菌，它们不是呼出和呼入氧气，而是通过把大分子的碳水化合物分解成为小的脂肪酸分子和二氧化碳来获得能量，这一过程称为“发酵”。

一些脂肪酸通过大肠壁被重新吸收，剩余的脂肪酸帮助细菌迅速生长，细菌可以在每20分钟内繁殖一次。因为细菌合成的维生素B和维生素K的数量比自身需要的多，所以它们就非常慷慨地把多余的维生素供应给了它们的宿主——人。虽然人体不能自己生产这些维生素，但人体可以依靠这些细菌将这些维生素源源不断地供应给自己。科学家们现在已经弄清楚了人体内

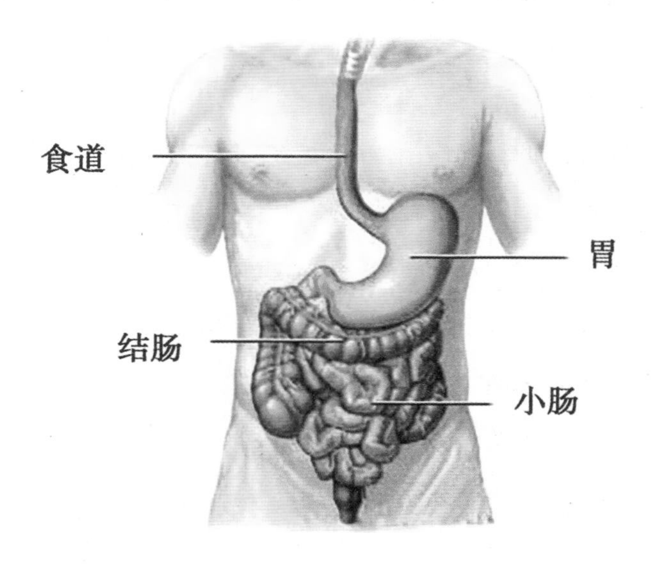

小　肠

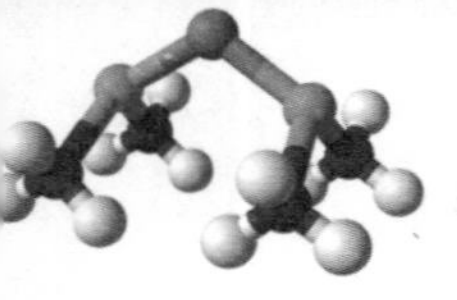

酸 奶

不同细菌之间的复杂关系，以及它们同人这个宿主之间的相互作用。这是一个动态系统，随着宿主在饮食结构和年龄上的变化，这一系统也会做出相应的调整。人一出生就开始在体内汇集多种细菌，当人的饮食结构从母乳变为牛奶，又变成不同的固体食物时，人体内就会有新的细菌来占据主导地位。

积聚在大肠壁上的细菌是经历过艰难旅程后的幸存者。从口腔到小肠，他们受到过消化酶和强酸的袭击。到达大肠后，它们还必须同已经在那里的细菌争夺空间和营养。幸运的是，这些细菌能够非常熟练地把自己粘贴到大肠壁上任何可以利用的地方。这些细菌中的一些可以产生酸和被称为“细菌素”的抗菌化合物，这些“细菌素”可以帮助抵御那些令人讨厌的细菌的侵袭。这些细菌能够控制更危险的细菌的数量，增加人们对“益菌食物”的兴趣，这种食物含有培养菌，酸奶就是其中的一种。下次当你要喝下一瓶酸奶的时候，可以先检查一下标签，看一看有哪种细菌将会成为你体内的下一批朋友。

但大量抗生素的滥用和家庭除菌产品的使用，导致了大量五花八门的耐药细菌的产生，抗青霉素的淋病菌、连万古霉素也奈何不得的超级葡萄球菌……对此，生物学家不断重申：我们不要企图杀死家里所有的细菌，否则将对我们人类更加不利。我们眼看着许多传染病人奄奄一息，却没有更好的办法去挽

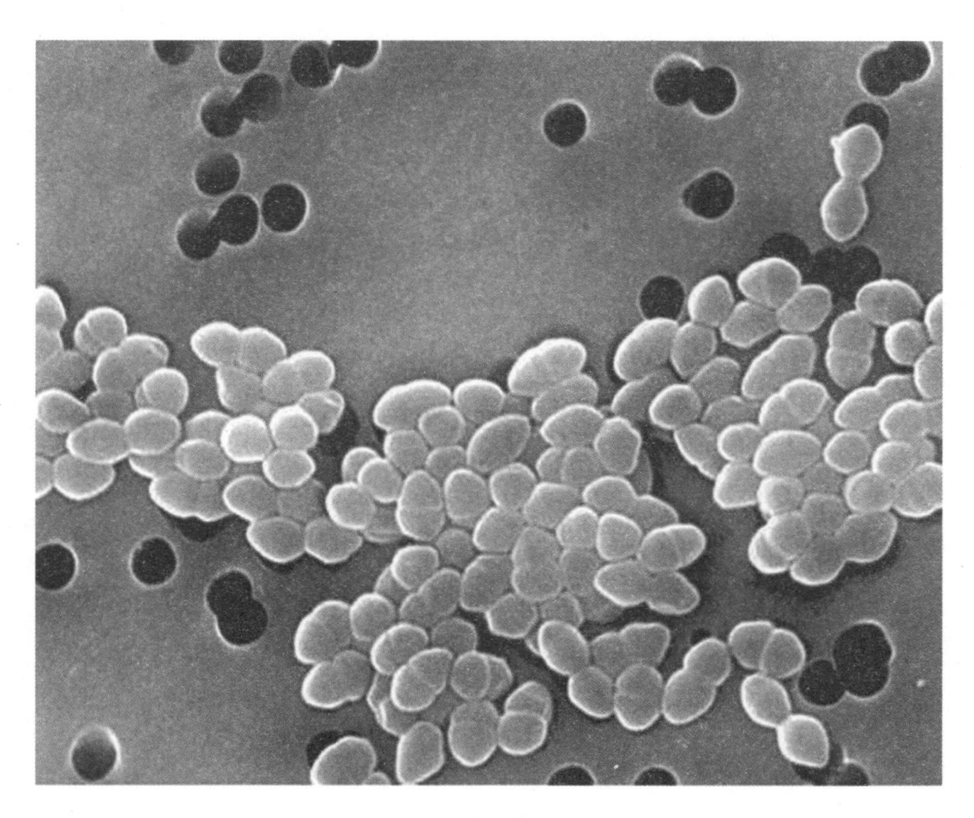

万古霉素

救，因为成百上千种的抗生素都救不了他们。

因此，“不要滥用抗生素”应该成为全世界的呼声。

对于正常人来说，良好的卫生习惯已经足够让我们远离疾病。医学专家忠告：除非家里有传染病人，否则类似冲刷、紫外线照射、蒸煮以及高温高压的物理方法进行消毒就已经足够了。

美国的莱维博士一直在强调：对细菌好一点，它们是人类的朋友。如果没有生活在消化道内的细菌，人类就无法消化食物。

细菌“最满意的住宅”

细菌存在于我们生活的各个角落里。美国的一项研究发现，人体的皮肤是细菌的“理想家园”，寄居在皮肤上的细菌无论是数量还是种类都达到了令人吃惊的程度。研究显示，在皮肤上定居的细菌种类是人们所估计的100倍。科学家表示，从细菌栖息地生态系统的类型来看，人体的部分部位，例如潮湿的腋窝好似热带雨林，而其他部位的皮肤则好似干燥的沙漠。

研究同样发现，不同人同一部位的皮肤往往寄居着类似的细菌，细菌栖息地内发生的变化可以解释为什么有些皮肤病趋向于影响人体的确定部位。研究过程中，科学家利用一种新的手段对人体上的“细菌社区”进行了研究。他们对在皮肤上发现的DNA采用的是遗传分析，而不是利用皮肤拭子并试图在实验室培养细菌这种旧技术。

美国马里兰州贝塞斯达美国国

家人类基因组研究所的朱莉娅·塞格莱表示："我得出的第一个最令人吃惊的发现是，寄居在皮肤上的细菌具有很高的多样性。第二个最令人吃惊的发现是，有些部位的皮肤就像是一个拥有河流（潮湿区域）的沙漠，例如腋窝；而有些部位的皮肤则是'孤立的生命绿洲'，存在拥有丰富多样性的水库，例如肚脐。"塞格莱的研究发现被刊登在了《科学》杂志上。

研究人员利用拭子从10名身体健康的参与者的20个部位提取了样本，而后又对样本进行DNA筛选，最后确定了属于19个不同门的细菌，绝大多数皮肤细菌不会对

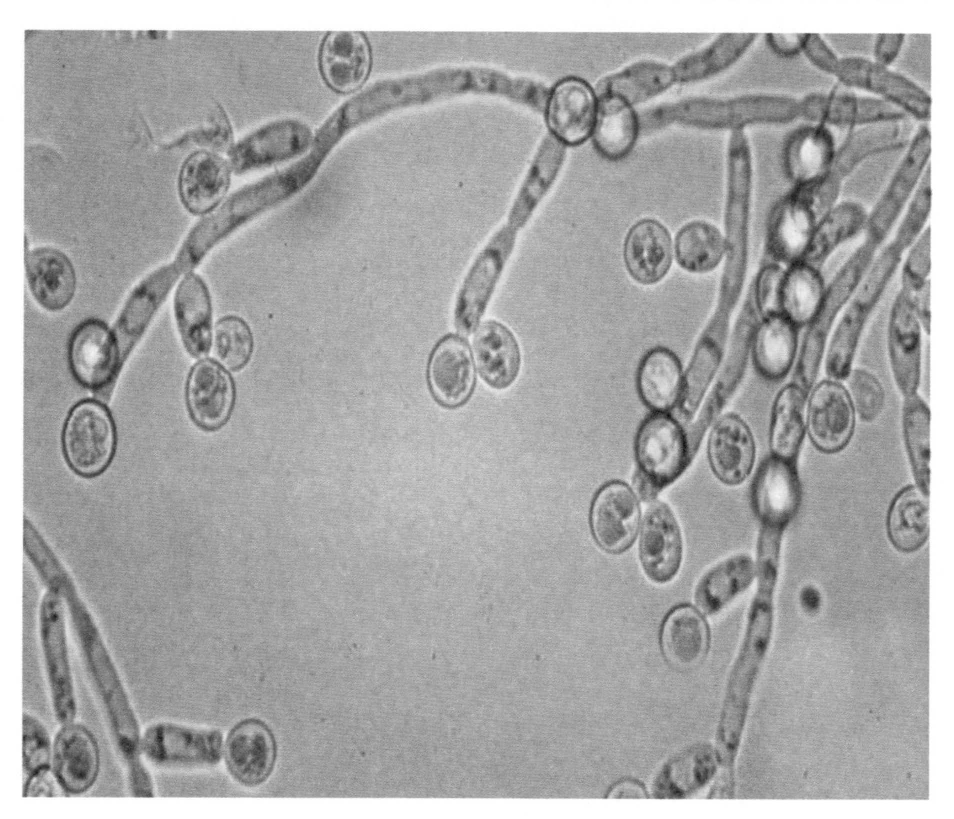

有强制病力的人体皮肤细菌

人体产生危害，并且可以通过防止感染更为有害的微生物来保持皮肤健康。塞格莱说：“我们需要放弃‘所有细菌都有害’这种想法。个人卫生是很重要，但过于讲究卫生并不意味着就能让身体保持更健康状态。”

虽然人体寄居细菌数量最多的地方往往是潮湿而多毛的部位，但研究人员发现，细菌多样化最高的部位却是干燥而光滑的前臂，平均能够发现44种细菌。多样性最低的“细菌社区”则位于耳朵后面。科学家表示：“多毛而潮湿的腋下距离光滑而干燥的前臂很近，但从生态学的角度来说，这两个部位之间的差异就像雨林和沙漠间的差异。”

研究人员发现，皮肤可以被分为3个主要的生态栖息地，即潮湿、多油和干燥区域。多油部位的细菌混合均匀程度最高，其中包括眉和鼻侧。潮湿区域包括鼻子内部、手指间的指蹼以及腹股沟内部。干燥区域则包括手掌和臀部。

细菌细胞的体积大约只相当于人体细胞的千分之一，但其数量却远远超过了我们人类。虽然生活在人体表面和内部的细菌总重量仅为人体重量的大约1%，但仅生活在皮肤上的细菌数量就是人体细胞的10倍左右。

塞格莱表示，有关皮肤上“细菌社区”的研究有助于人们了解确定的皮肤病，并帮助解答一些疑问，例如牛皮癣为什么多出现在肘部外侧，湿疹又为何多出现在肘部内侧等。她说：“全世界的科学家均可免费使用此项研究获得的数据。我们希望这些数据能够让科学家们尽早了解与湿疹、牛皮癣、痤疮、耐抗生素传染病以及其他很多影响皮肤的疾病有关的复杂的遗传和环境因素。”

知识小百科

细菌潜伏十死角

你知道细菌最喜欢藏在哪里吗？美国MSN网站发表的一篇文章指出了细菌最易潜伏的10个死角：

◆ 真空吸尘器

50%的真空吸尘器被测出含有大肠杆菌等粪便细菌。由于细菌在真空环境中能存活5天，因此，每次用完吸尘器后，应该往吸尘器的刷子上喷些消毒水。

◆ 运动手套

葡萄球菌非常“留恋”聚酯，而很多运动手套中就含有聚酯，当人们抓起举重杠铃时，细菌就会趁虚而入到眼睛、鼻子和嘴里。因此，最好

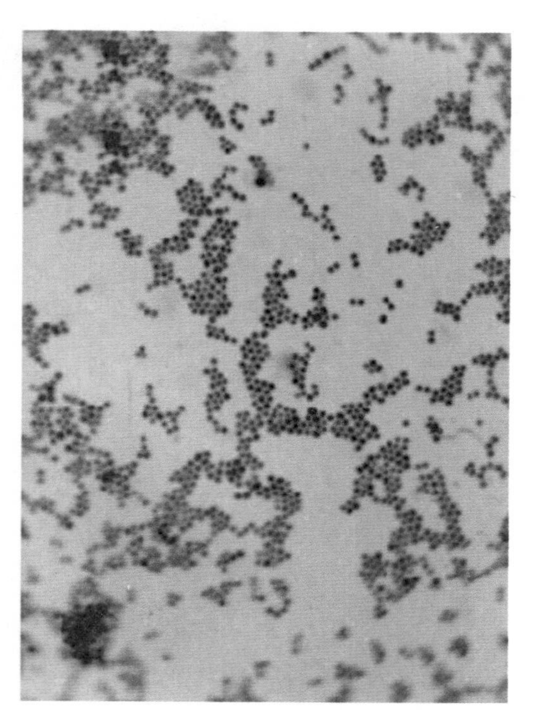

葡萄球菌

鼻病毒

少戴手套。如必须戴手套时，要提前准备消毒纸巾和洗手液。

◆ **超市手推车**

2/3超市手推车的把手上都有粪便细菌，有的甚至比普通公共浴室的都多。因此，使用前要用消毒纸巾擦拭把手。

◆ **健身器械**

健身中心63%的器械都携带鼻病毒，这种病毒是导致感冒的罪魁祸首。因此，健身时应避免触摸面部。

◆ **饭店菜单**

菜单人人都看，因此极易传播各种病菌。在浏览菜品时不要让菜单接触餐盘，点完菜后应立即洗手。

◆ **飞机上的卫生间**

飞机上的卫生间从水龙头表面到门把手，处处布满了大肠杆菌和导致感冒的致病菌。因此，乘飞机时传染上感冒的几率比平时要高100倍。

◆ **卧室的床**

美国普通家庭的床中有超过84%存在灰尘微粒。这些微生物寄生在床单上，以人的死皮为食，其排泄物和尸体很容易引起哮喘或过敏。

◆ **饮品中的柠檬片**

放在餐馆玻璃杯中的柠檬片中有近70%含有可致病性细菌，其中包括大肠杆菌和其他能引起腹泻的细菌。因此，尽量不要在餐馆的饮品中加水果。

◆ **隐形眼镜盒**

34%的眼镜盒上布满了沙雷氏菌和葡萄球菌等细菌，这些微生物易引起角膜炎，可以每天用热水清洗眼镜盒。一项研究发现，隐形眼镜洗液使用2个月后就会失去大部分抗菌能力。因此，应该每隔一个月买一瓶新洗液，即使原来的那瓶还没有用完。

◆ **浴帘**

肥皂泡挂在浴帘上不只是不美观。一项研究发现，用塑料制成的浴帘更容易滋生细菌，繁殖大量病原体，例如鞘氨醇单胞菌和甲基杆菌。而淋浴喷雾的力量更会使细菌播散到其他地方。因此，最好选用毛料浴帘，也容易清洗，并应每月清洗一次。

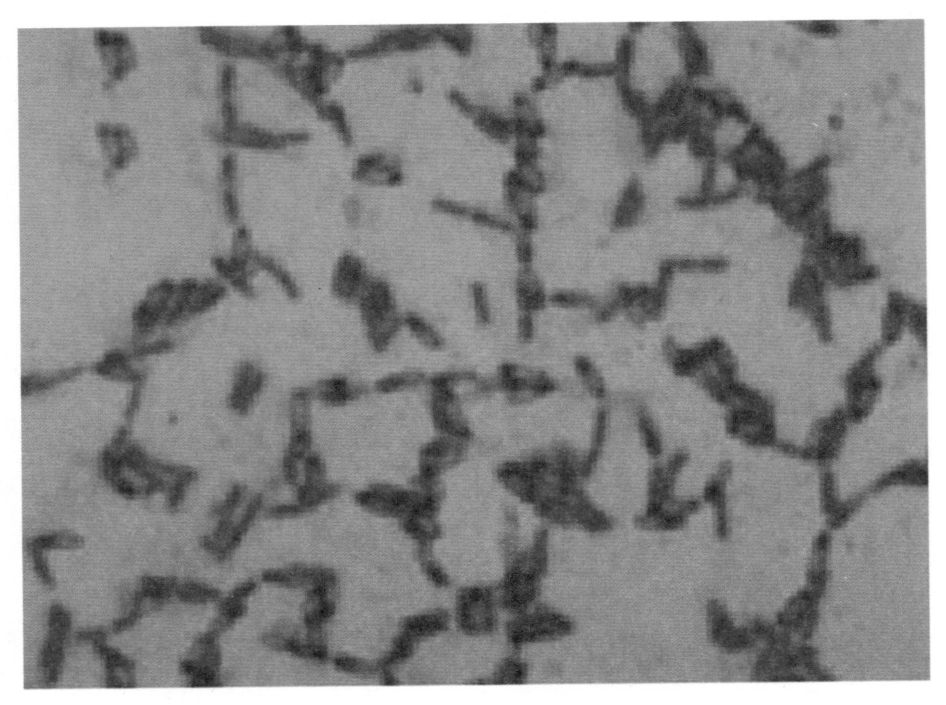

粘质沙雷氏菌

谈谈乳酸菌

乳酸菌是一个相当庞杂的菌群，是能利用碳水化合物进行发酵，主要产物为乳酸的一类无芽孢、革兰氏染色阳性细菌的总称。不同种类的细菌的作用和生存场所是不同的。生存于人体内的乳酸菌有双叉菌、嗜酸乳杆菌及一种肠球菌，这些都是具有积极作用的好

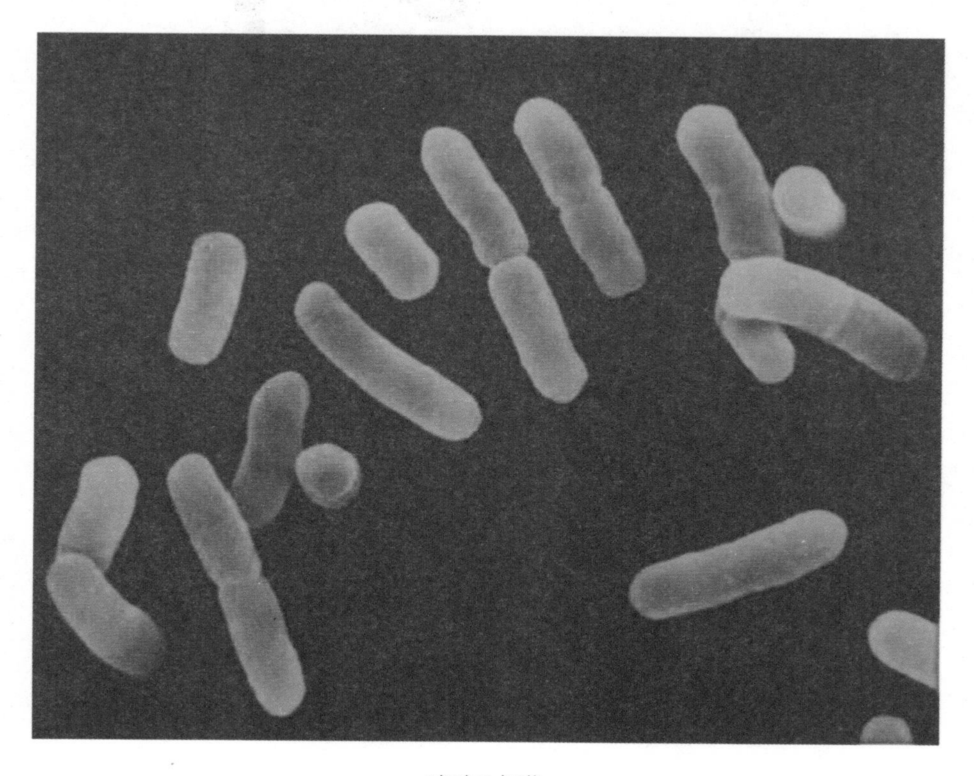

嗜酸乳杆菌

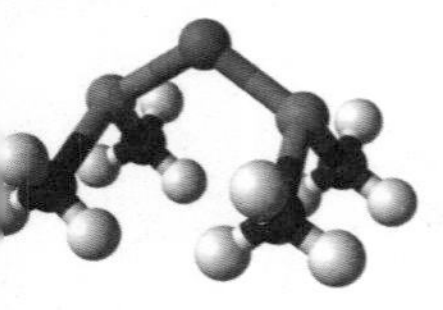

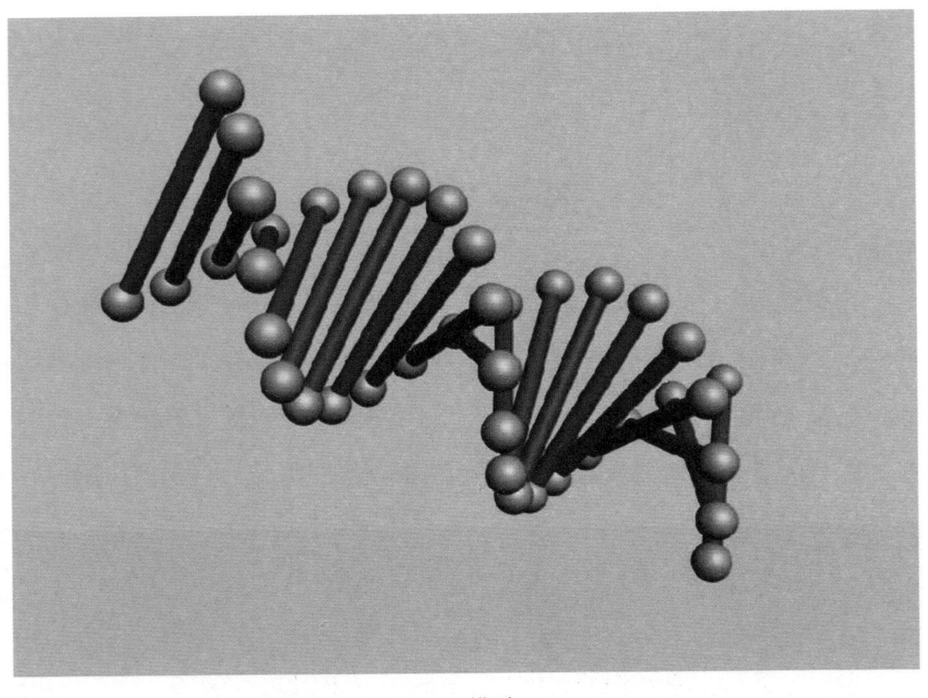
DNA模型

菌。乳酸菌用糖生产乳酸的过程叫做“乳酸发酵”。乳酸菌利用乳酸发酵酿造以优酪乳为主的发酵食品，如奶酪、意大利式腊肠、发酵黄油、优酪乳油、黑麦面包、豆瓣、酱油、碱菜等。乳酸菌具有延长食品保存期的作用，因为有酸，使食品呈酸性，可有效地防止腐败菌和病原菌的增加。优酪乳的保存期比牛奶的长，就这个原因。此外，由于乳酸菌发酵，食物变得更易消化、吸收。

我们的肠内栖息了一百种以上、超过一百兆个细菌，其中有对健康有益的好菌，也有会诱发疾病的坏菌。事实上，体内完全没有细菌，呈现无菌状态的动物，和体内有许多细菌的普通动物相较，免疫力会脆弱许多。这是无菌的动物体内缺乏细菌的刺激，环境过于平和，所以体内的免疫力降低所致。当无菌动物的肠内有细菌栖息之时，也会对各种病原菌产生抵抗力。

具代表性的坏菌有大肠菌以及威尔斯菌。这些细菌非常喜欢蛋白质。当我们吃了鱼、肉等蛋白质含量丰富的食品之后，有部分蛋白质会在肠内形成阿摩尼亚、胺、硫化氢等有害物质。这些有害物质会诱发下痢、肠炎、使血压变动，造成疾病以及老化，甚至会诱发癌症。肠子内细菌栖息的空间是一定的，所以，如果坏菌增加，那么好菌就会减少；好菌增加的话，坏菌就会减少。从我们出生到死亡，我们的肠子内的好菌及坏菌就在不断进行势力争夺战。但当肠道内的菌丛生态改变，好菌的数量会减少，坏菌就会增加。坏菌数目增大到一定程

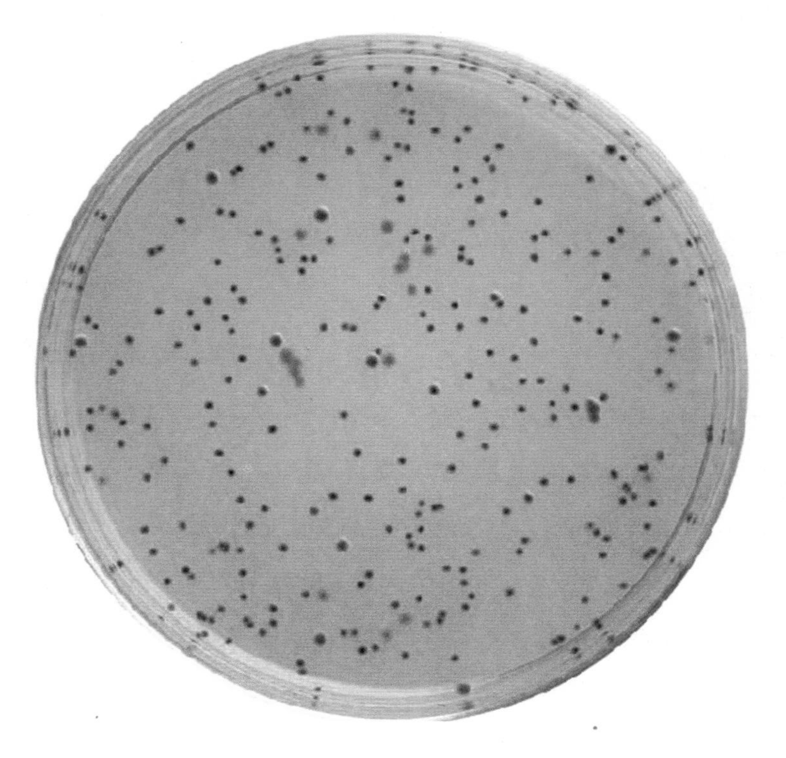

大肠菌

度后，其产生的有害物质就足以对人体产生负面作用，种种不适的现象就会出现。如果肠内处于正常状态，乳酸菌分泌物会随着血液流经身体各处，深入到肌肉、神经和皮肤，给全身上下的每一个细胞以活力。原本衰弱、受伤的细胞，会因此恢复健康，身体的各种不适症状也会得到改善。长期的科学研究结果表明，以乳酸菌为代表的益生菌是人体必不可少的且具有重要生理功能的有益菌，它们数量的多和少，直接影响到人的健康与否，直接影响到人的寿命长短。

知识百花园

“革兰氏染色”

革兰氏染色是细菌学中广泛使用的一种鉴别染色法，不同的细菌在该染色法的作用下反应不同。利用这种染色法可以将细菌分成革兰氏阳性细菌和革兰氏阴性细菌两大类：革兰氏阳性细菌，胞壁染色后呈蓝紫色；革兰氏阴性细菌，染色后呈红色。这种染色法是由一位丹麦医生汉斯·克里斯蒂安·革兰于1884年所发明，最初是用来鉴别肺炎球菌与克雷白氏肺炎菌之间的关系。未经染色之细菌，由于其与周围环境的折光率差别甚小，故在显微镜下极难观察。染色后的细菌与环境形成鲜明对比，可以清楚地观察到细菌的形态、排列及某些结构特征，因而可用以分类鉴定。

原理：通过结晶紫初染和碘液媒染后，在细胞壁内形成了不溶于水的结晶紫与碘的复合物，革兰氏阳性菌由于其细胞壁较厚、肽聚糖网层次较

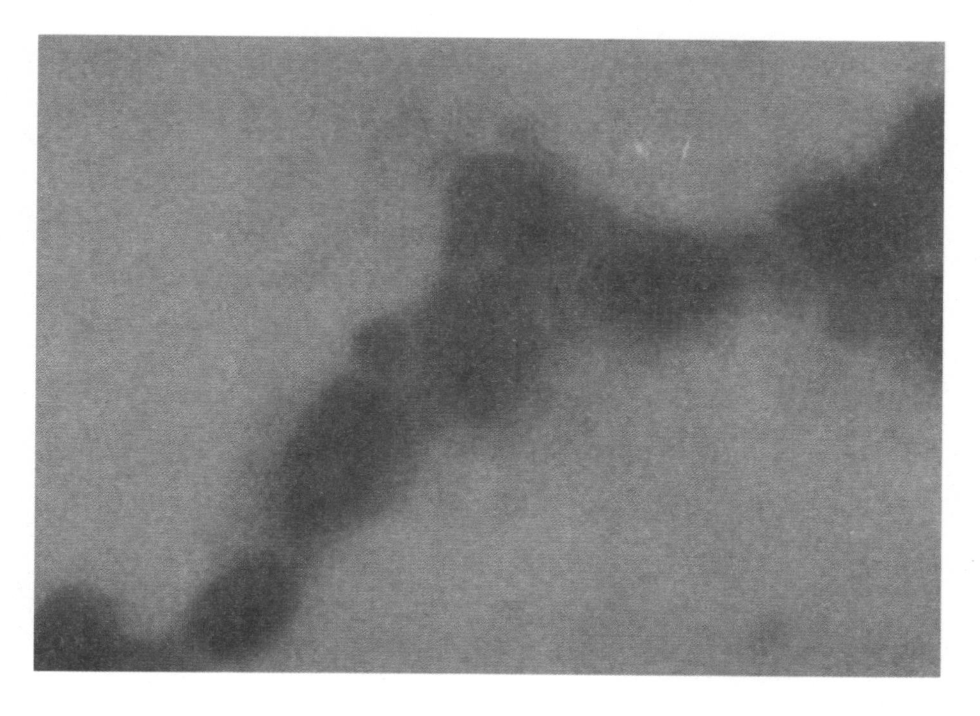

革兰氏染色阳性

多且交联致密，故遇乙醇或丙酮脱色处理时，因失水反而使网孔缩小。再加上它不含类脂，故乙醇处理不会出现缝隙，因此能把结晶紫与碘复合物牢牢留在壁内，使其仍呈紫色；而革兰氏阴性菌因其细胞壁薄、外膜层类脂含量高、肽聚糖层薄且交联度差，在遇脱色剂后，以类脂为主的外膜迅速溶解，薄而松散的肽聚糖网不能阻挡结晶紫与碘复合物的溶出，因此通过乙醇脱色后仍呈无色。再经沙黄等红色染料复染，革兰氏阴性菌就会呈红色。

◆ **乳酸菌的效果**

乳酸菌的第一个功能就是制造“酸”。大肠菌及威尔斯菌等坏菌很排斥“酸”，如果肠内有许多酸，那么大部分的坏菌就会被逐出。另外，残存在肠内的坏菌，其繁殖也会受到抑制，从而使得坏菌的势力范围缩小。乳酸菌所制造的“酸”，是保持肠内健康环境所不可或缺的。尤其是双叉杆菌所制造的“酸”对排除坏菌有很大的作用。这是因为大部分的乳酸菌都只制造乳酸，但是双叉杆菌除了制造乳酸之外，也制造醋酸，这种醋酸可以有效抑制坏菌的繁殖。

另外，乳酸菌所制造的“酸”也可以抑制坏菌所形成的有害物质，包括粪臭素、苯酚、亚硝基胺、阿摩尼亚等等致癌物质。

知识小百科

乳酸菌分泌物的作用

（1）使细胞正常化。强化并活化细胞的自然能力。

（2）净化肠内状态。调整肠内的环境，抑止坏菌的繁殖，清除肠内不正常的发酵，使肠道细菌生态正常。

（3）促进食物的营养价值。促进营养的吸收、利用。

（4）净化血液。和肠内的净化作用相关，防止不好的东西进入血液，维持血液的清洁。

（5）防止坏菌的侵入、繁殖。阻止坏菌侵入体内，并防止其在体内繁殖。

（6）使免疫机能正常化。免疫机能一旦丧失，人类就难以维护生命。细菌和病毒侵入人体内，引发疾病，若是不阻止该细菌繁殖，最后一定会导致人死亡。所以，要维持健康，免疫机能绝对不可欠缺。

◆ 乳酸菌的生活环境

乳酸菌对营养需求特别严苛，除了作为能源之糖类外，乳酸菌需要各种各样的氨基酸、维生素、矿物质等，来维持其生长。乳酸菌是一种兼性嫌气菌，比较喜欢在无氧状态下生长，但也不会因为和氧气接触而死亡。整体而言，在自然界中，只要有动植物活动的地方，就会有足够的营养供乳酸菌生存。凡动植物的分泌物（如乳汁、树液等），或其残骸堆积处，都是适合乳酸菌生育的场所。也许在这些堆积物表面有其他好气性微生物优势生长，但其内部缺氧部分就是乳酸菌的天地。更具体的说，适合乳酸菌生长的场所和动物相关者有乳汁、消化道、阴道、粪便等，和植物相关的则有花蜜、树液、植物残骸、果实损伤部位等。人类所产制的各种发酵食品（如泡菜、酱油等）中，也有许多乳酸菌发挥了积极的作用。这些乳酸菌对制品之风味品质的影响甚大。

◆ 乳酸菌与便秘

在便秘之中最常见的是习惯性便秘，也叫做弛缓性便秘，约占便秘人口的三分之二。这是因为肠子的蠕动运动迟钝所引起的。运动不足、水分不足、食物纤维摄取量过少的人，就会引起便秘。

总之，如果粪便在肠子内长时间残留，坏菌以此作为食物，不断

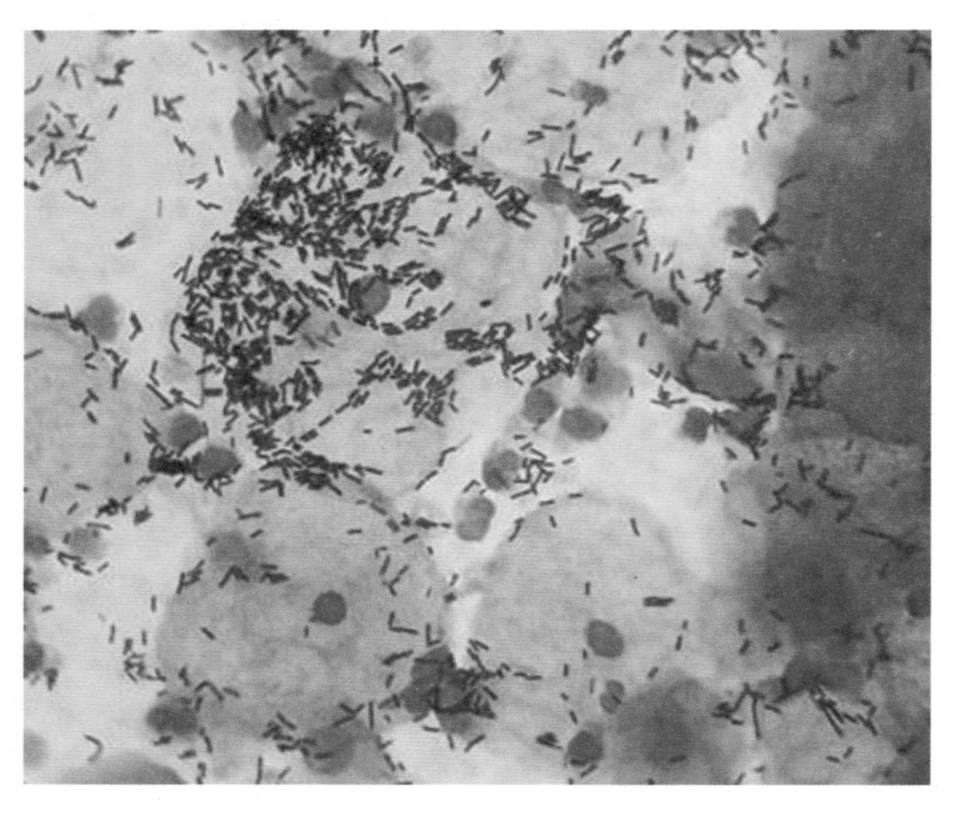

乳酸杆菌

繁殖，使得肠内变成坏菌的乐园。这样一来，坏菌所制造的阿摩尼亚、胺、硫化氢等有害物质会被肠子渐渐吸收，这些物质会顺着血液而循环全身。便秘长久持续会引起头痛、肩膀酸痛、肌肤粗糙等各种症状。

另外，坏菌也会制造出致癌物质，诱发大肠癌等重大疾病。乳酸菌对于消除习惯性便秘以及暂时性便秘非常有效。便秘的人，肠内呈现碱性，这会使肠子的功能变得迟钝。不过如果肠内的乳酸菌占优势时，乳酸菌所创造的“酸”可以改变肠内的环境，将碱性转变为酸性。这会刺激到肠子，使大肠蠕动活泼，促进排便顺利进行。

◆ 乳酸菌与腹泻

肠内乳酸菌占优势的人，可以将病原菌的感染以及毒素的释出降低到最小限度。这是因为如果病原菌在肠中为非作歹的话，第一步就是栖息在肠道中繁殖，先增加许多同志。这时肠内的乳酸菌如果占优势的话，就可以阻止病原菌在体内栖息，在病原菌繁殖之前将其逐出。如果肠内细菌可以保持正常，那么即使有病原菌入侵，在出现腹泻之前就可以予以排除。

另一种腹泻则和病原菌无关。是因为暴饮暴食、睡觉时受寒、精神上的压力所引起的腹泻，以慢性肠炎、神经性腹泻、奶糖不耐症（喝了牛奶之后会引起腹泻）为代表。这种腹泻只要多补充水分，控制饮食，让身体休息，数日内就可以治好。但这却无法从根本解决，治好之后有可能再度复发。事实上，出现这种腹泻的人，肠内细菌中的乳酸菌比一般人少。

腹泻是体内的防御反应之一，腹泻可以将体内入侵的异物迅速的排出体外。例如是因为病原菌而导致腹泻时，那么吃止泻药止泻的话，许多大量的病原菌会残存在肠内，这样会加速感染。而乳酸菌可以将为非作歹的病原菌驱逐出体外，使腹泻停止，达到根本改善的效果。

目前有许多发酵乳或整肠用乳酸菌制剂使用由人肠道中分离出来的乳酸菌，以求提升其在人体内的定着性。许多临床实验也证实这类乳酸菌确实有不错的整肠效果，也会减少肠内不好的菌类。

◆ 乳酸菌与体内环保

食物所含的蛋白质在人的胃和肠中被氨基酸分解、吸收，但是一部分蛋白质被肠内的腐败菌转化为胺、苯酚等物质。胺中的有毒物质

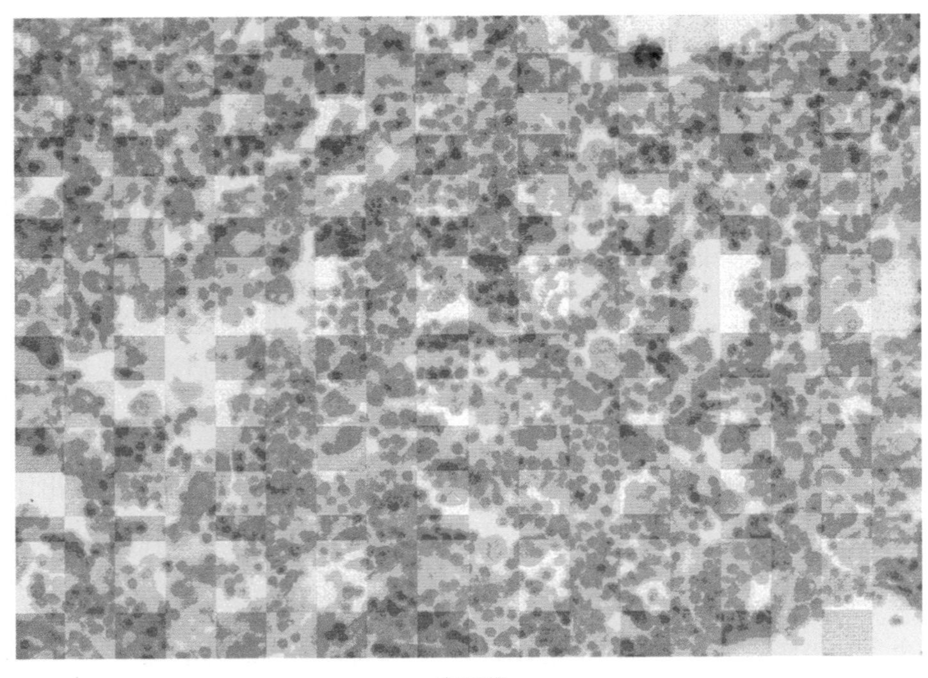

病原菌

很多，可引起炎症、升高血压。并且，胺在胃和肠中与亚硝酸盐合成致癌性极强的物质亚硝酸胺。亚硝酸胺与胃癌、大肠癌和膀胱癌的发病有着十分密切的关系。

这些有害物质被肠道吸收，通常在肝脏被解毒，或被其他肠内细菌转化为无害物质。但是，如果肝炎、肝硬化使肝功能减弱，或肠内坏菌增加，大量生产有害物质，就无法全部解毒。有害物质会混在血液中被输送到全身，最后成为致癌或促进衰老的因素。

我们可以调整肠内细菌的平衡，抑制坏菌的活动，减少致癌物质和毒素。为了预防癌症和衰老，必须妥善调节肠内细菌生态。

◆ 乳酸菌“生活化”

乳酸菌或乳酸菌食物可谓是天

下最好的天然保健食物，它是“不是药”的特效药，因为它带给你的身体“自我的治愈力”。因为你自己很强，所以外来的侵害很难撼动你；因为你自己很强，所以一旦生病，也会很快的恢复。

市面上乳酸菌的来源很多，你可以善加利用，例如：

（1）乳酸活菌胶囊。购买之前，你必须注意的是，它是否活菌；购买后，一定要放冰箱冷藏。

（2）乳酸活菌粉末。购买之前，你必须注意的是，它是否活菌；购买后，一定要放冰箱冷藏。

（3）乳酸菌饮料。购买前，你必须注意的是，它是否活菌，还有它的营养标示。

（4）自己动手做优酪乳、优格。这是最好的一种方法，从经济、卫生、多样化各种角度考虑，都是最能长期、有效的将乳酸菌纳入你每日生活的最好方法。

知识小百科

冰箱内的致命细菌

冰箱并不是食品安全的“保险箱”，因为箱内发现了新致命细菌。

2009年7月1日，无锡市疾控中心在食品中发现了一种新的致病微生物——李斯特氏菌。该细菌喜冷不爱热，如果人被感染，将有三成的病死率。

据介绍，虽然电冰箱对食品有防腐保鲜作用，但冰箱并不是食品安全的“保险箱”，如果储存食物不当，往往会引起食物中毒。

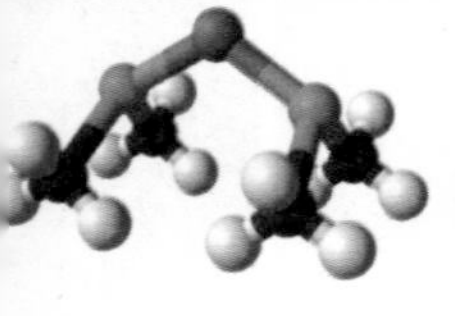

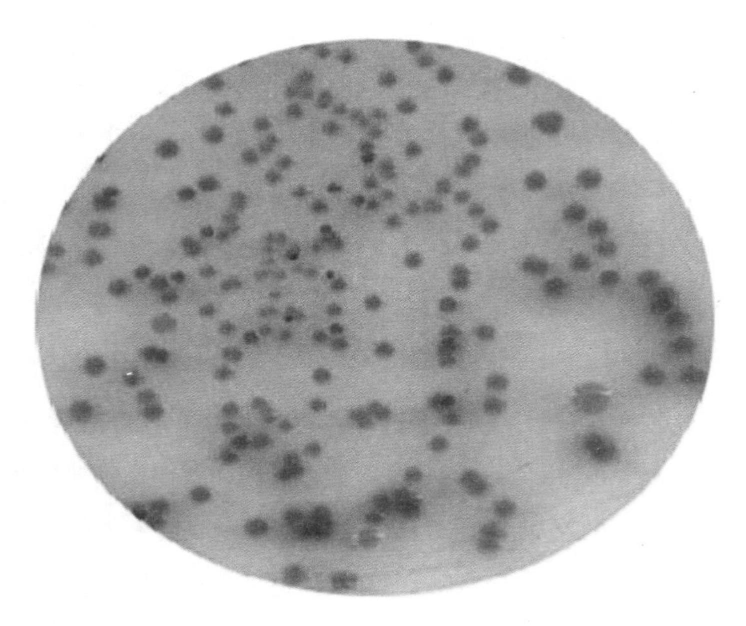

李斯特氏菌

李斯特氏菌喜冷怕热，在低温环境中可大量繁殖。人们习惯于把电冰箱当作食品的保险箱，将一次吃不完的食物随手放进冷藏室，未经加热消毒就食用，这是李斯特氏菌的一种重要传播途径。据介绍，人感染该菌后多表现为脑膜炎、败血症，孕妇感染则可引起流产、早产、死胎和新生儿败血症。

卫生专家告诫，在夏季，每个家庭都要格外注意饮食卫生，电冰箱要定期清洗，存放的食物要生熟分开。熟食在食用前要加热消毒，温度必须达到70℃以上且持续2分钟以上。

人体四大“细菌社区”

手：干燥的手掌有别于手指间湿润的皮肤。通过手这个媒介，细菌很容易在人群中传播。

手臂：平滑而干燥的前臂。前臂上面寄居着不同种类的细菌，可以被视为皮肤的“沙漠”。

腋窝：腋窝就像是“雨林”，它们是人体细菌寄居数量最高的部位之一，另一个部位是腹股沟。

鼻子：很多细菌生活在鼻腔湿润的鼻腔衬里内，其他一些细菌生活则在外部多油层上。

癌症的主因是饮食

现代的食物虽多名为天然食品，但追根究底还是以人工、加工食品居多。像蔬菜、水果等多来自使用化学肥料的无机农业，鸡鸭鱼肉等也多是人工饲育的肉类食物，尤其我们食用的肉类动物，只是被喂食水和配合饲料，而且被关在少见阳光的环境里饲养，问题也因此产生了。

为了预防动物感染疾病及细菌，配合饲料中往往添加了很多抗生素及荷尔蒙剂。我们平日食用了吃了这些饲料的动物，对我们的身体也会有直接的不良影响。绝大多数的养殖鱼，都会被喂食合成荷尔蒙以促进成长，并添加防腐剂与抗生素。要将残留在农产品中的农药、蔬菜和水果中的化学物质完全去除，其实是不可能的事。我们虽然注意营养，也按照均衡的原则来摄取食物，但是实际上我们所吃的食物本身就是有害身体健康的物质。

另外，加工食品所带来的后遗

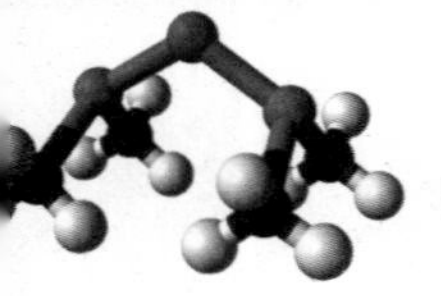

症也不容忽视。美式饮食的特征是蛋白质以及脂肪含量很高，纤维则比较少。美式饮食的第一个弊害就是便秘。如果粪便无法定期排泄，长期停留在肠内，那么肠内就会变成坏菌的温床。所以，当坏菌最喜欢吃的蛋白质不断的送进来时，坏菌就会不断的繁殖。

换言之，丰富的饮食生活为坏菌提供了良好的生活环境，使其势力增大。肠内的坏菌不断增加，一旦打败了好菌之后，增加速度会变得很惊人，制造出阿摩尼亚、硫化氢、胺、苯酚、蚓垛等等有害物质。事实上坏菌所产生的这些有害物质都和癌症的形成脱不了关系。

第四章

说说细菌武器

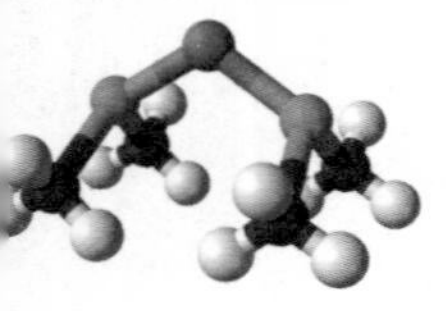

生物武器或生化武器，旧称细菌武器，是以生物战剂杀伤有生力量或毁坏植物的各种武器、器材的总称。细菌武器作为一种生物武器，是由生物（细菌）战剂及施放装置组成的一种大规模杀伤性武器。所谓生物（细菌）战剂是指用来杀伤人员、牲畜和毁坏农作物的致病性微生物及其毒素，它的杀伤破坏作用靠的是生物与生物之间的克制。它包括装有生物战剂的炮弹、航空炸弹、火箭弹、导弹，以及航空布洒器、气溶胶发生器等；主要以气溶胶和带菌媒介物（昆虫、啮齿类动物）的方式使用，污染近地面空气层、水源和物体，由人畜的呼吸道、消化道、皮肤和黏膜侵入体内，经一定的潜伏期后发病。20世纪以来，微生物学、生物学和生物技术的发展，为研制生物武器提供了条件。生物武器可引发传染病使人畜发病、死亡，也可大规模毁伤植物，以削弱对方的战斗力，或破坏其战争潜力。在战争史上，传染病引起的非战斗减员常超过战斗减员。因此，细菌性生物武器是一种大规模杀伤性武器。

生化武器

细菌武器的历史

在人类战争史上，细菌武器的使用由来已久。最早使用细菌武器的实例，可追溯到1349年。鞑靼人围攻克里米亚半岛上的卡法城时，由于城坚难摧，攻城部队又受到由中国向西蔓延的鼠疫大流行的袭击，他们便把鼠疫死者的尸体从城外抛到城内，结果使保卫卡法城的许多士兵和居民染上鼠疫，不得不弃城西逃。

美国研制生物武器，是从1941年开始的。1943年美国在马里兰狄特里克堡建立了陆军生物研究所，从事生物武器的研制。根据美公开的记录报告透露：1971～1977年间美国每年用于生物战的经费都在1000万美元以上，并有专门生产细菌武器的研究所、实验场、工厂和仓库。朝鲜战争期间，美国先后使用生物（细菌）武器达3000多次，攻击目标主要是我国东北各铁路沿线的重要城镇如沈阳、长春、哈尔滨、齐齐哈尔、锦州、山海关、丹东等，以及朝鲜北部的一些主要城镇。

尽管如此，由于细菌武器作用慢，且受到自然条件的严重制约，只要我们积极防御，预防为主，发动群众，坚持开展爱国卫生运动，细菌武器是完全可以战胜的。1952年，中朝人民齐心协力，最终粉碎了美帝国主义的细菌战。

国际上早在1925年的日内瓦会议上就订立了禁止使用化学武器

的协议书，其中就有在战争中“禁止使用细菌之类的生物武器”的条文。但生物武器的使用和研究并没有因此作罢。事实上，时至今日一些国家仍在秘密进行细菌武器的研制。近年来，由于遗传工程技术的迅速发展，一些潜在危险性更大的基因武器也相应问世。据悉一些国家在这方面已经取得很大的发展。他们利用基因工程技术，将两种病毒的DNA进行重组，从而研制出比任何一种病毒更为凶恶的瘟神——超级病毒。这种病毒具有很大的传染性和很高的致病率，且有很强的

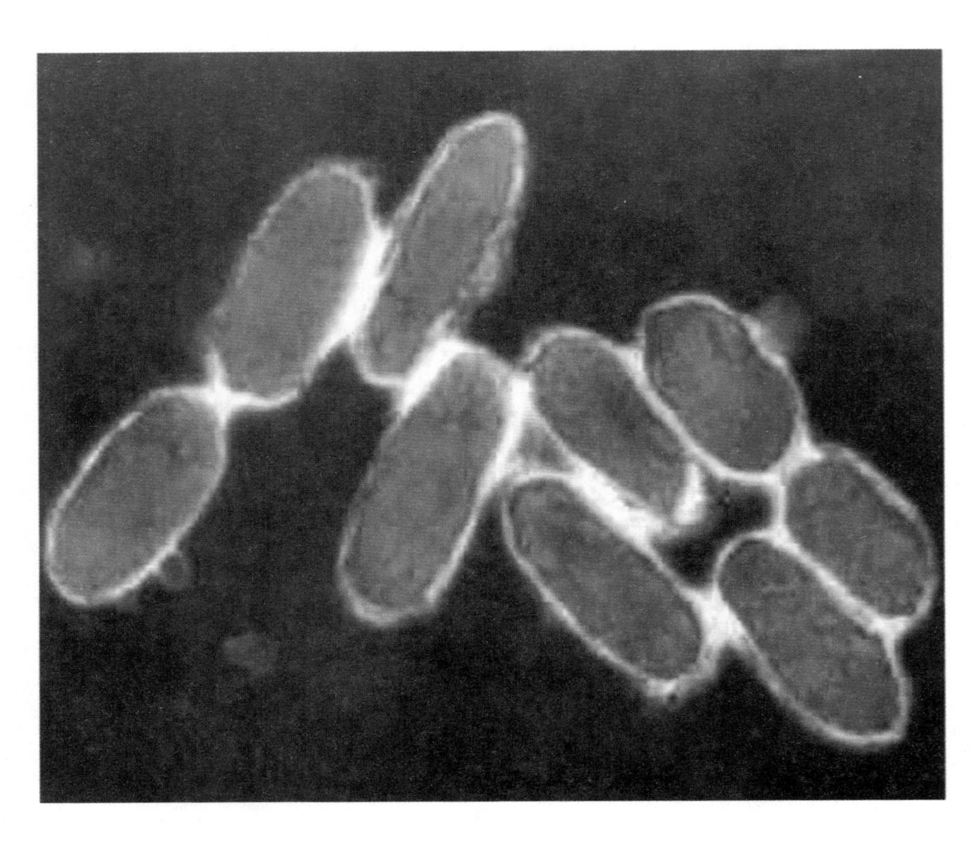

鼠疫杆菌

生活力和适应能力。如将一种超级出血热基因武器投入对方水系，可使整个流域的居民丧失生活能力和生殖能力，这要比核弹的杀伤力更大得多。因而有人将其称为“世界末日武器”。

尽管使用生物细菌武器会遭到世界公众舆论的谴责，仍有很多国家在研制。所以尽管我们已拥有一些粉碎生物战争的经验，但对于可能出现的更高级的生物武器——基因武器，仍应高度警惕！

细菌武器的特点

细菌武器由于其“神威”而倍受侵略者的“偏爱”。使得他们不惜代价，不择手段地从事细菌武器的研究。细菌武器之所以受到一些国家，特别是侵略者的青睐，主要是因为它具有以下特点：

◆ 面积效应大

危害时间长直接喷洒的生物气溶胶，可随风飘到较远的地区，杀伤范围可达数百至数千平方公里。在适当条件下，有些生物战剂存活时间长，不易被侦察发现。例如炭疽芽孢具有很强的生命力，可数十年不死，即使已经死亡多年的朽尸，也可成为传染源。

◆ 传染性强

有些生物战剂所引起的疾病传染性很强，如鼠疫杆菌、霍乱弧菌和天花病毒等，在一定条件下，能在人和人之间或人与家畜之间互相传染，造成传染病大流行。

◆ **危害时间长**

有些生物战剂对环境有较强的抵抗力，如伤寒和副伤寒杆菌在水中可存活数周。能形成芽孢的炭疽杆菌在外界可存活数年。

◆ **侦察发现难**

细菌武器与原子武器不同，施放时不存在闪光和冲击波，再加上气溶胶无色无味，并且可在上风向使用，借风力飘向目的地，所以不易被侦察发现。

◆ **种类多样化**

生物战剂的潜伏期有长有短，传播媒介复杂多样，途径千差万别，因此可适应不同的情况和军事目的。

细菌武器的发展阶段

◆ **选择性强**

细菌武器只能伤害人、畜和农作物，而对无生命的物质（如生活资料、生产资料、武器装备、建筑物等）则没有破坏作用，这正符合侵略者利用它达到掠夺财富的目的。

细菌武器的发展历史大致可以分为两个阶段：

第一阶段为初始阶段，主要研制者是当时最富于侵略性，而且细菌学和工业水平发展较高的德国。

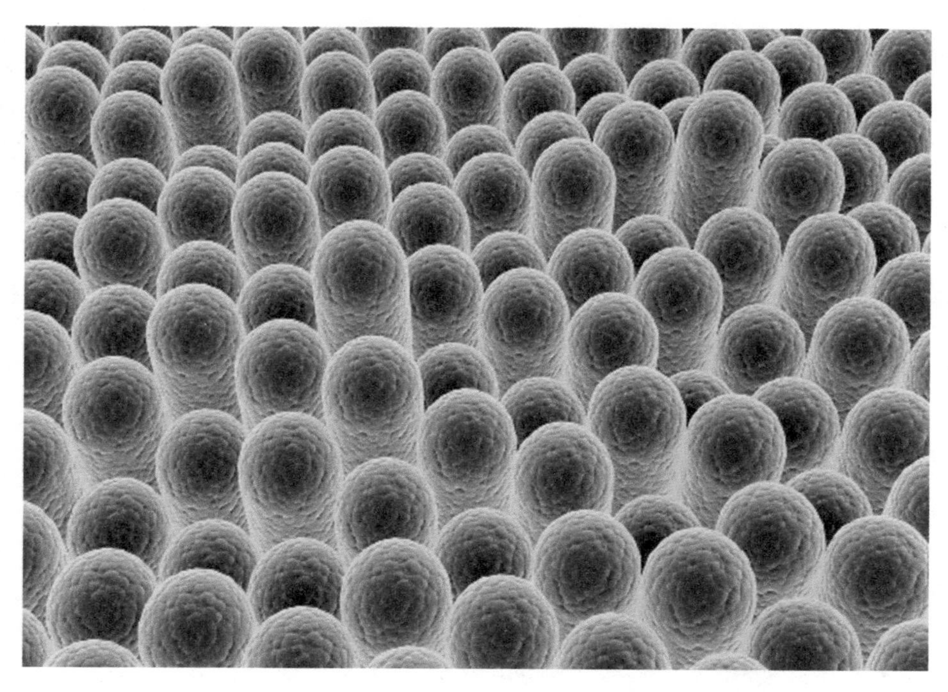

马脑炎病毒

当时的主要战剂仅限于少数几种致病细菌，如炭疽杆菌、马鼻疽杆菌等，施放方式主要由特工人员人工投放，污染范围很小。

第二阶段自20世纪30年代开始至70年代末。主要研制者先是德国和日本，后来是英国和美国。战剂仍主要是细菌，但种类增多，后期美国开始研究病毒战剂。施放方法以施放带生物战剂的媒介昆虫为主，后期开始应用气溶液撒布。运载工具主要是飞机，污染面积显著增大，并且在战争中实际应用，取得了一定的效果。

生物战剂是军事行动中用以杀死人、牲畜和破坏农作物的致命微生物、毒素和其他生物活性物质的统称。由于以往主要使用致病性细菌作为生物战剂，所以早期它又被称为细菌武器。随着科技的发展，

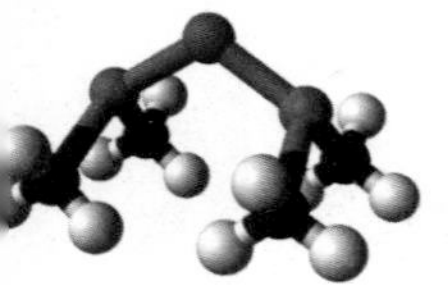

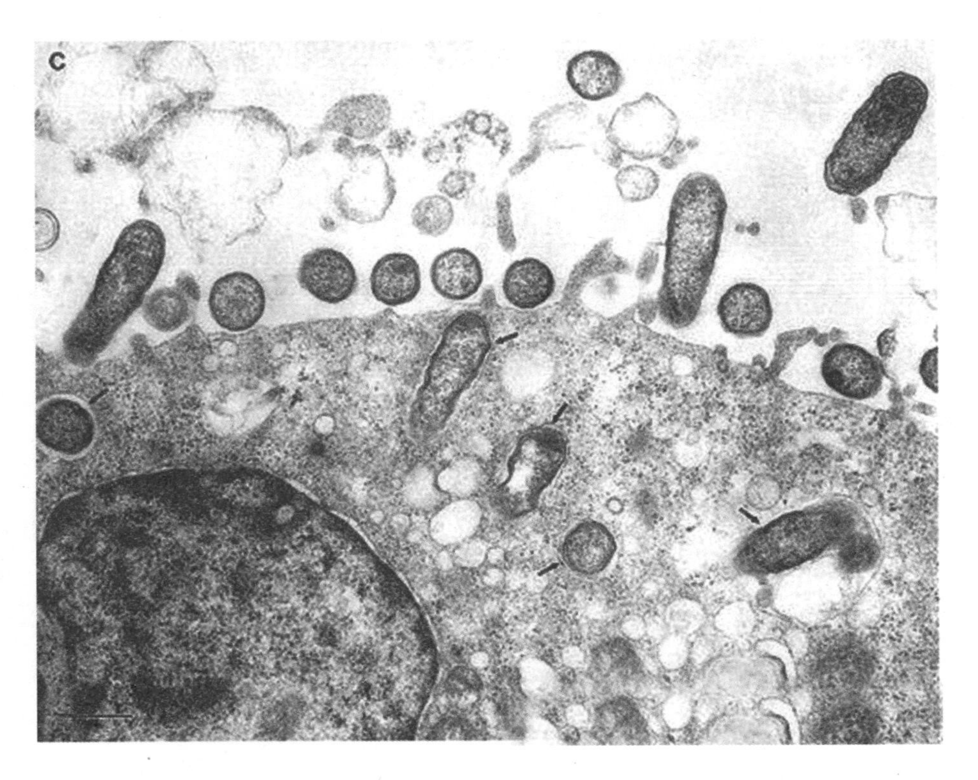

附着在内皮细胞表面的立克次氏体和细胞内包含立克次氏体的内吞体

生物战剂早已超出了细菌的范畴。现代生物战剂按照形态和病理主要分六大类：

◆ **病毒类**

如天花病毒、各种马脑炎病毒、热病毒等。

◆ **细菌类**

主要有炭疽菌、鼠疫杆菌、霍乱弧菌等，这是二战前后使用得最多的生物战剂。

◆ **立克次氏体类**

一种能导致斑疹伤寒、战壕热

等流行疾病的特殊病原体。

细菌武器的使用

◆ 衣原体类

主要有鸟疫衣原体。

◆ 真菌类

主要有球孢子菌、组织孔孢浆菌等。

◆ 毒素类

主要有葡萄球肠毒素、肉毒菌毒素、真菌毒素等。

◆ 日苏战场

1938年和1939年，日、苏两军在中苏、中蒙边界的张鼓峰、诺门坎一带爆发冲突。在这两次战争中，日军都使用了细菌武器。

在诺门坎之战中，由朱可夫将军统率的苏军机械化部队让日军屡屡受挫。为了挽救败局，日本关东军司令植田谦吉命令驻扎在长春的第100部队和石井四郎的“关东军防疫给水部”（也就是后来的“731部队”）开赴诺门坎参战。1939年7月13日，石井四郎派人带领由22人组成的、号称“玉碎部队”的敢死队携带装有各种细菌的容器，到达位于中蒙边界的哈拉哈河，在1公里的河段上施放了鼻炭疽、伤寒、霍乱、鼠疫等细菌溶液22.5公斤。与此同时，日军向苏军阵地发射了装有细菌的炮弹，致使这一地区发生了传染病疫情。由于日军当时还没有解决细菌武器在装运与施放方面的技术问题，因而这

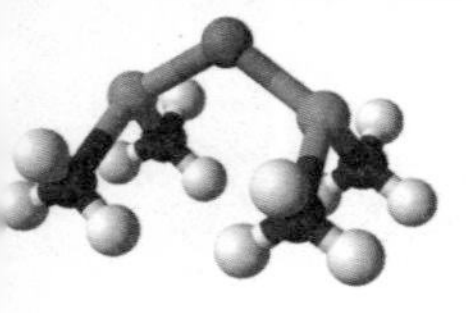

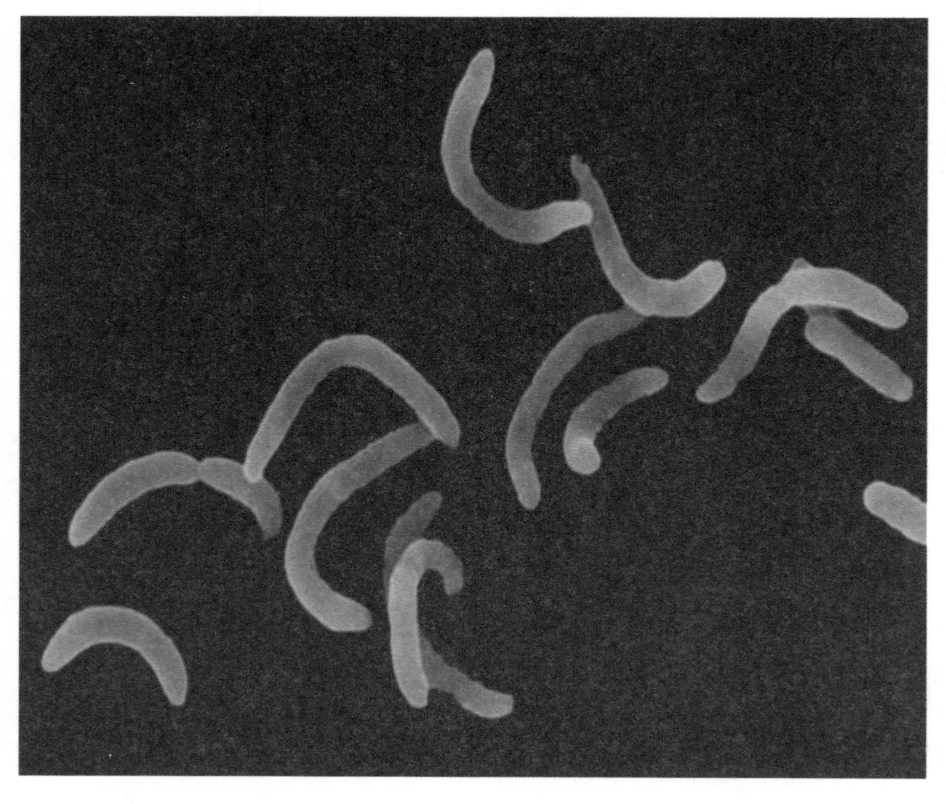

霍乱菌

次细菌作战还只是一种实验性质，并没有在苏军中引起大规模传染病的流行，也没有挽救日军失败的命运，反使日军出现了不少受到伤寒和霍乱等疫病的感染病例，甚至还有部分人员死亡。不过石井四郎和他的部下却从实战中获得了宝贵的经验，石井部队也因此受到了关东军司令的特别嘉奖。

除此之外，日军还曾派遣间谍偷越国境，在苏联远东地区的河流和牧场施放细菌，毒害苏联军民。

◆ 朝鲜战场

朝鲜战争中，美军的“毒虫部队”来到朝鲜战场。朝鲜战争的首次细菌战发生于1950年12月，为掩护美军撤退，美军在平壤、江原道、黄海道等地区撒播了天花病毒。从1952年起，美军加大了细菌战力度。同年1月28日，美军战机在中、朝阵地后方，撒播带有传染病细菌的毒虫。其后，美军又在铁原地区、平康地区、北汉江地区撒播大量苍蝇、蚊子、跳蚤、蜘蛛、蚱蜢等带有传染病细菌的昆虫，毒害中、朝军民。美军不仅在朝鲜战场上进行细菌战，美军战机一再侵犯中国领空，侵入中国东北丹东、抚顺、凤城等地区撒播带细菌的昆虫，毒害中国人民。幸亏当地军民及时采取措施，未造成灾难。

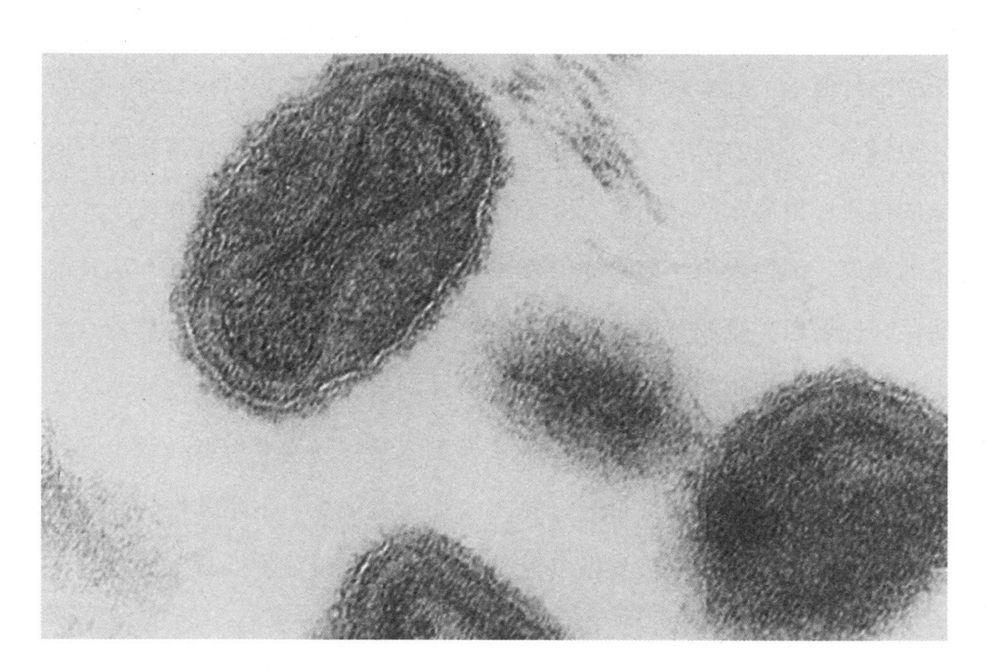

天花病毒

◆ **太平洋战场**

日军在太平洋战场上也秘密使用了细菌武器，而且这次的细菌战显得更加成熟。1944年6月，转入反攻的美国太平洋舰队实施大规模登岛作战。美军对日军占领的塞班岛进行严密封锁，守岛日军内无粮草弹药，外无救兵援军。日军首脑见大势已去，竟然丧心病狂地决定实施战争史上最肮脏的“金马计划”。金马是日本著名人体病毒学博士，日本军国主义的疯狂追随者。1942年春，他带着自己的科研成果向军部提出了一个无耻的建议。因为太平洋岛屿的土著居民，性格粗犷豪放，再加上天气炎热，女性多袒胸露腹，甚至有不着裙裤者，性关系比较混乱。而在太平洋作战的美军士兵性行为一向不检，接触土著妇女，极易做出荒唐事。鉴于此，金马建议，在日军撤出前，可先使岛上妇女感染性病病毒，以期在美军士兵中迅速传染，削弱其战斗力，日军则可不战而胜。为了挽回败局，日本军部在1943年春采纳了“金马计划”。为获得大量性病病毒，金马带着助手们日夜奋战，在他的实验室里培养各种病毒。除一般淋病、梅毒外，还有一种俗称“雅司病”的热带性病病毒，感染后生殖器腐烂流脓，绝无医治的特效药，患者很快就会毙命。金马的性病病毒，既有针剂注射，也有口服片。1944年，金马的各种性病病毒已经准备就绪。他率领一支由医生、护士和检疫人员组成的“特种作战部队”，从日本本土搭乘一艘大型潜艇，携带一大批这种世界上最缺德的“武器”，开赴太平洋马里亚纳群岛给土著妇女们接种病毒。但是，性病武器的使用最终也没能挽回日本的败局，虽然其作战效果日美双方均未公布，但这无疑是世界战争史上闻所未闻的丑行。

◆ 中日战场

1935年，日本侵略者在我国哈尔滨附近的平房镇建立了一支3000人的细菌部队，这就是臭名昭著的731部队，专门从事细菌武器的研制。据受审的12名侵华日军细菌战战犯交待：在被送往第731和第100部队当作“木头”（日军把细菌实验的受害者称作“受实验的材料”，日文读作“马鲁大”，意为“剥了皮的原木”）的人中，既有中国的抗日志士和爱国者，也有苏联的红军官兵、情报人员和白俄家属，更多的是普通中国百姓。凡是被送进日军第731部队和第100部队监狱后用做活体实验的人，没有一个能活着出来的。

在中国战场，日军曾多次组织远征军队，将染有鼠疫等细菌的跳蚤和食品，用飞机在中原和江南、福建一带广泛散播。据材料记载，日军的这一残暴行径，曾在浙江宁波、金华、衢州，湖南常德等地引发疫病，导致许多无辜百姓惨死。1943年秋，侵华日军实施了代号“十八秋鲁西作战”的细菌战。在不到两个月的时间内，鲁西、冀南24个县共有42.75万以上的中国无辜平民被霍乱杀害，而这还仅是部分受害区域的统计数字。

战争期间，日军批量“生产”的细菌竟然以公斤计量。据专家统计，假如731部队所生产的细菌都能“成功”起作用的话，其数量足够杀死全人类!

细菌性生物武器及其防御

虽然细菌武器威力很大，但将细菌作为生物武器仍有一些制约，因为细菌战剂作用的时间较慢，对敌方的杀伤作用并不能立即体现出来。另外，细菌疫苗的保护效果并不很好，应用细菌战剂对己方也不能做到有效地保护。

近年来，细菌性生物武器正逐渐被作用快、容易控制和防护的病毒性生物武器取代，但一些细菌战剂仍被认为具有使用价值。炭疽芽孢杆菌在很多大国的生物武器库中仍然保留着，而且是作为第一位的战略性生物武器。鼠疫耶尔森菌由于不易获得、生产、储存和施放，在现代生物战中已趋于被淘汰，但仍能造成重大杀伤作用；土拉弗朗西斯菌（野兔热）很难获得及生产，但易于施放，在自然条件下可通过土壤、接触、食物等传播，在施放时可造成重大骚扰作用；肉毒毒素的细菌容易获得，但毒素生产较困难，易于施放，通过投毒污染食物和水源，能够造成重大杀伤。这些疾病在我国大部分地区均有分布。我国对炭疽和鼠疫的袭击具有抗御能力，但对土拉菌病认识不够，对其防治能力有所不足，而肉毒中毒在人群间则少有发生。

我国目前迫切需要研究与生物袭击有关疾病的快速检诊，应重点发展以多种特异性抗原或多种致病决定基因检出为基础的可靠检诊方法。同时应尽快查明在我国不同地

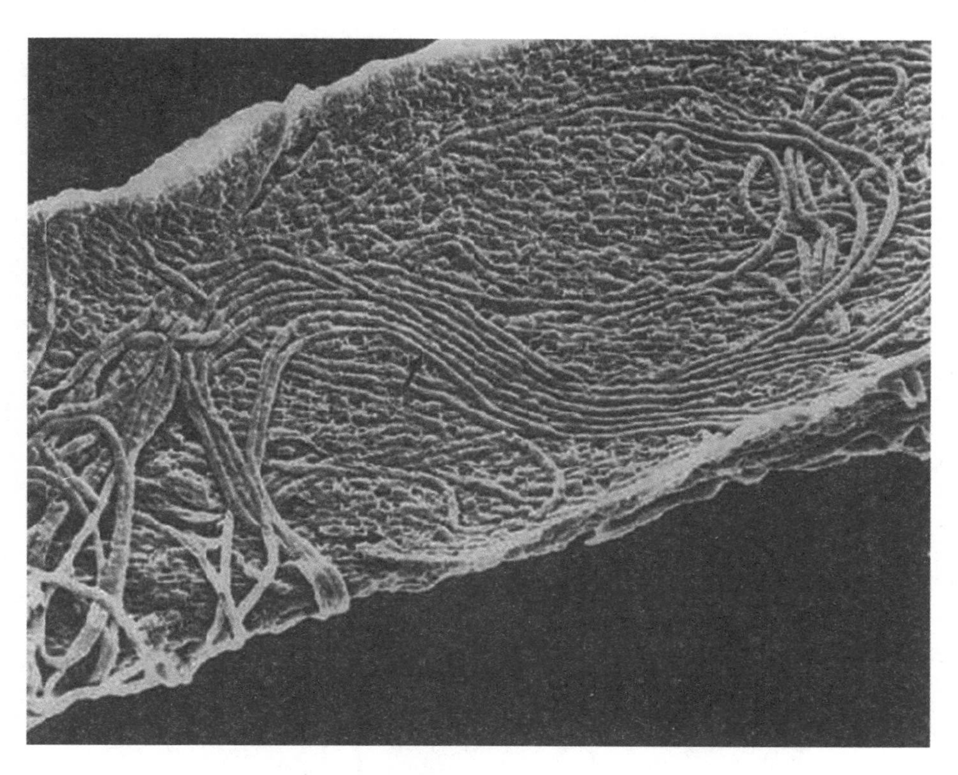

炭疽芽孢细菌

域、不同时期流行的菌株的分子特征，研制口服、能抗御全身性感染、安全有效的新一代基因工程疫苗。

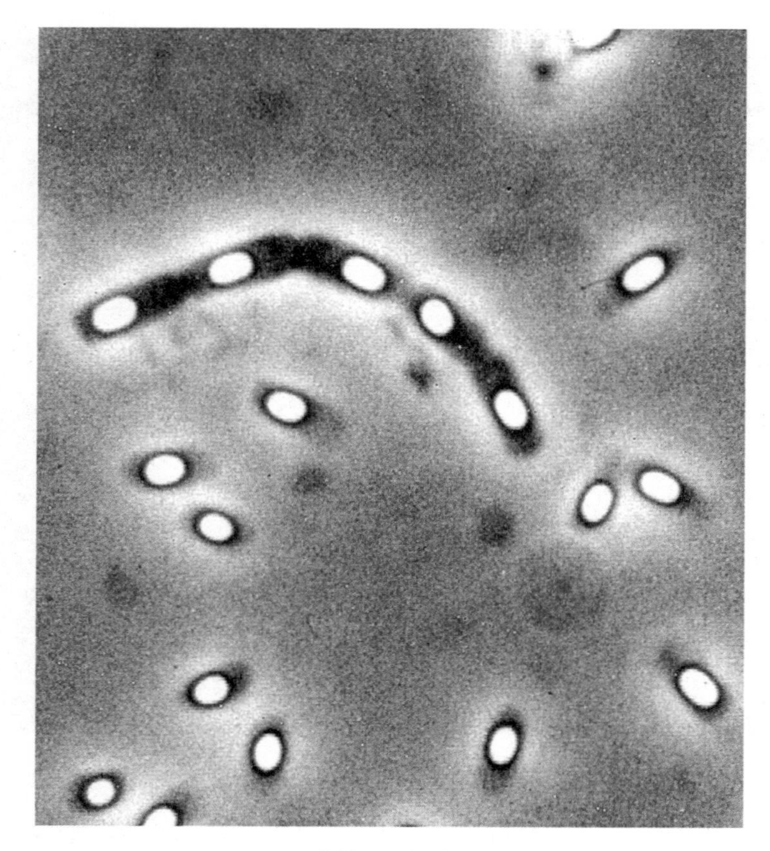

蜡状芽孢杆菌

第五章

谈谈细菌与病毒

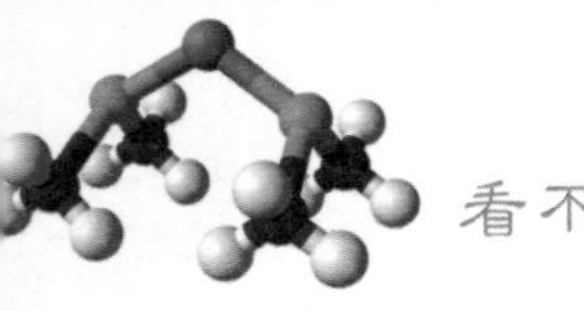

细菌和病毒虽然都是可以致病的微生物，但它们的特征区别很大。细菌虽然小，需要在光学显微镜下才能看得见，但它除了拥有生命的基本单位核酸之外，还有一大套赖以生存的配套设施。包括作为居住"公馆"的细胞壁，储存营养物质的"仓库"，以及进行新陈代谢的"化工车间"。依靠这些，细菌能够摄取外界的物质并加工成需要的能量。而病毒更小了，也可怜得多，且不奢谈"库房"和"车间"，就连作为保护外壳的"茅草房"也没有。实际上它只有一个分子大小，用电子显微镜才能看得见。整个家当也只是一条表示生命的核酸而已；细茵虽然必须在人体内部的良好环境中才能繁殖，但处在恶劣环境中仍能生存较长的一段时间。而病毒只能寄生在人或动物的细胞内部，靠"窃取"细胞里的现成营养才能生存。一旦被排出体外，病毒就活不了几小时。

病毒是一种具有细胞感染性的亚显微粒子，可以利用宿主的细胞系统进行自我复制，但无法独立生长和复制。病毒可以感染所有的具有细胞的生命体。第一个已知的病毒是烟草花叶病毒，由马丁乌斯·贝杰林克于1899年发现并命名。如今已有超过5000种类型的病毒得到鉴定。研究病毒的科学被称为病毒学，也是微生物学的一个分支。

H1N1病毒

病毒的最早认知

对事物的认知有一个共同的规律：从现象到本质。对病毒的认识同样如此。在发现病毒之前，病毒病就已经被人类所认识。

人们最早是通过病毒导致的疾病认识到病毒的存在的。早在公元

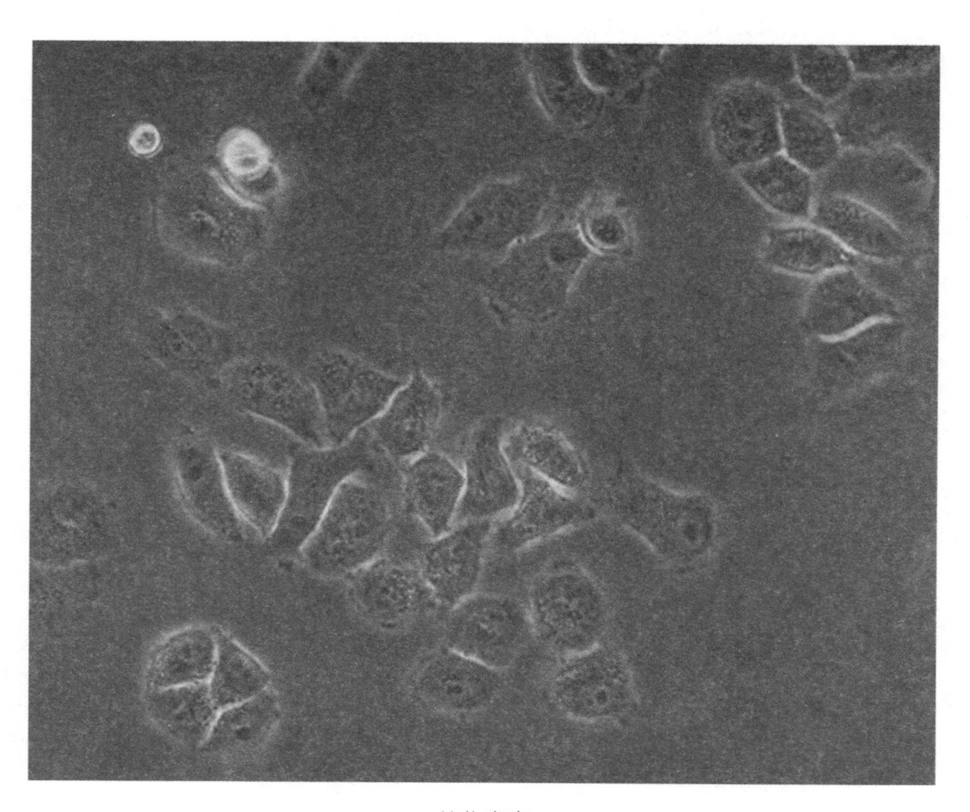

植物病毒

前2~3世纪的印度和中国就有了关于天花的记录。但直到19世纪末，病毒才开始逐渐被发现和鉴定。

最早记载的植物病毒是郁金香碎色病。17世纪30年代，一种得病的郁金香在荷兰掀起了“郁金香热”，至今荷兰阿姆斯特丹的Rijks博物馆还保存着一张1619年荷兰画师的画，描画的就是有病的郁金香。

最早有记载的家畜中的病毒病是狂犬病。巴斯德作为微生物发展史上的里程碑式的人物，他在1884年发明了狂犬疫苗，对病毒病的防治做出了巨大贡献。

最早有记载的人体感染的病毒病是天花，这是一种具有很高病死率的传染病。

病毒的发现过程

1884年，法国微生物学家查理斯·尚柏朗发明了一种细菌无法滤过的过滤器（伯兰氏烛形滤器，其滤孔孔径小于细菌的大小），利用这一过滤器就可以将液体中存在的细菌除去。

1892年，俄国生物学家伊凡诺夫斯基在研究烟草花叶病时发现，将感染了花叶病的烟草叶的提取液用烛形滤器过滤后，依然能够感染其他烟草。于是他提出这种感染性物质可能是细菌所分泌的一种毒素，但他并未深入研究下去。当时，人们认为所有的感染性物质都能够被过滤除去并且能够在培养基中生长，这也是疾病细菌理论的一部分。

1899年，荷兰微生物学家马丁

马丁乌斯·贝杰林克

乌斯·贝杰林克重复了这一实验，他相信这是一种新的感染性物质。他还观察到这种病原只在分裂细胞中复制，由于他的实验没有显示这种病原的颗粒形态，因此他称之为（可溶的活菌）并进一步命名为病毒。贝杰林克认为病毒是以液态形式存在的（但这一看法后来被温德尔·梅雷迪思·斯坦利推翻，他证明了病毒是颗粒状的）。同样在1899年，弗里德里希·洛弗勒和保罗·弗罗希发现患口蹄疫动物淋巴液中含有能通过滤器的感染性物质，由于经过了高度的稀释，排除了其为毒素的可能性。他们推论这种感染性物质能够自我复制。

在19世纪末，病毒的特性被认为是感染性、可滤过性和需要活的宿主，也就意味着病毒只能在动物或植物体内生长。1906年，哈里森发明了在淋巴液中进行组织生长的方法。接着在1913年，E. Steinhardt、C. Israeli和R. A. Lambert利用这一方法在豚鼠角膜组织中成功培养了牛痘苗病毒，突破了病毒需要体内生长的限制。1928年，H. B. Maitland和M. C. Maitland有了更进一步的突破，他们利用切碎的母鸡肾脏的悬液对牛痘苗病毒进行了培养。这一方法在1950年代得以广泛应用于脊髓灰质炎病毒疫苗的大规模生产。

另一项研究突破发生在1931年，美国病理学家Ernest William Goodpasture在受精的鸡蛋中培养了

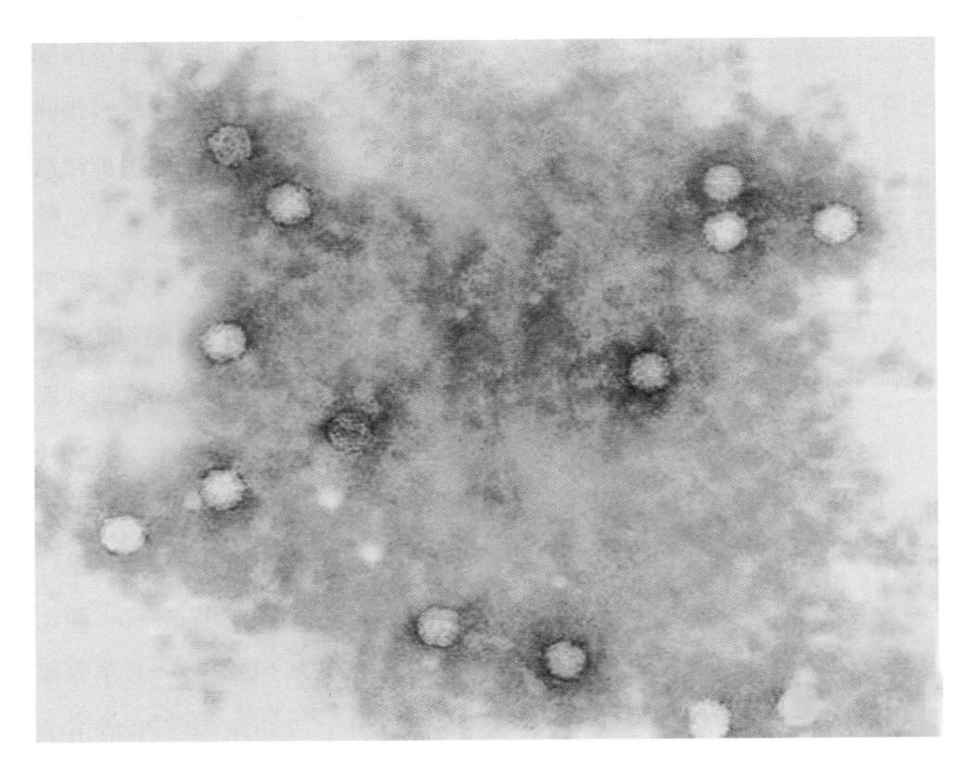

脊髓灰质炎病毒

流感病毒。1949年，约翰·富兰克林·恩德斯、托马斯·哈克尔·韦勒和弗雷德里克·查普曼·罗宾斯利用人的胚胎细胞对脊髓灰质炎病毒进行了培养，这是首次在没有固体动物组织或卵的情况下对细菌进行的成功培养。这一研究成果被约纳斯·沙克利用并有效地生产出了脊髓灰质炎病毒疫苗。

1931年，德国工程师恩斯特·鲁斯卡和马克斯·克诺尔发明了电子显微镜，使得病毒研究者首次得到了病毒形态的照片。1935年，美国生物化学家和病毒学家温德尔·梅雷迪思·斯坦利发现烟草花叶病毒大部分是由蛋白质所组成的，并得到了病毒晶体。随后，他将病毒成功地分离为蛋白质部分和

RNA部分。温德尔·斯坦利也因为他的这些发现而获得了1946年的诺贝尔化学奖。烟草花叶病毒是第一个被结晶的病毒，可以使用X射线晶体学的方法来得到其结构细节。第一张病毒的X射线衍射照片是博纳尔和Fankuchen于1941年所拍摄的。1955年，通过分析病毒的衍射照片，罗莎琳·富兰克林揭示了病毒的整体结构。同年，Heinz Fraenkel-Conrat和Robley Williams发现将分离纯化的烟草花叶病毒RNA和衣壳蛋白混合在一起后，可以重新组装成具有感染性的病毒，这也揭示了这一简单的机制很可能就是病毒在它们的宿主细胞内的组装过程。

20世纪早期，英国细菌学家

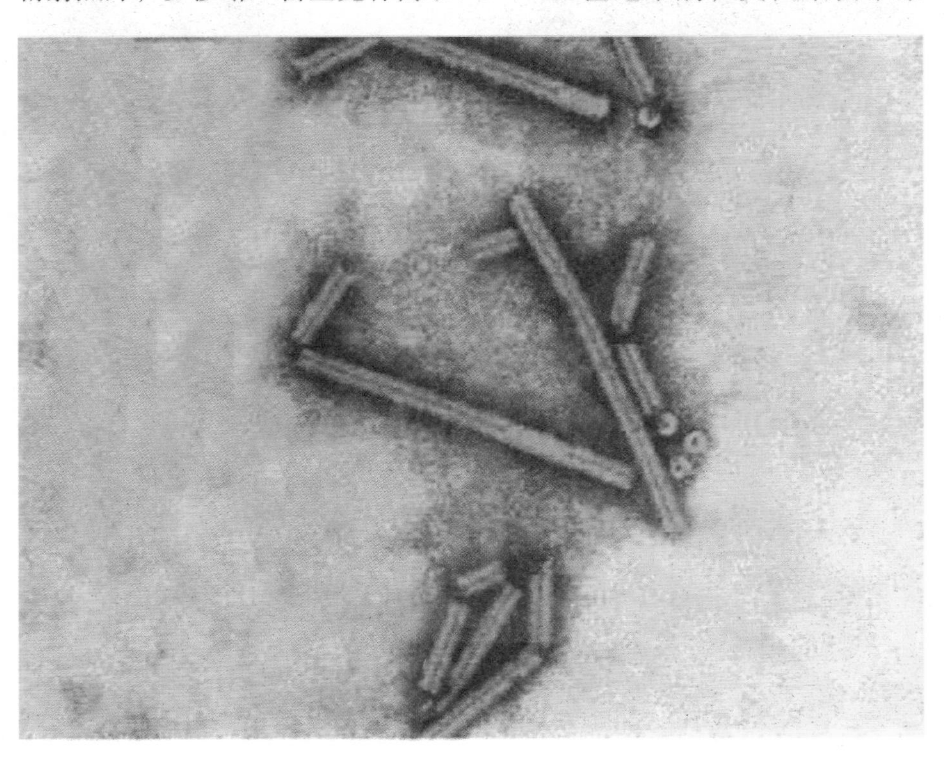

病毒晶体管

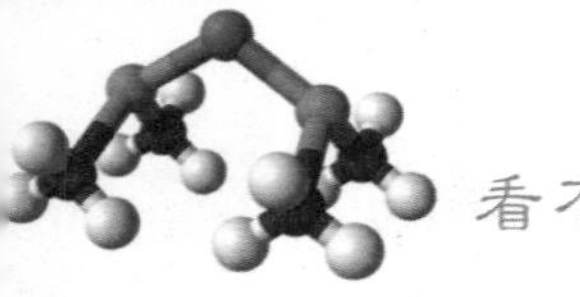

Frederick Twort发现了可以感染细菌的病毒，并称之为噬菌体。随后法裔加拿大微生物学家Félix d'Herelle描述了噬菌体的特性：将其加入长满细菌的琼脂固体培养基上，一段时间后会出现由于细菌死亡而留下的空斑。高浓度的病毒悬液会使培养基上的细菌全部死亡，但通过精确的稀释，可以产生可辨认的空斑。通过计算空斑的数量，再乘以稀释倍数就可以得出溶液中病毒的个数。他们的工作揭开了现代病毒学研究的序幕。

20世纪下半叶是发现病毒的黄

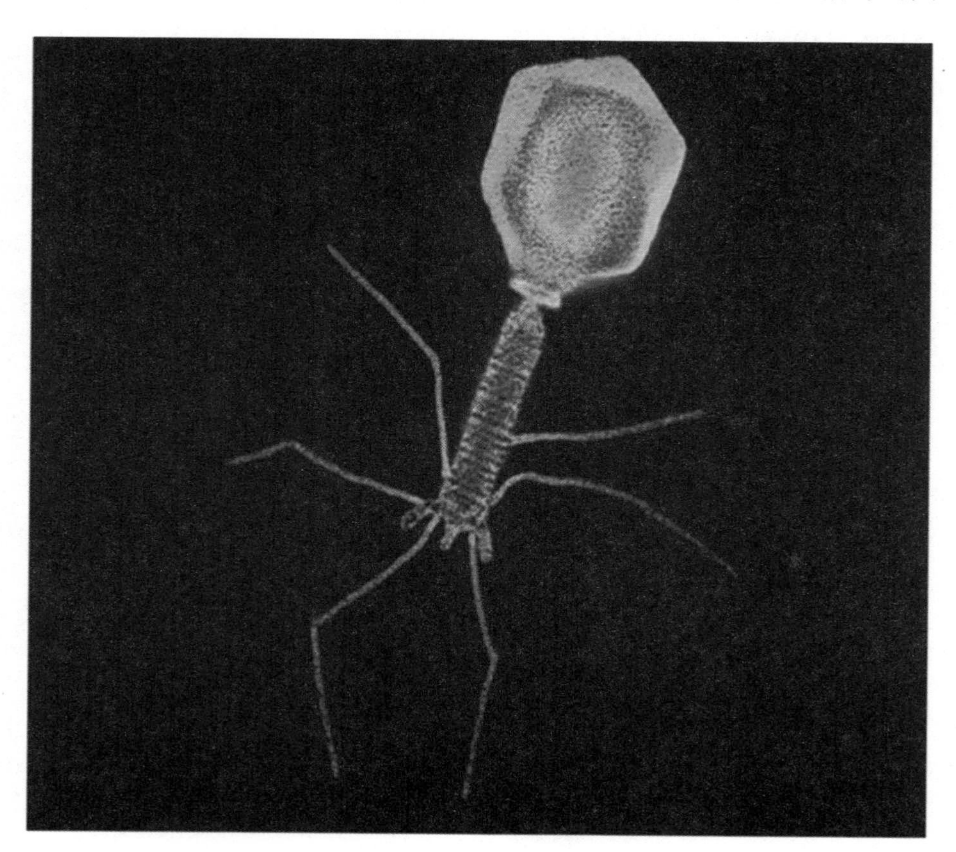

T4噬菌体

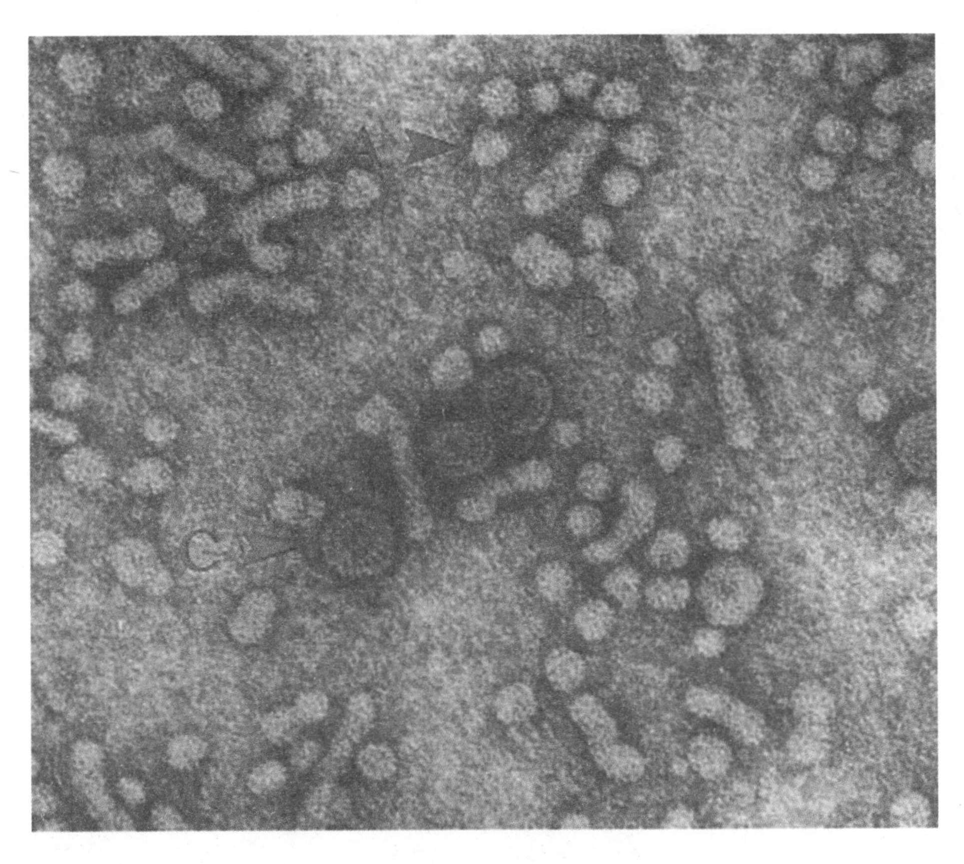

电子显微镜下观察到的乙型肝炎病毒

金时代，大多数能够感染动物、植物或细菌的病毒都在这数十年间被发现。1957年，马动脉炎病毒和导致牛病毒性腹泻的病毒（一种瘟病毒）被发现；1963年，巴鲁克·塞缪尔·布隆伯格发现了乙型肝炎病毒；1965年，霍华德·马丁·特明发现并描述了第一种逆转录病毒，这类病毒是将RNA逆转录为DNA的关键酶。逆转录酶1970年由霍华德·特明和戴维·巴尔的摩分别独立鉴定出来。1983年，法国巴斯德研究院的吕克·蒙塔尼和他的同事弗朗索瓦丝·巴尔—西诺西首次分离得到了一种逆转录病毒，也就是现在世人皆知的艾滋病毒（HIV），二人也因此与发现了能够导致子宫颈癌的人乳头状瘤病毒的德国科学家哈拉尔德·楚尔·豪森分享了2008年的诺贝尔生理学与医学奖。

知识小百科

病毒起源说法

病毒分布范围很广，只要有生命的地方，就有病毒存在，病毒很可能在第一个细胞进化出来时就存在了。由于病毒不形成化石，所以病毒起源于何时尚不清楚，也就没有外部可参照物来研究其进化过程，同时病毒的多样性显示它们的进化很可能是多条线路的而

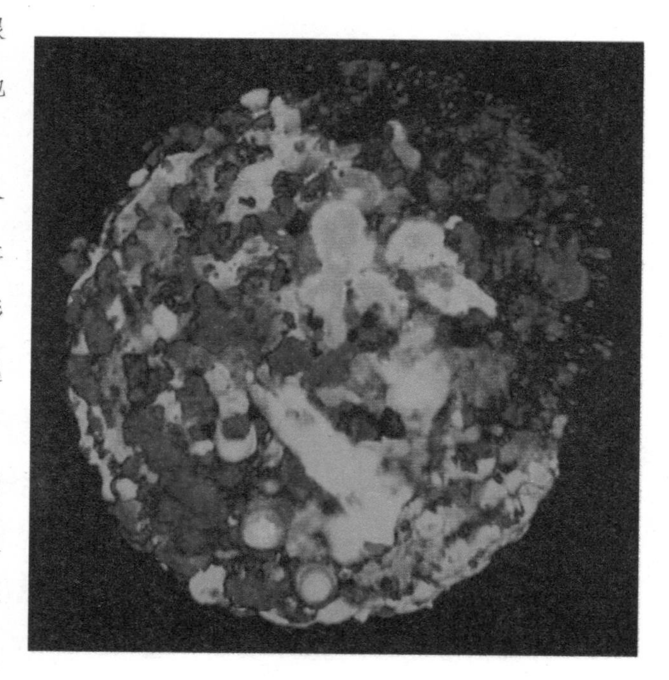

卫星病毒

非单一的。分子生物学技术是目前可用的揭示病毒起源的方法。但这些技术需要获得远古时期病毒的DNA或RNA样品，而目前储存在实验室中最早的病毒样品也不过90年。目前有三种流行的关于病毒起源的理论：

逆向理论：病毒可能曾经是一些寄生在较大细胞内的小细胞。随着时间的推移，那些在寄生生活中非必需的基因逐渐丢失。这一理论的证据是，细菌中的立克次氏体和衣原体就像病毒一样，需要在宿主细胞内才能复制。它们缺少能够独立生活的基因，这很可能是由于寄生生活所导致的。这一理论又被称为退化理论。

细胞起源理论（有时也称为漂荡理论）：一些病毒可能是由较大生物体的基因中“逃离”出来的DNA或RNA进化而来的。逃离的DNA可

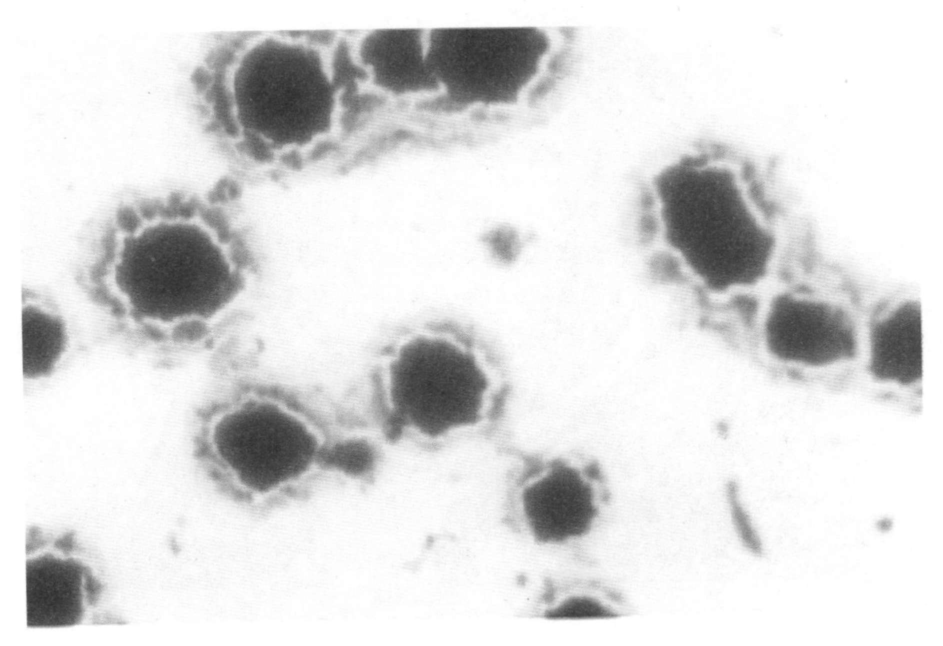

立克次氏体

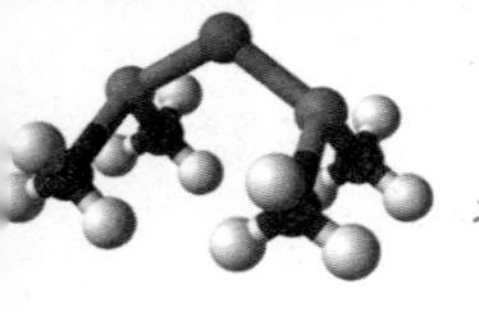

能来自质粒（可以在细胞间传递的裸露DNA分子）或转座子（可以在细胞基因内不同位置复制和移动的DNA片断，曾被称为“跳跃基因”，属于可移动遗传元件）。转座子是1950年由巴巴拉·麦克林托克在玉米中发现的。

共进化理论：病毒可能进化自蛋白质和核酸复合物，与细胞同时出现在远古地球，并且一直依赖细胞生命生存至今。类病毒是一类RNA分子，

巴巴拉·麦克林托克

但未被归入病毒中，因为它们缺少由蛋白质形成的衣壳。然而，它们具有多种病毒的普遍特征，常常被称为亚病毒物质。类病毒是重要的植物病原体，它们没有编码蛋白质的基因，但可以与宿主细胞作用，利用宿主来进行它们自身的复制。这些依赖于其他种类病毒的病毒被称为“卫星病毒”，它们可能是介于类病毒和病毒之间的进化中间体。

病毒的传播方式

病毒的传播方式多种多样，不同类型的病毒采用不同的方法。例如，植物病毒可以通过以植物汁液为生的昆虫，如蚜虫等，在植物间进行传播；而动物病毒可以通过蚊虫叮咬而得以传播。这些携带病毒的生物体被称为“载体”；流感病毒可以经由咳嗽和打喷嚏来传播；诺罗病毒则可以通过手足口途径来传播，即通过接触带有病毒的手、食物和水；轮状病毒常常是通过接触受感染的儿童而直接传播的。此外，艾滋病毒则可以通过性接触来传播。

并非所有的病毒都会导致疾病，因为许多病毒的复制并不会对受感染的器官产生明显的伤害。一些病毒，如艾滋病毒，可以与人体长时间共存，并且依然能保持感染性而不受到宿主免疫系统的影响，即所谓的“病毒持续感染”。但在通常情况下，病毒感染能够引发免疫反应，消灭入侵的病毒。而这些免疫反应能够通过注射疫苗来产生，从而使接种疫苗的人或动物能够终生对相应的病毒免疫。而且像

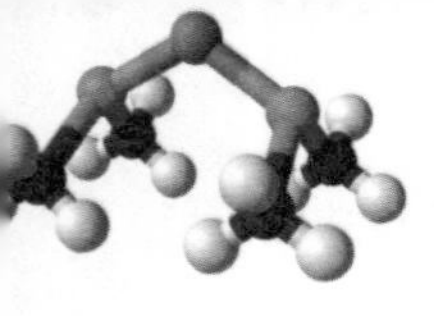

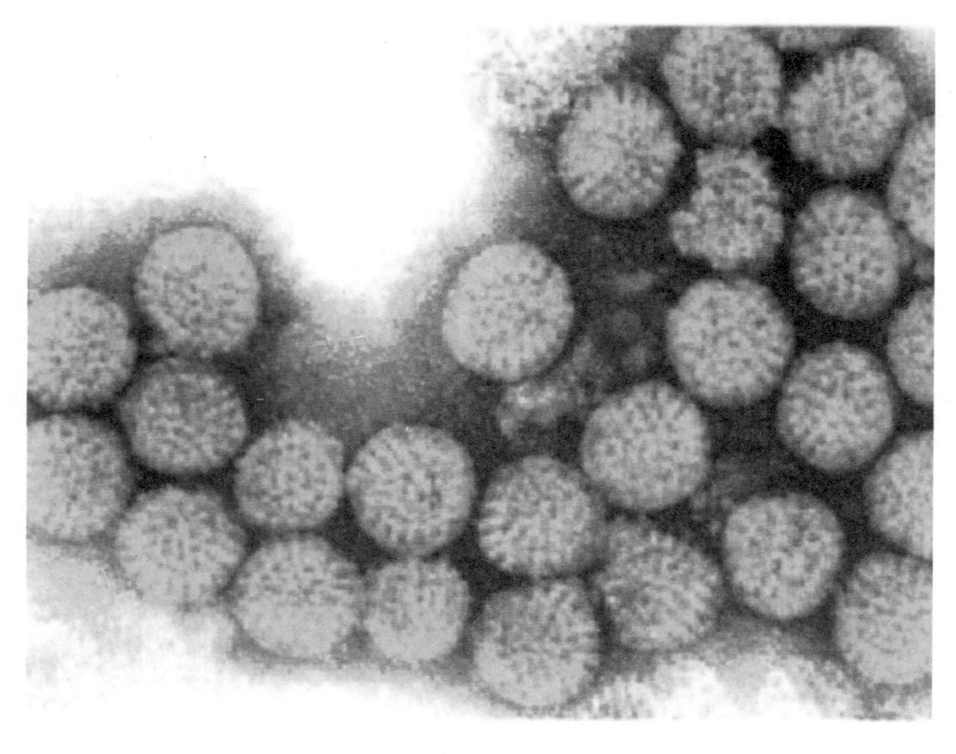

轮状病毒感染

细菌这样的微生物也具有抵御病毒感染的机制，如限制修饰系统。抗生素对病毒没有任何作用，但抗病毒药物已经被研发出来并用于治疗病毒感染。

病毒的相关应用

◆ **生命科学与医学**

病毒对于分子生物学和细胞生物学的研究具有重要意义，因为它们提供了能够被用于改造和研究细胞功能的简单系统。研究和利用病毒为细胞生物学的各方面研究提供了大量有价值的信息。例如，病毒被用在遗传学研究中来帮助我们了

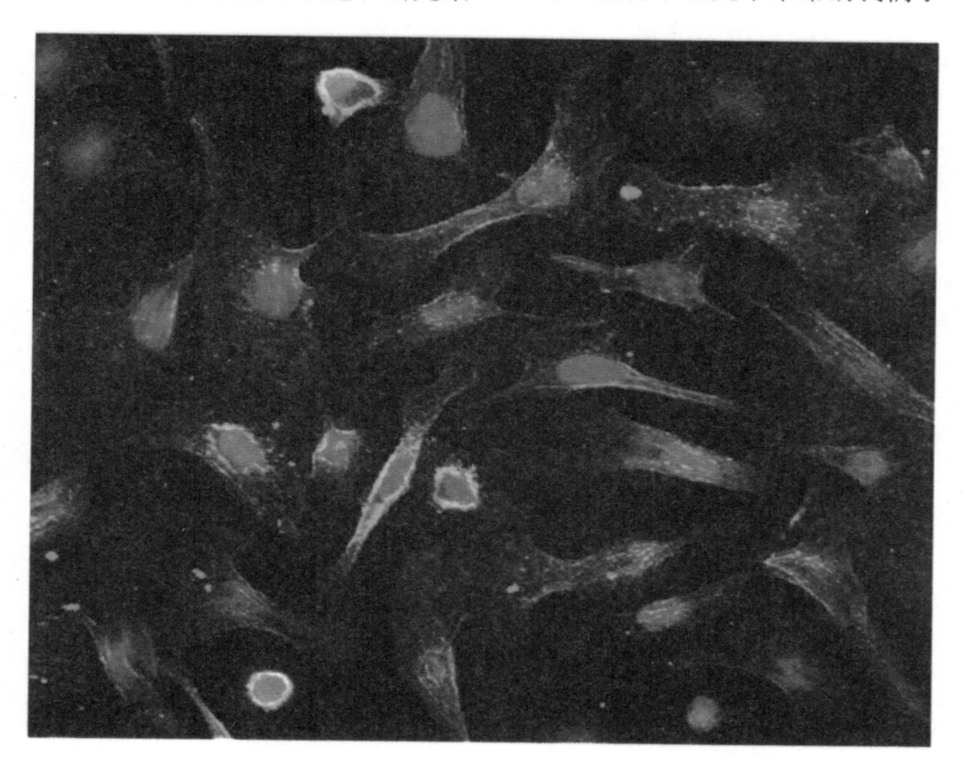

细　胞

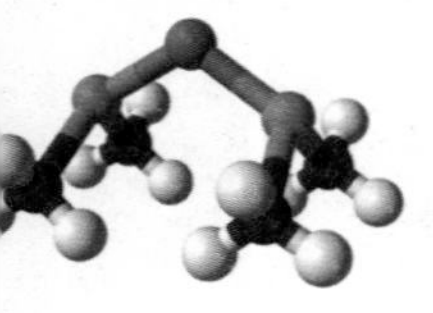

解分子遗传学的基本机制，包括DNA复制、转录、RNA加工、翻译、蛋白质转运以及免疫学等。

遗传学家常常用病毒作为载体将需要研究的特定基因引入细胞。这一方法对于细胞生产外源蛋白质，或是研究引入的新基因对于细胞的影响，都是非常有用的。病毒治疗法也采用类似的策略，即利用病毒作为载体引入基因来治疗各种遗传性疾病，好处是可以定靶于特定的细胞和DNA。这一方法在癌症治疗和基因治疗中的应用前景非常广阔。一些科学家已经利用噬菌体来作为抗生素的替代品，随着一些病菌的抗生素抗性的加强，人们对于这一替代方法的兴趣也在不断增长。

◆ **材料科学与纳米技术**

目前纳米技术的发展趋势是制造多用途的病毒。从材料科学的观点来看，病毒可以被看作有机纳米颗粒。它们的表面携带特定的工具用于穿过宿主细胞的壁垒。病毒的大小和形状，以及它们表面的功能基团的数量和性质，是经过精确地定义的。正因为如此，病毒在材料科学中被普遍用作支架来共价连接表面修饰。病毒的一个特点是它们能够通过直接进化来进行。从生命科学发展而来的这些强大技术正在成为纳米材料制造方法的基础，远远超越了它们在生物学和医学中的应用而被应用于更加广泛的领域中。

由于具有合适的大小、形状和明确的化学结构，病毒往往被用作纳米量级上的组织材料的模板。一个应用例子就是利用豇豆花叶病毒颗粒来放大DNA微阵列上感应器的信号，在该应用中，病毒颗粒将用于显示信号的荧光染料分离开，从而阻止能够导致荧光淬灭的非荧光

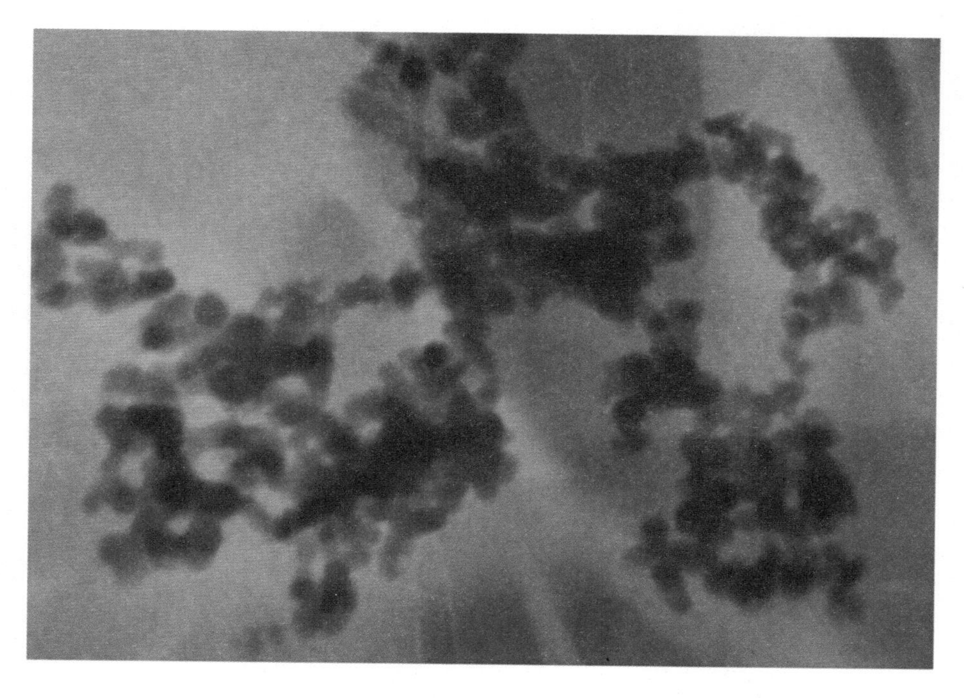

纳米颗粒

二聚体的形成；另一个例子是利用豇豆花叶病毒作为纳米量级的分子电器的面板。在实验室中，病毒还可以被用于制造可充电电池。

◆ **武 器**

病毒能够引起瘟疫从而导致人类社会的恐慌，这种能力使得一些人企图利用病毒作为生化武器来达到常规武器所不能获得的效果。而随着臭名昭著的西班牙流感病毒在实验室中获得成功复原，人们对病毒成为武器的担心不断增加。另一个可能成为武器的病毒是天花病毒。天花病毒在绝迹之前曾经引起无数次的社会恐慌。虽然目前天花病毒存在于世界上的数个安全实验室中，但对其可能成为生化武器的恐惧也并非是毫无理由的。天花病毒

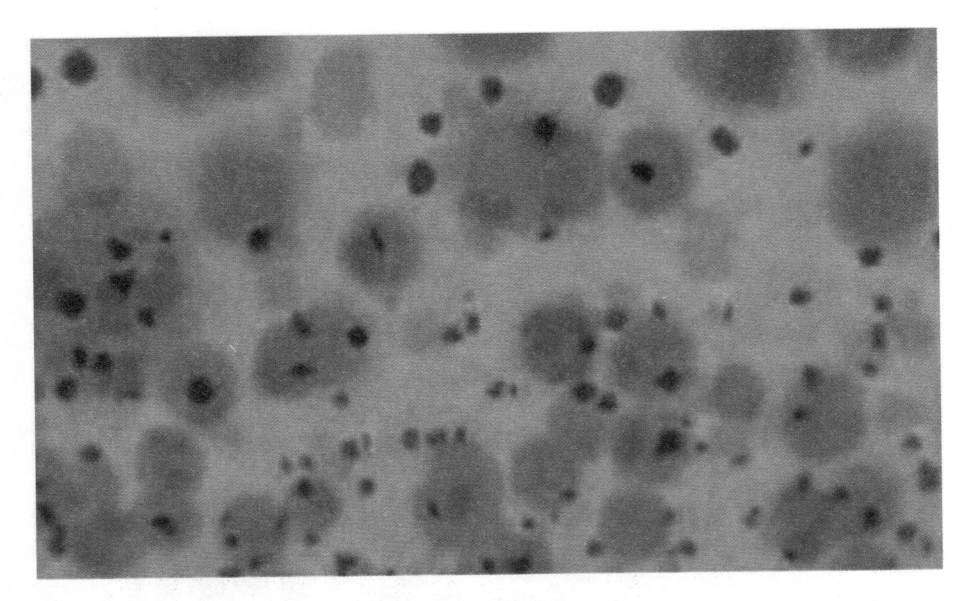

西班牙流感病毒

疫苗并不是安全的，在天花绝迹前，因注射天花疫苗而患病的人数比一般患病的人数还要多，而且天花疫苗目前也不再广泛生产。因此，在存在如此多对于天花没有免疫力的现代人的情况下，一旦天花病毒被释放出来，那么在病毒得到控制之前，将会有无数人患病死去。

病毒的危害

有一些病毒能诱发良性肿瘤，如痘病毒科的兔纤维瘤病毒、人传染性软疣病毒和乳多泡病毒科的乳头瘤病毒；另有一些能诱发恶性肿瘤，按其核酸种类可分为DNA肿瘤病毒和RNA肿瘤病毒。DNA肿瘤病毒包括乳多泡病毒料的SV40和多瘤病毒，以及腺病毒科和疱疹病毒科的某些成员，从肿瘤细胞中可查出病毒核酸或其片段和病毒编码的蛋白，但一般没有完整的病毒粒。RNA肿瘤病毒均属反录病毒科，包括鸡和小鼠的白血病和肉瘤病毒，从肿瘤细胞中可查到病毒粒。这两类病毒均能在体外转化细胞。在人类肿瘤中，已证明EB病毒与伯基特淋巴瘤和鼻咽癌有密切关系。此外，Ⅱ型疱疹病毒可能与宫颈癌病因有关，乙型肝炎病毒可能与肝癌病因有关。但是，病毒大概不是唯一的病因，环境和遗传因素也可能起到了协同作用。

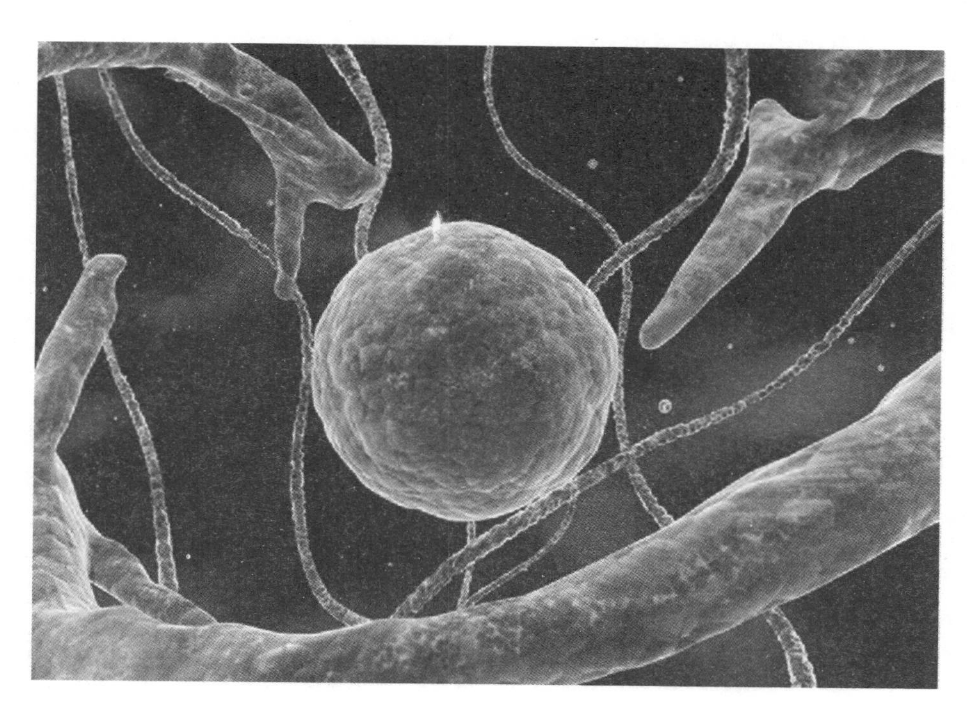

鼠类的乳腺肿瘤病毒

细菌与病毒的区别

细菌和病毒均属于微生物。“微”者，肉眼不可见也。在一定的环境条件下，细菌和病毒都可以在人体中进行增殖，并可能导致疾病发生。细菌较大，用普通光学显微镜就可看到，它们的生长条件也不高。由于细菌有它的生长及代谢方式，人类已有被称之为抗菌素的特殊武器对付它；而病毒则比较小，一般要用放大倍数超过万倍的电子显微镜才能看到。病毒没有自己的生长代谢系统，它的生存靠寄

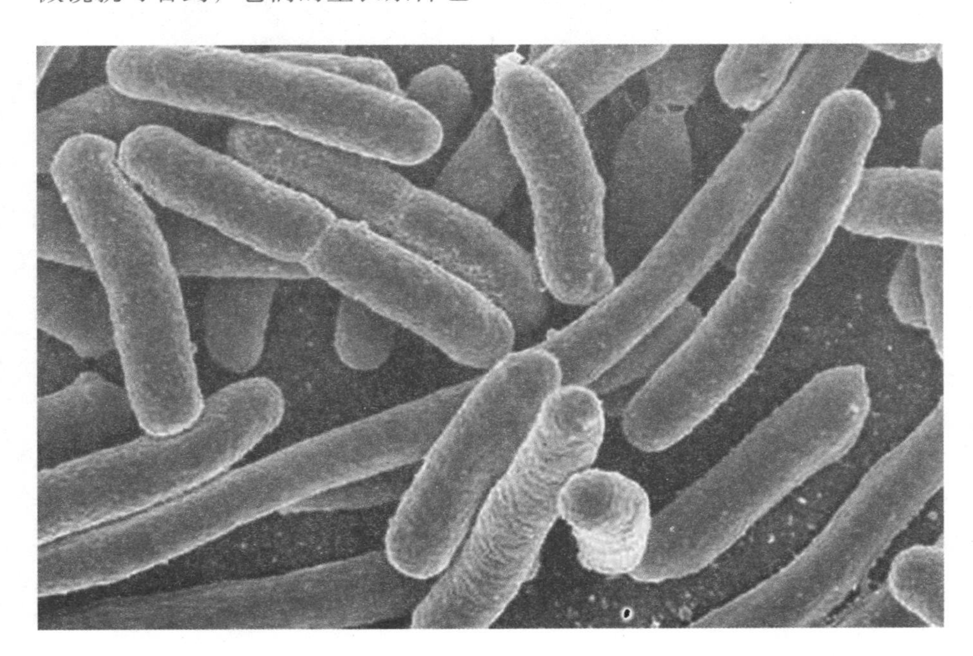

细菌蛋白质

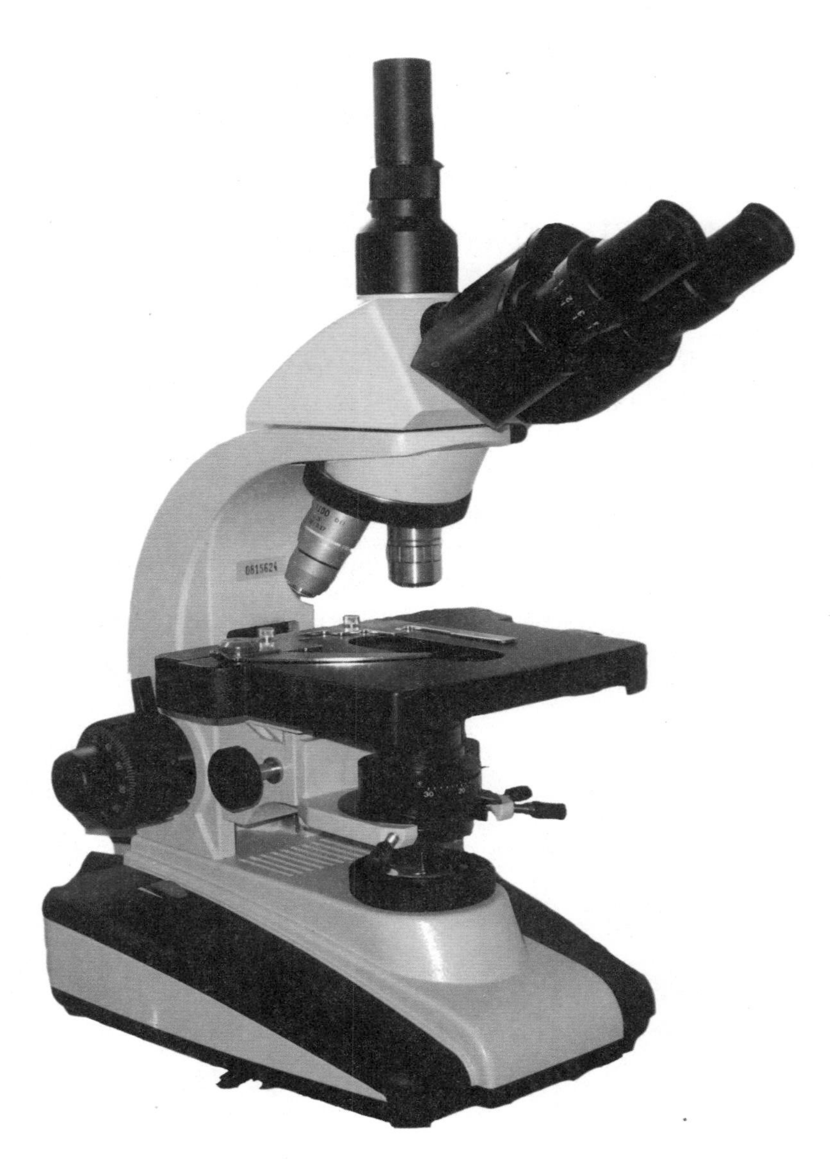

光学显微镜

生在宿主（如人）和细胞中依赖他人的代谢系统。也是因为如此，目前抗病毒的特殊药物不多。有一点值得指出的是，在人们的身体的许多部位都有细菌增殖。医学上称之为正常菌群，它们和我们和平相处，互惠互利。而在任何情况下从机体中发现病毒都非正常状况，因为只有侵入我们的活组织细胞中这些病毒才能存活。

病毒是一类没有细胞结构但有遗传、变异、共生、干扰等生命现象的微生物。一般能通过细菌滤器，故也称“滤过性病毒”。多数要用电子显微镜才能观察到。各种病毒具有不同的大小、结构和形态，只能在一定种类的活细胞中增殖。病毒的基本化学组分为核酸和蛋白质，但某些病毒含有脂类、多糖及无机盐类等。病毒能引起人和动植物的病害，如麻疹、流行性感冒、传染性肝炎，鸡瘟、蚕脓病，烟草花叶病、水稻矮缩病等；某些病毒还能引起动物的肿瘤。寄生于细菌、放线菌体内的噬菌体，也是一类病毒。有些病毒还可用于害虫和病原菌的防治。

细菌是微生物的一大类。其大小约一至数微米，呈球形、杆形、弧形、螺形或长丝形；有的具芽孢、鞭毛或荚膜；以二等分分裂繁殖为主；除部分自养细菌外，多营腐生或寄生生活；遍布于土壤、水、空气、有机物质中及生物体内和体表；对自然界物质循环起着巨大作用。某些种类能提高土壤的肥力；不少种类可用于发酵工业，生产食品、化学品和医药品等；某些种类可用于细菌冶金和石油脱蜡；若干种类还能引起人和动植物病害或工农业产品的霉腐。

一般来说构成细菌的细胞没有细胞核。在细菌的内部，多数具有一层粘滑外罩的刚性细胞壁，上面有些被称为纤毛的微细绒毛，其中较长较粗的被称之为鞭毛，它的蠕动能使细菌运动起来。另外细菌也没有能获取能量的线粒体。不过它们却有一个单一的DNA环，是病毒核心，还有粒状斑点和核蛋白体，可产生出细菌蛋白质。

以细菌为宿主的病毒又称噬菌体，分为10科，其中肌病科，如T2、T4噬菌体等；长尾病毒科，如λ、T5噬菌体等；短尾病毒科，如T7、P22噬菌体等。噬菌体因其所具有的特性而成为探讨核酸（DNA和RNA）的复制、转录、重组、基因表达的调节控制、病毒与宿主的关系等各方面的研究对象，促进了病毒学、分子生物学、遗传学的发展。临床医学上曾试用噬菌体来诊治某些细菌性感染的疾病。噬菌体的污染可能会给发酵工业（如食品

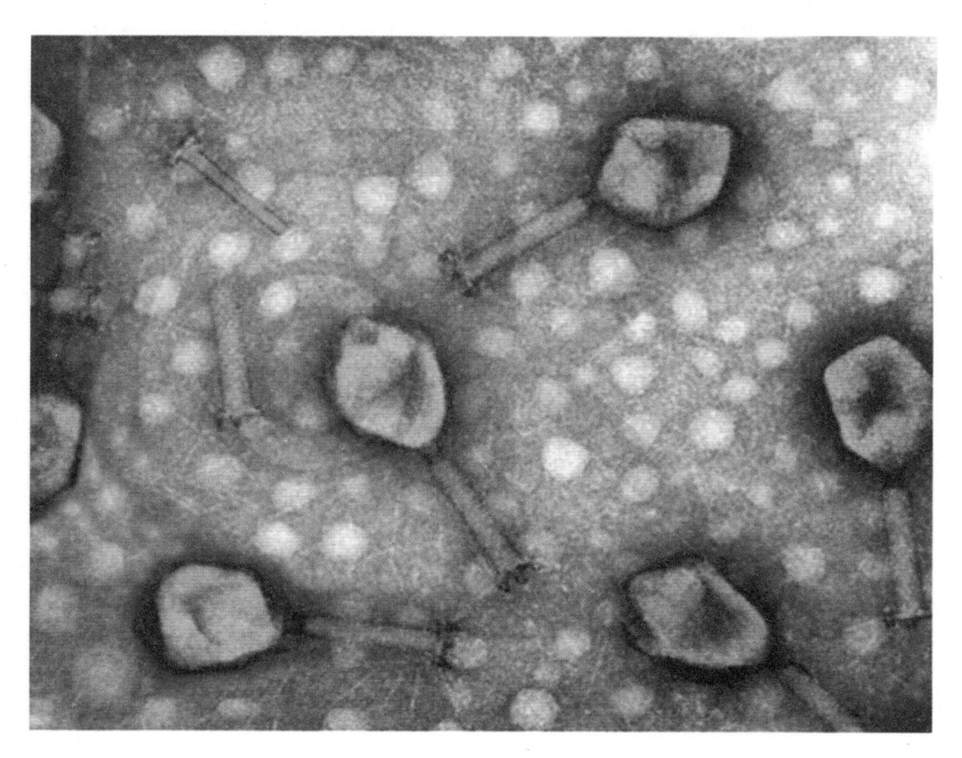

T4噬菌体

工业、抗生素工业等）造成很大损失，因此要注意预防。

生物病毒的好处

病毒是一种非细胞生命形态，它由一个核酸长链和蛋白质外壳构成。病毒没有自己的代谢机构，没有酶系统，因此病毒离开了宿主细胞，就成了没有任何生命活动，也不能独立自我繁殖的化学物质。一旦进入宿主细胞后，它就可以利用细胞中的物质和能量以及复制、转

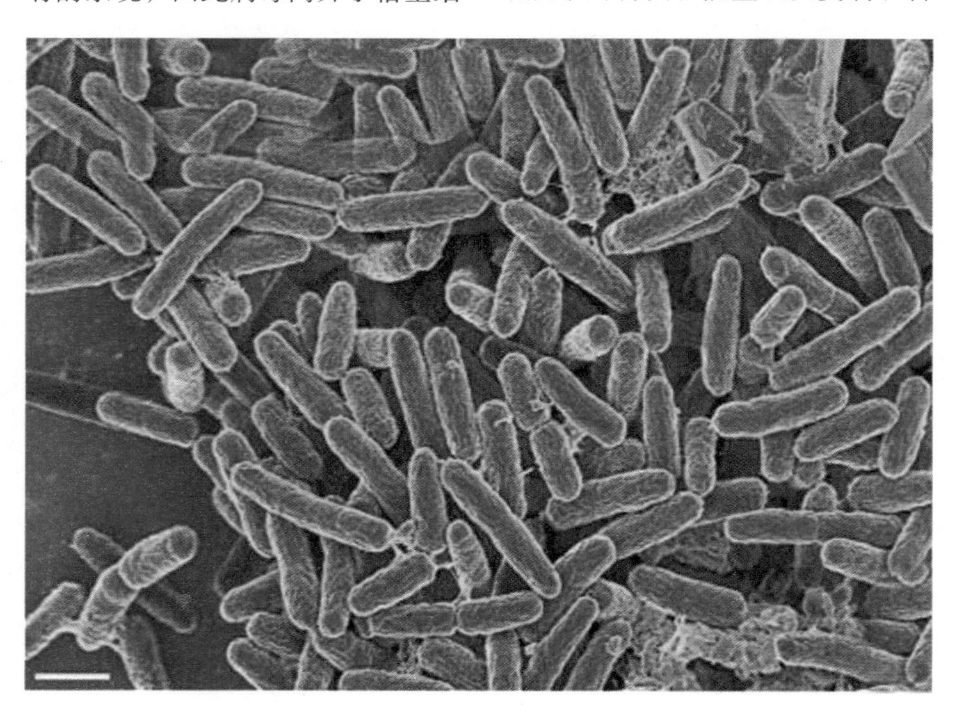

绿脓杆菌

录和转译的能力，按照它自己的核酸所包含的遗传信息产生和它一样的新一代病毒。

病毒基因同其他生物的基因一样，也可以发生突变和重组，因此也是可以演化的。病毒因为没有独立的代谢机构，不能独立繁殖，所以被认为是一种不完整的生命形态。病毒疫苗对人类防病毒有好处，它促进了人类的进化，人类的很多基因都是从病毒中得到的。

（1）噬菌体可以作为防治某些疾病的特效药，例如烧伤病人在患处涂抹绿脓杆菌噬菌体稀释液。

（2）在细胞工程中，某些病毒可以作为细胞融合的助融剂，例如仙台病毒。

（3）在基因工程中，病毒可以作为目的基因的载体，被拼接在目标细胞的染色体上 。

（4）在专一的细菌培养基中添加病毒可以除杂。

（5）病毒可以作为精确制导药物的载体 。

（6）病毒可以作为特效杀虫剂。

（7）病毒还在生物圈的物质循环和能量交流中起到关键作用。

与病毒相关的疾病

由病毒引起的人类疾病种类繁多，已经确定的如伤风、流感、水痘等一般性疾病，以及天花、艾滋病、SARS和禽流感等严重疾病。还有一些疾病可能是以病毒为致病因子，例如，人疱疹病毒6型与一些神经性疾病，多发性硬化症和慢性疲劳综合症之间可能

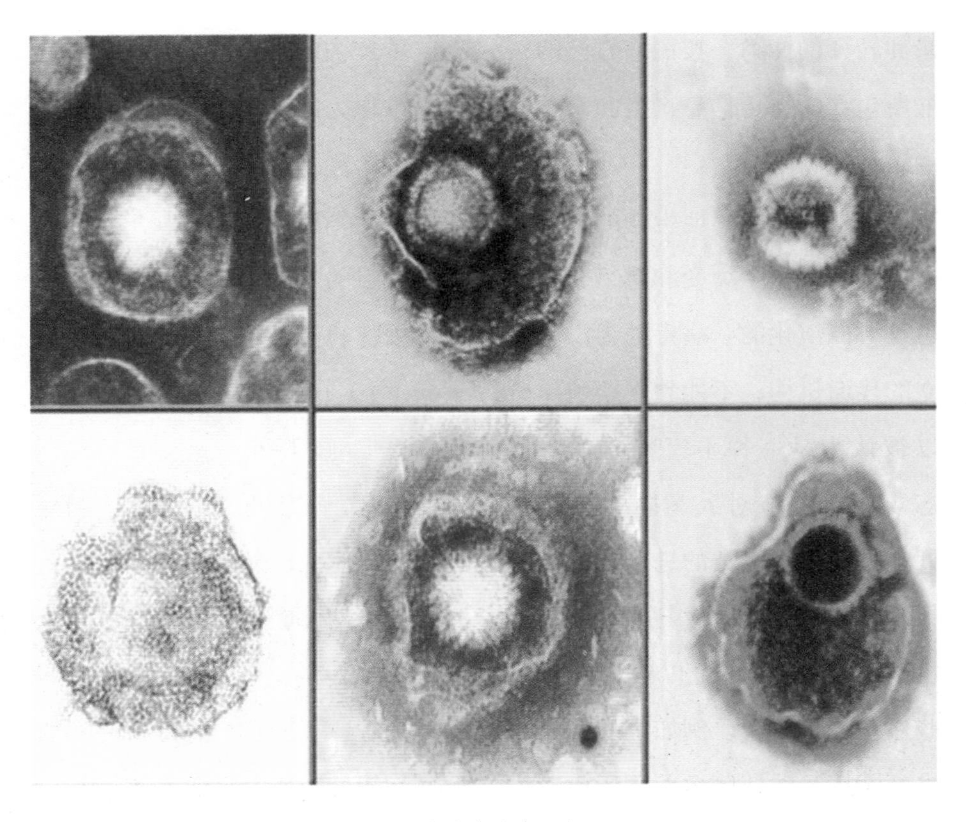

人类孢疹病毒6型

相关。此外，原本被认为是马的神经系统疾病的致病因子的玻那病毒，现在被发现可能会引起人类精神疾病。病毒能够导致疾病的能力被称为病毒性。

不同的病毒有着不同的致病机制，这主要取决于病毒的种类。在细胞水平上，病毒主要的破坏作用是导致细胞裂解，从而引起细胞死亡。在多细胞生物中，一旦机体内有足够多的细胞死亡，就会对机体的健康产生影响。虽然病毒可以引发疾病，却也可以无害地存在于机体内。例如，能够引起感冒疮的单纯疱疹病毒可以在人体内保持休眠状态。这种状态又被称为“潜伏”，这也是所有疱疹病毒（包括能够导致腺热的艾伯斯坦–巴尔病毒和能够导致水痘的水痘—带状疱疹病毒）的特点。进入潜伏状态的水痘—带状疱疹病毒在“苏醒”后，能够引起带状疱疹。

一些病毒能够引起慢性感染，可以在机体内不断复制而不受宿主防御系统的影响。这类病毒包括乙肝病毒和丙肝病毒。受到慢性感染的人群即是病毒携带者，因为他们相当于储存了保持感染性的病毒。当人群中有较高比例的携带者时，这一疾病就可能发展为流行病，如瘟疫、癌症等。而疫苗与抗病毒药物是预防与治疗的最主要手段。下面介绍几种主要的疾病：

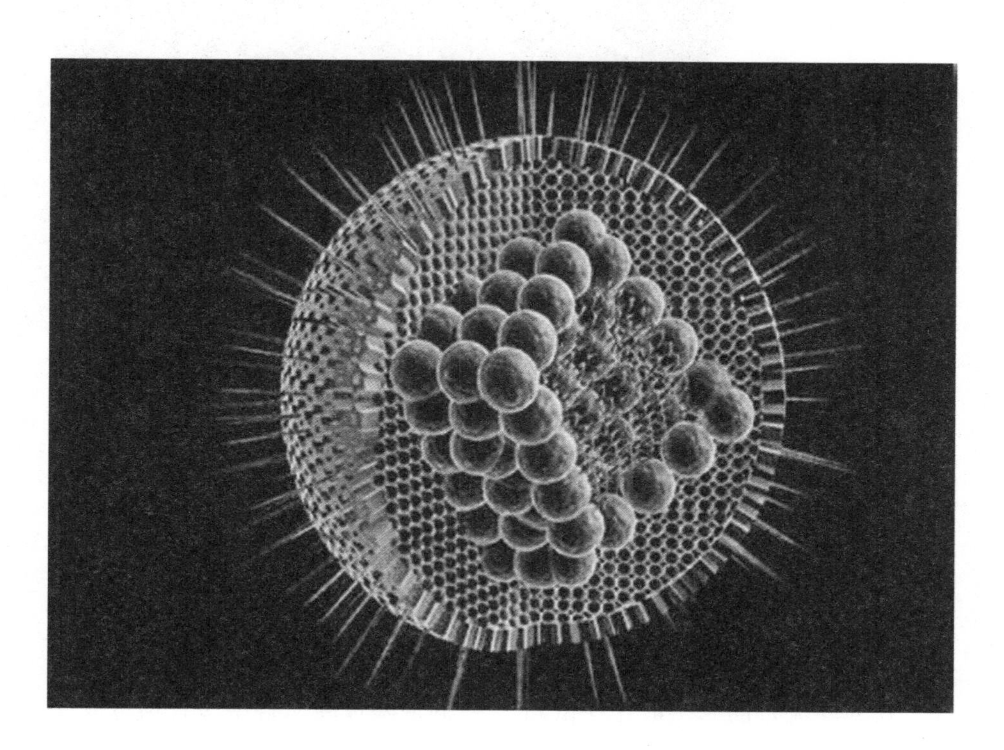

孢疹病毒的三维立体图

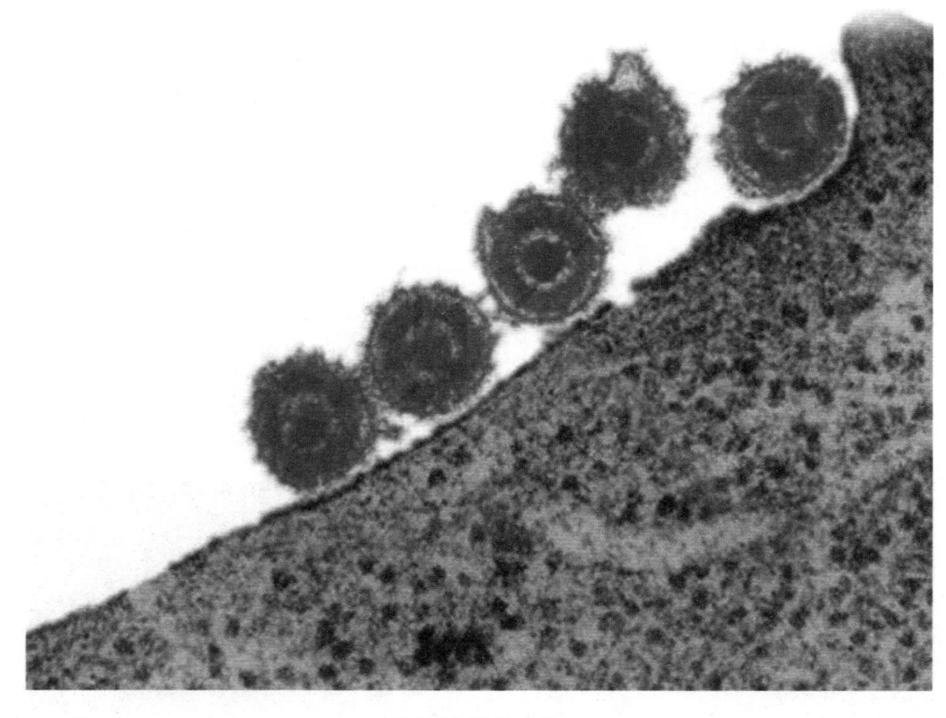
丙肝病毒模式片

◆ 鼠 疫

鼠疫是由鼠疫杆菌引起的自然疫源性烈性传染病，也叫做黑死病。主要临床表现为高热、淋巴结肿痛、出血倾向、肺部特殊炎症等。鼠疫为典型的自然疫源性疾病，在人间流行前，一般先在鼠间流行。鼠间鼠疫传染源有野鼠、地鼠、狐、狼、猫、豹等，其中黄鼠属和旱獭属最重要。家鼠中的黄胸鼠、褐家鼠和黑家鼠是人间鼠疫的重要传染源。当每公顷地区发现1至1.5只以上的鼠疫死鼠，该地区又有居民点的话，此地爆发人间鼠疫的危险极高。各型患者均可成为传染源，因肺鼠疫可通过飞沫传

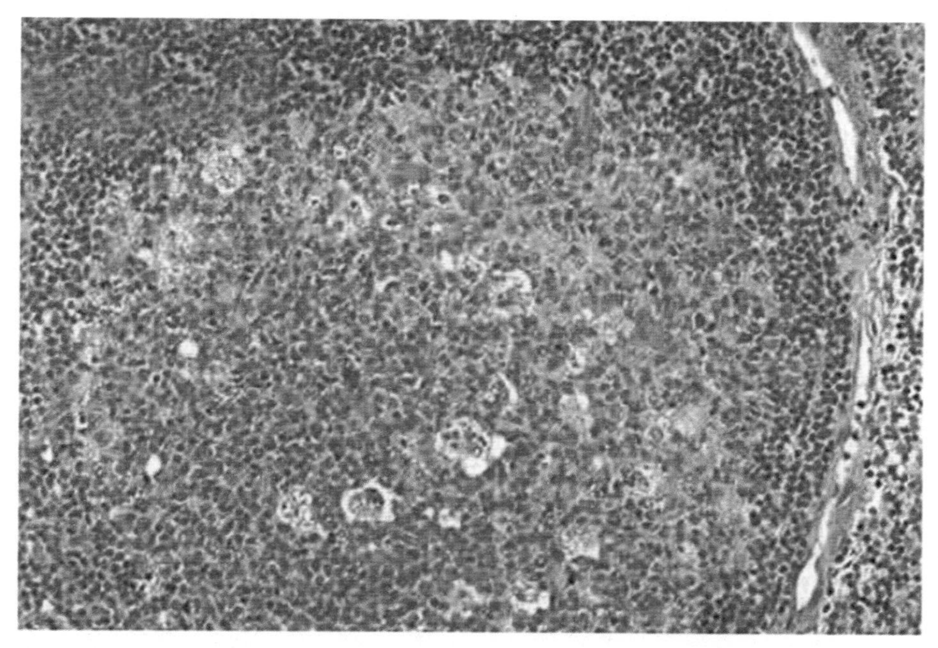

淋巴结肿瘤

播，故鼠疫传染源以肺型鼠疫最为重要。败血性鼠疫早期的血也有传染性。

鼠疫的传染途径主要有三种：第一种，经鼠蚤传播。主要的媒介是鼠蚤，如旱獭的长须山蚤、沙鼠的沙鼠客蚤、田鼠的原双蚤以及家鼠的印鼠客蚤等10余种蚤类都是主要的传播媒介。蚤类吸入含病菌的鼠血后，其中的鼠疫耶尔森菌在其前胃内大量繁殖，形成菌栓堵塞消化道，当在叮咬其他鼠或人时，吸入的血受阻反流，病菌亦随之侵入构成感染。蚤粪亦含病菌，可因搔痒通过皮肤伤口侵入人体；第二种，经皮肤传播。剥食患病啮齿类动物的皮、肉或直接接触病人的脓血或痰，经皮肤伤口而感染。在自然疫源地得到某种程度控制情况下，首发病例，由于因猎取旱獭等经济动物而经皮接触感染，故更具重要意义；第三种，呼吸道飞沫传播。肺鼠疫病人痰中的鼠疫耶尔森菌可借飞沫构成“人→人”之间的传播，并可引起人间的鼠疫大流行。一般情况下腺鼠疫并不会对周围造成威胁。

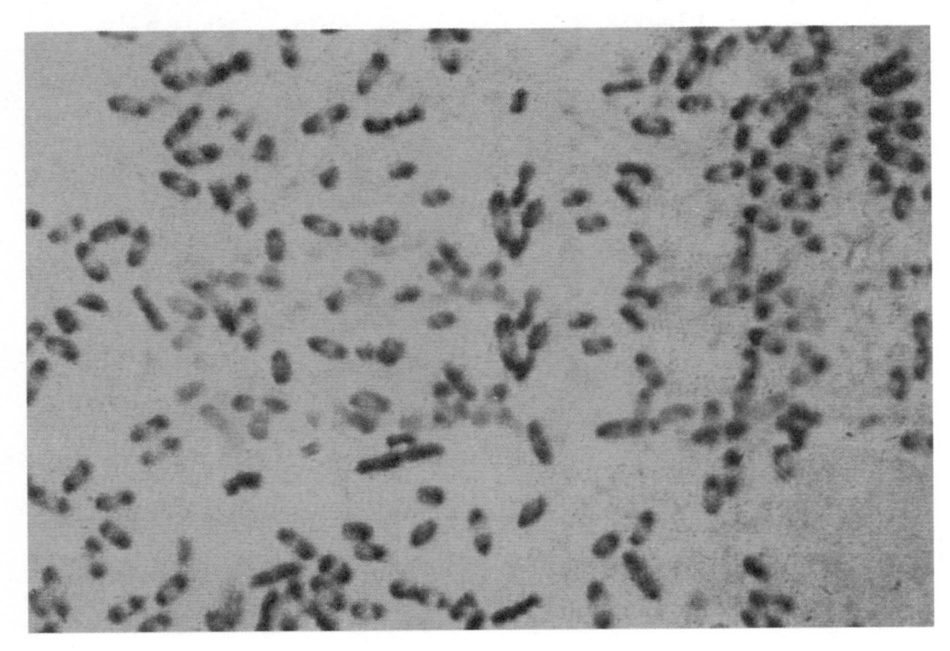

鼠疫耶尔森菌

鼠疫的爆发大部分是由突如其来的严重气候变化而引起的。降雨过多是造成鼠疫蔓延的最大原因，如果是旱灾过后又降雨过度，更具爆发的可能性。雨量过多时，植被生长将会增加，因此草食动物和昆虫将会取得较多食物。啮齿类动物亦会大量繁殖（包括那些带有鼠疫杆菌，但对病菌免疫之老鼠），并远远超过其掠食者所能捕食控制的数量。在爆炸性的大量繁衍过后，为了找到觅食的地盘，这些动物的活动范围不得不更加扩大。于是在数个月内，这些带有鼠疫杆菌的野生动物就会向海浪一样四处向外扩散。不久，这些动物就会和其他不带鼠疫杆菌的啮齿类动物接触，并经跳蚤的吸血媒介进一步跨物种传染。

所有的鼠疫，包括淋巴腺病不明显的病例，皆可引起败血性鼠疫，经由血液感染身体各部位，若病菌侵入肺部造成肺炎后，更会造成次发性肺鼠疫。感染者会传播富含病菌的痰与飞沫，进一步扩大鼠疫病情，并造成局部地区的爆发或毁灭性的大流行。

1894年，中国华南爆发鼠疫，并传播至香港。两名细菌学家，即法国人亚历山大·叶赫森及日人北里柴三郎分别在香港的病人身上分离出引致鼠疫的细菌。由于北里柴三郎的发现后来被发现有错误，现在一般认为叶赫森是首名发现鼠疫杆菌的科学家。1967年，鼠疫杆菌的学名更改以纪念叶赫森。

1898年，法国科学家席蒙在印度孟买首次证明鼠及跳蚤是鼠疫的传播者。

鼠疫历史上的三大流行

第一次大流行：查士丁尼鼠疫。541—542年的查士丁尼鼠疫是历史上纪录的第一次大流行。541年，鼠疫沿着埃及的培鲁沁侵袭罗马帝国。鼠疫荼毒培鲁沁后，迅速蔓延至亚力山卓，再继续沿水陆贸易网扩散到首都君士坦丁堡与整个拜占庭帝国。虽并未有明确的数字统计多少人因此死亡，然此次流行导致帝国至少1/3人口死亡，严重影响了该帝国经济税基与军制兵源，削弱了拜占庭帝国的实力。

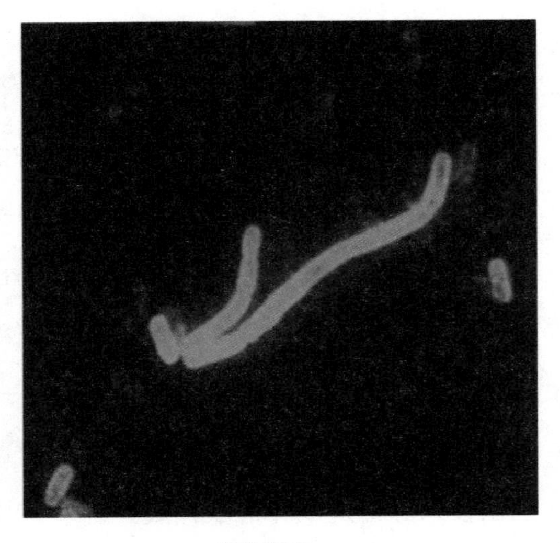
鼠疫杆菌

查士丁尼鼠疫爆发后，从541—717年，鼠疫沿着海陆贸易网扩散到西欧与不列颠。首先是法国，543年法国西南部亚耳爆发鼠疫病情，接着547年鼠疫传染至爱尔兰与不列颠西部，588—590年的一次鼠疫横扫马赛、亚威农，以及法国北部里昂地区的隆河流域，造成2500万人死亡。鼠疫不止波及了英法等国，更使当时整个地中海贸易衰退，造成许多昔日王国的势力因此消失，改写了整个欧洲的历史。

第二次大流行。黑死病在1346年到1350年大规模袭击欧洲，导致欧洲人口急剧下降，死亡率高达30%。黑死病被认为是蒙古人带来的。约1347年，往来克里米亚与墨西拿（西西里岛）间的热那亚贸易船只带来了被感染的黑鼠或跳蚤，不久黑死病便漫延到热那亚与威尼斯，1348年疫情又传到法国、西班牙和英国，1348年—1350年再东传至德国和斯堪的纳维亚，最后在1351年传到俄罗斯西北部。估计欧洲有约2500万人死亡，而欧、亚、非洲则共约5500万~7500万人在这场疫病中死去。当时无法找到治疗药物，只能使用隔离的方法阻止疫情漫延。此后在十五、十六世纪黑死病多次侵袭欧洲，但死亡率及严重程度逐渐下降。

有人认为，这场黑死病严重打击了欧洲传统的社会结构，削弱了封建与教会势力，间接促成了后来的文艺复兴与宗教改革。

在中国，流行于明代万历和崇祯年间的两次大疫相信也是这次全球大流行的一部分。据估计，当时华北三省人口死亡总数至少达到了1000万以上。崇祯“七年八年，兴县盗贼杀伤人民，岁馑日甚。天行瘟疫，朝发夕死。至一夜之内，百姓惊逃，城为之空”。“朝发夕死”、“一家尽死孑遗”。一些史学家相信，李自成入北京之前，明朝的京营兵士正遭受鼠疫侵袭。谷应泰在《明史纪事本末》卷78中说：“京师内外城堞凡十五万四千有奇，京营兵疫，其精锐又太监选去，登陴诀羸弱五六万人，内阉数千人，守陴不充。”“上天降灾，瘟疫流行，自八月至今（九月十五日），传染至盛。有一二日亡者，有朝染夕亡者，日每不下数百人，甚有全家全亡不留一人者，排门逐户，无一保全。……一人染疫，传及阖家，两月丧亡，至今转炽，城外遍地皆然，而城中尤甚，以致棺蒿充途，哀号满路。”

第三次大流行。1855年中国云南首先发生了大型鼠疫，1894年在广东爆发，并传至香港，经过航海交通，最终散布到所有有人居住的大陆，估计在中国和印度便导致约1200万人死亡。此次全球大流行一直维持至1959年，全球死亡人数近250人方才正式结束。

◆ 天 花

天花是由天花病毒引起的一种烈性传染病，也是到目前为止，在世界范围被人类消灭的第一个传染病。2007年12月21日，美国总统布什为了预防生物武器的袭击，带头接种了天花疫苗。天花病毒和炭疽杆菌一样，如果被用

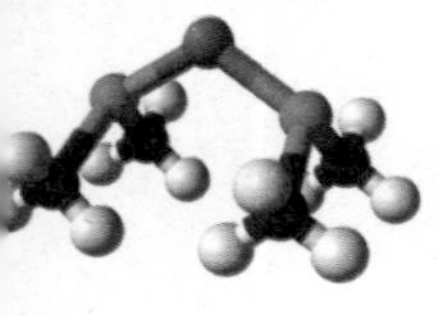

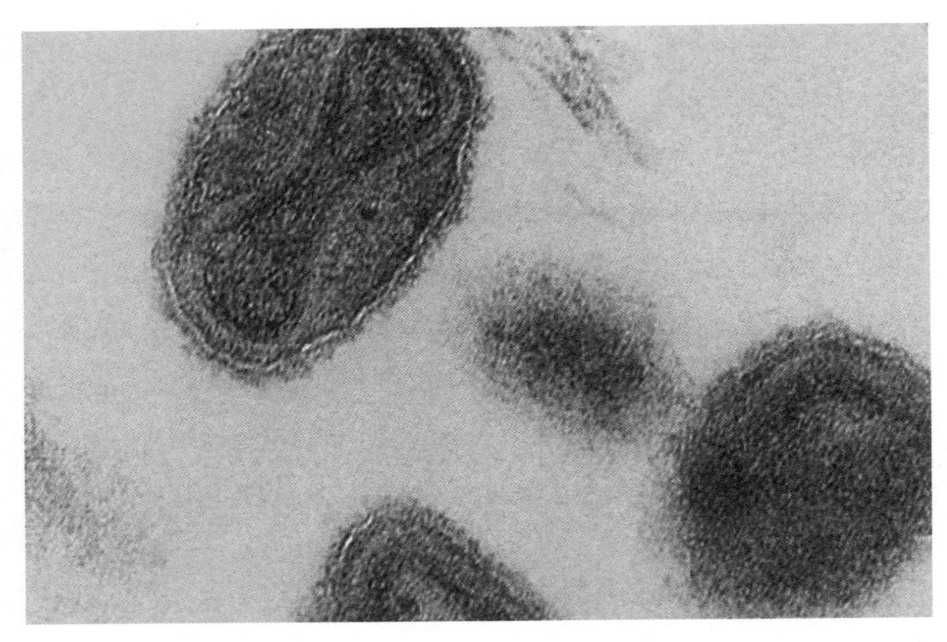

天花病毒

做生物武器的话，具有十分强大的杀伤力，所以又被称为“穷人的核弹”。在中国，天花几十年前就被消灭了，现在不仅普通人对天花一无所知，连许多医生也是仅闻其名，不见其身。

天花是感染痘病毒引起的，无药可治，因患者在痊愈后脸上会留有麻子，“天花”由此得名。天花病毒外观呈砖形，约200微米×300微米，抵抗力较强，能对抗干燥和低温，在痂皮、尘土和被服上可生存数月至一年半之久。天花病毒有高度传染性，没有患过天花或没有接种过天花疫苗的人，不分男女老幼包括新生儿在内，均能感染天花。天花主要通过飞沫吸入或直接接触而传染，当人感染了天花病毒以后，大约有10天左右潜伏期，潜伏期过后，病人发病很急，多以头痛、背痛、发冷或寒战。高热等症状开始体温可高达41℃以上。多伴有恶心、呕吐、便秘、失眠等，小儿常有呕吐和惊厥。发病3～5天后，病人的额部、面颊、腕、臂、躯干和下肢出现皮疹。开始为红色斑疹，后变为丘疹，2～3天后丘疹变为疱疹，以后疱疹转为脓疱疹。脓疱疹形成后2～3天，逐渐干缩结成厚痂，大约1个月后痂皮开始脱落，遗留下疤痕，俗称“麻斑”。重型天花病人常伴并发症，如败血症、骨髓炎、脑炎、脑膜炎、肺炎、支气管炎、中耳炎、喉炎、失明、流产等，这是天花致人死亡的主要原因。

对天花病人要严格进行隔离，病人的衣、被、用具、排泄物、分泌物等要彻底消毒。对病人除了采取对症疗法和支持疗法以外，重点是预防病人发生并发症，口腔、鼻、咽、眼睛等要保持清洁。接种天花疫苗是预防天花的最有效办法。这种病毒繁殖快，能在空气中

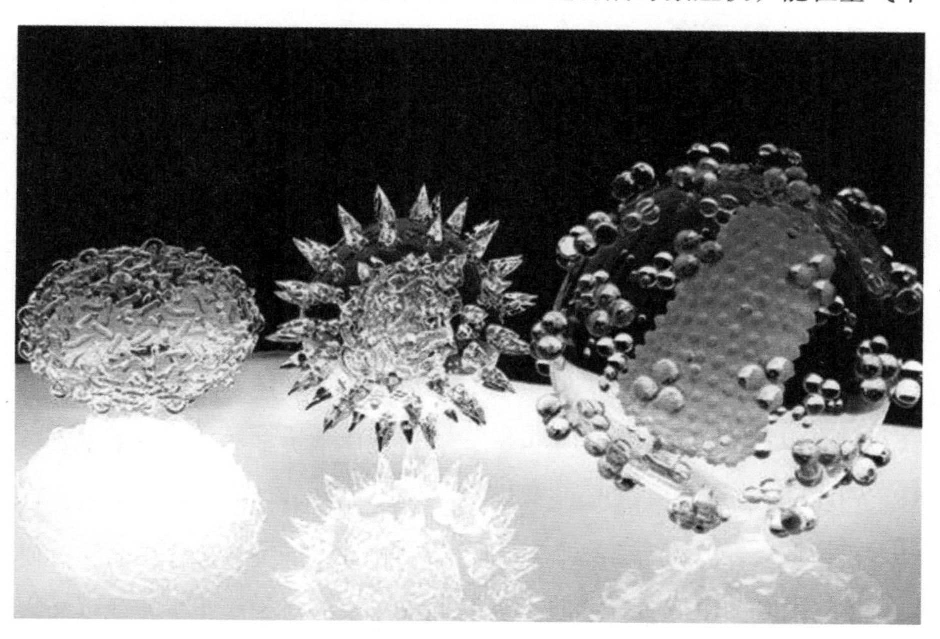

天花病毒

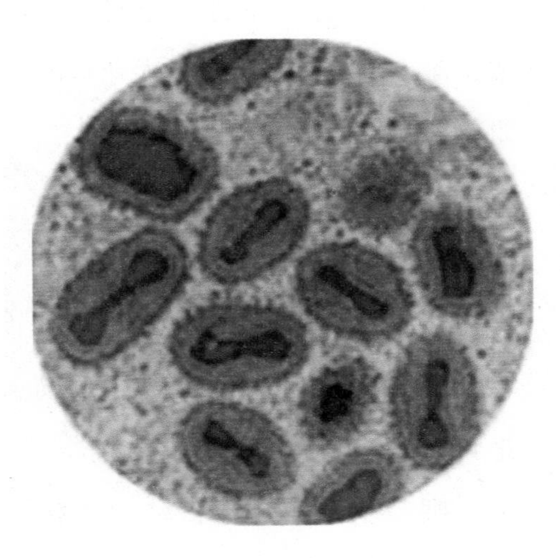
天花病毒

以惊人的速度传播。假设美国俄克拉荷马州有3000人感染天花病毒，12天内病毒就会扩散到美国各地，殃及数百万人。

天花来势凶猛，发展迅速，未免疫人群感染后15~20天内致死率高达30%。天花病毒在人身上传染，而牛痘疫苗可以有效地、终身地防止天花的传染，因此自1977年以后世界上就没有再发生过天花疫情。

世界上有两个戒备森严的实验室里保存着少量的天花病毒，它们被冷冻在-70℃的容器里，等待着人类对它们的终审判决。这两个实验室一个在俄罗斯的莫斯科，另一个在美国的亚特兰大。世界卫生组织于1993年制定了销毁全球天花病毒样品的具体时间表，后来这项计划又被推迟。因为病毒学家和公共卫生专家们在如何处理仅存的天花病毒的问题上发生了争论：是彻底消灭，还是无限期冷冻?

主张彻底消灭的人认为：彻底消灭现在实验室里的所有天花病毒，是不使天花病毒死灰复燃、卷土重来的最佳良策。但另一些科学家认为，天花病毒不应该从地球上完全清除。因为，在尚不可知的未来研究中可能还要用到它。而一旦它被彻底消灭了，就再也不可能复生。美国政府已向全世界表示，反对销毁现存的天花病毒样品，以便科学家继续研制防止天花感染的疫苗和治疗天花的药物。美国政府的理由是，“9.11”恐怖袭击事件和炭疽威胁发生后，美国必须作好对付生物恐怖威胁的准备，为继续研究对付天花的手段，必须保留这一病毒样品。

20世纪80年代前出生的孩子，几乎胳膊上都有一个“种牛痘”的疤痕，这是那个年代防止天花的接种。“天花”又名痘疮，是一种传染性较强的急性发

天花病毒

疹性疾病。早在晋代时，著名药学家道家葛洪在《肘后备急方》中已有记载，他说：“比岁有病时行，仍发疮头面及身，须臾周匝，状如火疮，皆戴白浆，随决随生”，“剧者多死”。同时他对“天花”的起源进行了追溯，指出此病起自东汉光武帝建武年间（公元23—26年）。书中还说：“永徽四年，此疮从西流东，遍及海中”。这是世界最早关于“天花”流行的记载。对于“天花”书中还载有具体治疗药物方法。

公元9世纪时欧洲天花流行甚为猖獗，在日耳曼军队入侵法国时，兵士感染天花，统率者竟下令采取杀死一切患者的残忍手段，以防止其传染，结果天花照样流行。在印度则采取“天花女神”的迷信办法，自然也无济于事。中国则不同，不仅早就注意天花的治疗，而且积极采取预防措施。据清代医学家朱纯嘏在《痘疹定论》中记载，宋真宗（公元998—1022年）或仁宗（公元1023—1063年）时期，四川峨眉山有一医者能种痘，被人誉为神医，后来被聘到开封府，为宰相王旦之子王素种痘获得成功。后来王素活了六十七岁，这个传说或有讹误，但也不能排除宋代有产生人痘接种萌芽的可能性。到了明代，随着对传染性疾病的认识加深和治疗痘疹经验的丰富，便正式发明了人痘接种术。

清代医家俞茂鲲在《痘科金镜赋集解》中说得很明确：“种痘法起于明隆庆年间（公元1567—1572年），宁国府太平县，姓氏失考，得之异人丹徒之家，由此蔓延天下，至今种花者，宁国人居多”。乾隆时期，医家张琰在《种痘新书》中也说：“余祖承聂久吾先生之教，种痘箕裘，已经数代”。又说：“种痘者八九千人，其莫救者二三十耳”。这些记载说明，自十六世纪以来，中国已逐步推广人痘接种术，而且世代相传，师承相授。

清初医家张璐在《医通》中综述了痘浆、旱苗、痘衣等多种预防接种方法。其具体方法是：用棉花醮取痘疮浆液塞入接种儿童鼻孔中；或将痘痂研细，用银管吹入儿鼻内；或将患痘儿的内衣脱下，着于健康儿身上，使之感染。总之，通过如上方法使之产生抗体来预防天花。

由上可知，中国至迟在十六世纪下半叶已发明人痘接种术，到十七世纪已普遍推广。公元1682年时，康熙皇帝曾下令各地种痘。据康熙的《庭训格言》写道："训曰：国初人多畏出痘，至朕得种痘方，诸子女及尔等子女，皆以种痘得无恙。今边外四十九旗及喀尔喀诸藩，俱命种痘；凡所种皆得善愈。尝记初种时，年老人尚以为

人痘接种术

怪，朕坚意为之，遂全此千万人之生者，岂偶然耶？”可见当时种痘术已在全国范围内推行。

中国人痘接种法的发明，很快引起外国注意。俞正燮《癸巳存稿》载：“康熙时，（公元1688年）俄罗斯遣人至中国学痘医。”这也是最早派留学生来中国学习种人痘的国家。种痘法后经俄国又传至土耳其和北欧。公元1717年，英国驻土耳其公使蒙塔古夫人在君士坦丁堡学得种痘法，三年后又为自己6岁的女儿在英国种了人痘。随后欧洲各国和印度也试行接种人痘。十八世纪初，突尼斯也推行此法。公元1744年杭州人李仁山去日本九州长崎，把种痘法传授给折隆元。乾隆十七年（公元1752年）《医宗金鉴》传到日本，种痘法在日本就广为流传了。其后此法又传

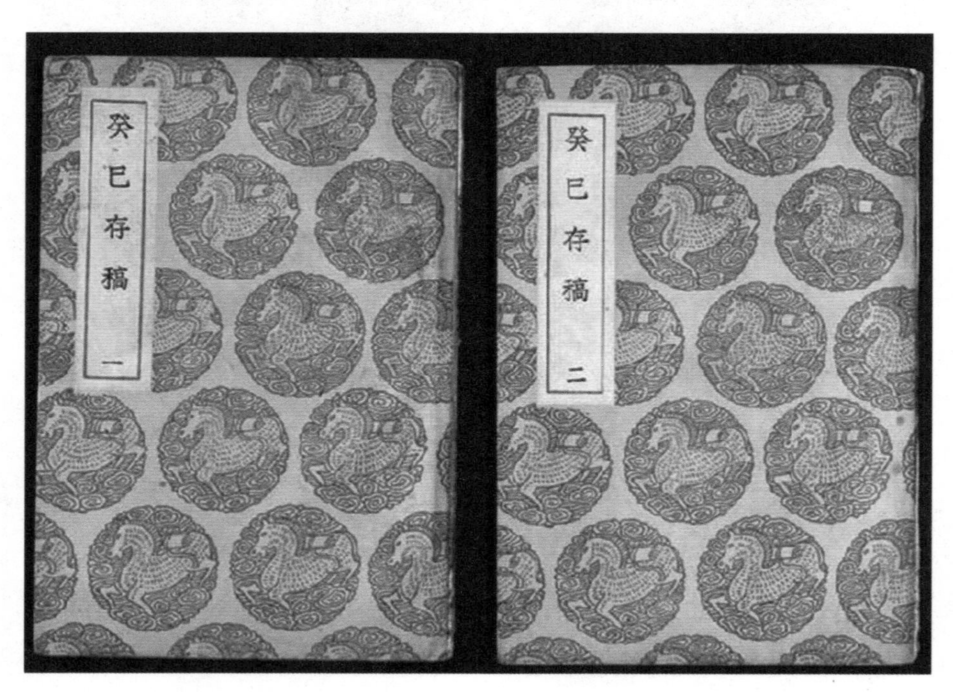

俞正燮《癸巳存稿》

到朝鲜。18世纪中叶，中国所发明的人痘接种术已传遍欧亚各国。公元1796年，英国人贞纳受中国人痘接种法的启示，试种牛痘成功，这才逐渐取代了人痘接种法。

中国发明人痘接种，这是对人工特异性免疫法的一项重大贡献。18世纪法国启蒙思想家、哲学家伏尔泰曾在《哲学通讯》中写载："我听说一百多年来，中国人一直就有这种习惯，这是被认为全世界最聪明最讲礼貌的一个民族的伟大先例和榜样。"由此可见中国发明的人痘接种术（特异性人工免疫法）在当时世界的影响之大。

◆ 霍　乱

霍乱弧菌是人类霍乱的病原体。霍乱是一种古老且流行广泛的烈性传染病之一，曾在世界上引起多次大流行，主要表现为剧烈的呕吐，腹泻、失水，死亡率甚高，属

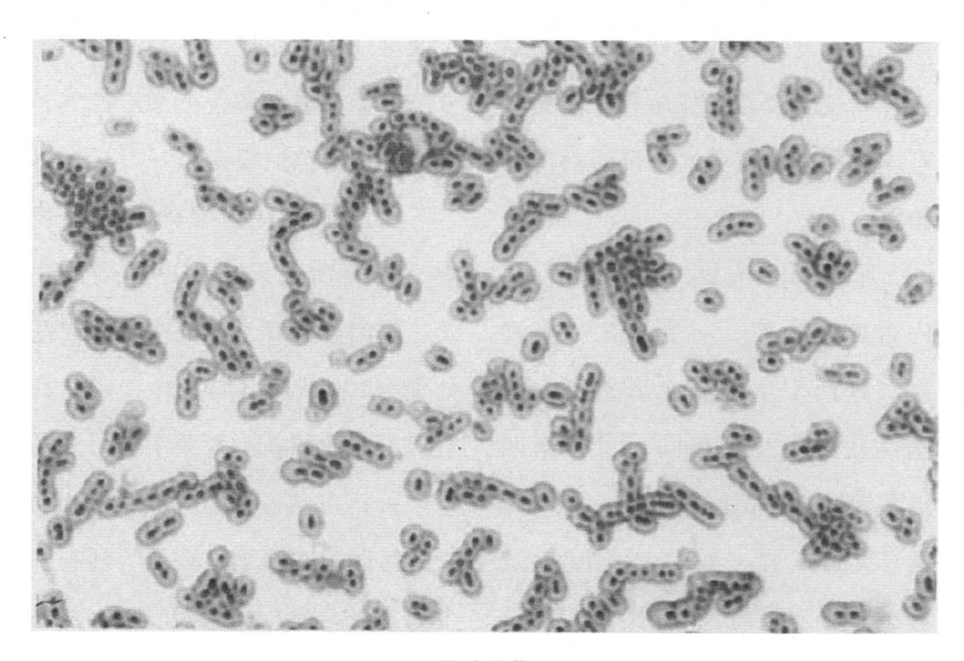

霍乱弧菌

于国际检疫传染病。

自1817年以来，全球共发生了七次世界性霍乱大流行，前六次病原是古典型霍乱弧菌所致，第七次病原是埃尔托型所致。1992年10月在印度东南部又发现了一个引起霍乱流行的新血清型菌株（0139），它引起的霍乱在临床表现及传播方式上与古典型霍乱完全相同，但它不能被01群霍乱弧菌诊断血清所凝集，抗01群的抗血清对0139菌株无保护性免疫。0139菌株在水中的存活时间较01群霍乱弧菌长，因而有可能成为引起世界性霍乱流行的新菌株。

霍乱弧菌有两个生物型，一为古典生物型，一为爱尔托生物型，这两个生物型在形态及血清学性状方面几乎相同，可作第四组霍乱噬菌体裂解试验，多粘菌素B敏感试验，鸡红细胞凝集试验，V-P（服-泼）二氏试验等试验加以鉴别：

本菌是需氧菌，营养要求不高，在普通培养基上生长良好。霍乱弧菌具有耐碱性，故常用碱性（PH值8.4～9.2）培养基选择性分离培养本菌。在碱性琼脂平板上生长后，呈水滴样光滑型菌落，而在碱性蛋白胨液体培养基中，生长迅速，培养6～8小时即可形成菌膜，利用这一特点，可以作快速增菌，进行鉴定；在庆大霉素琼脂平板上，生长快，8～10小时能生长出小菌落，可供鉴定用。霍乱弧菌能分解蔗糖、甘露醇，产酸不产气，不能分解阿拉伯胶糖。

霍乱弧菌在未经处理的粪便中，可存活数天；在冰箱内的牛奶、鲜肉和鱼虾水产品中存活时间分别为2～4周、1周和1～3周；在室温下存放的新鲜蔬菜中，可存活1～5天；在砧板和布上可存活相当长的时间；在玻璃、瓷器、塑料和金属上的存活时间不超过2天。霍乱弧菌古典生物型在外界环境中生

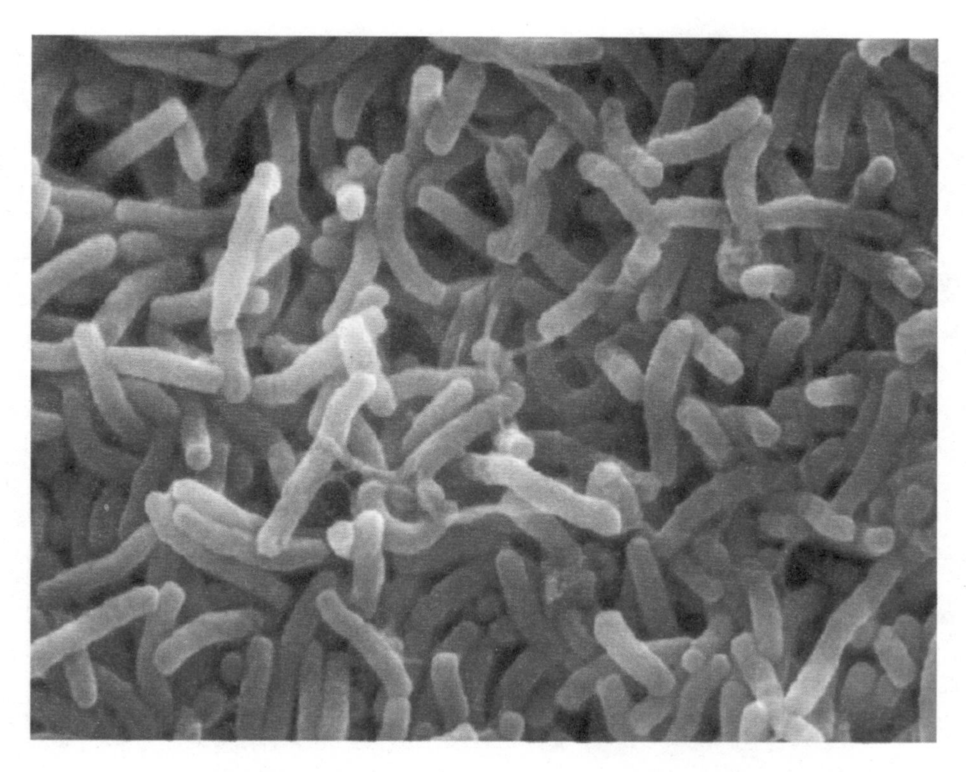

霍乱弧菌

存能力不强，而爱尔托生物型抵抗力较强，在河水、井水、池塘水和海水中可存活1～3周，甚至更长，有时在局部自然水中也能越冬。爱尔托生物型弧菌可粘附于海洋甲壳类生物表面，分泌甲壳酶，分解甲壳作为营养而长期存活，如爱尔托生物型弧菌被人工饲养的泥鳅、鳝鱼吞食后，可在其体内生长繁殖，然后排入水中。

霍乱弧菌对热、干燥、日光及一般消毒剂均很敏感，经干燥2小时或加热55℃10分钟即可死亡，煮沸立即死亡；对酸敏感，在正常胃酸中仅能存活4分钟，接触1：5000～1：10000盐酸或硫酸、1：2000～1：3000升汞或1：500000高锰酸钾，数分钟即被杀灭，在0.1%漂白粉中10分钟内即可死亡。氯化钠的浓度高于4%或蔗糖浓度在5%以上的食物、香料、醋及酒等，均不利于霍乱弧菌的生存。

正常胃酸可杀灭霍乱弧菌，当胃酸分泌缺乏或低下，或入侵的霍乱弧菌数量较多，未被杀灭的弧菌就进入小肠，在碱性肠液内迅速繁殖，并通过粘液及细菌的趋化吸引作用、细菌鞭毛活动及弧菌粘蛋白溶解酶和粘附素等作用，粘附于小肠粘膜的上皮细胞表面，并在此大量繁殖。

此菌可产生强烈的外毒素，即霍乱肠毒素，由A亚单位和B亚单位组成。B亚单位与该处粘膜上皮细胞表面受体——神经节苷脂结

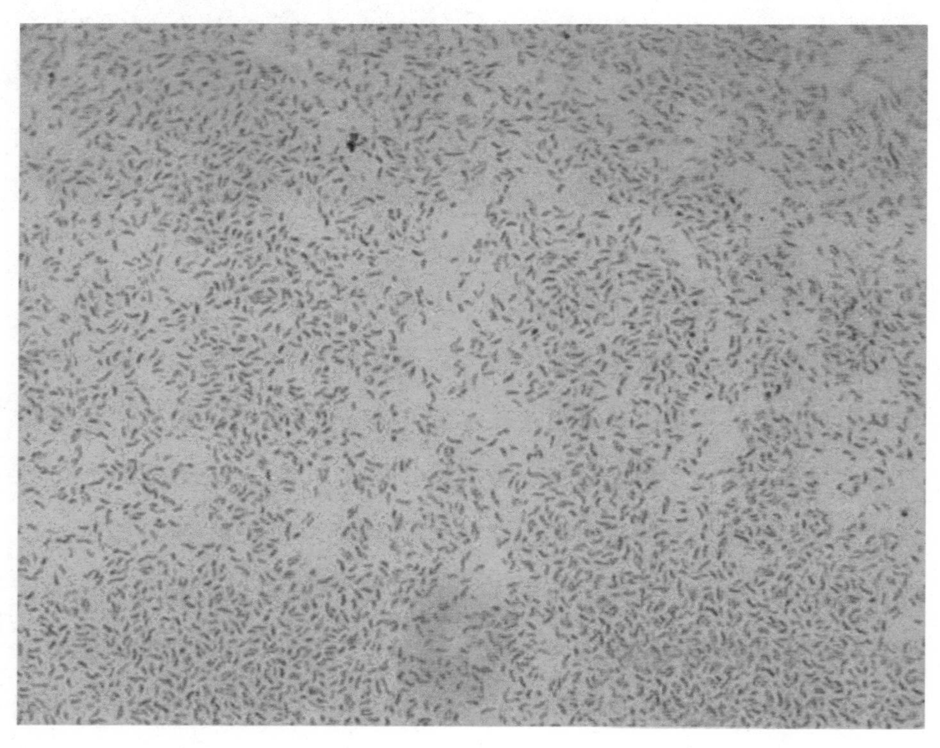

霍乱弧菌微生物形态

合，A、B两种亚单位解离，A亚单位穿过细胞膜进入细胞内，激活腺苷酸环化酶（AC），使细胞内三磷酸腺苷（ATP）转化为环磷酸腺苷（cAMP），使细胞内环磷酸腺苷含量提高，促使一系列酶反应加速进行，导致空肠到回肠部腺细胞分泌功能亢进，引起大量液体及血浆中的钠、钾、氯等离子进入肠腔。由于分泌功能超过肠道再吸收能力，从而造成严重的腹泻及呕吐；由于胆汁分泌减少，且肠腔中有大量水、粘液及电解质，故排泻物呈白色“米泔水”样；由于剧烈吐泻，导致脱水和电解质丢失，引起缺钾、缺钠及肌肉痉挛；由于碳酸氢根离子丢失，酸性代谢物在体内蓄积，引起代谢性酸中毒；由于

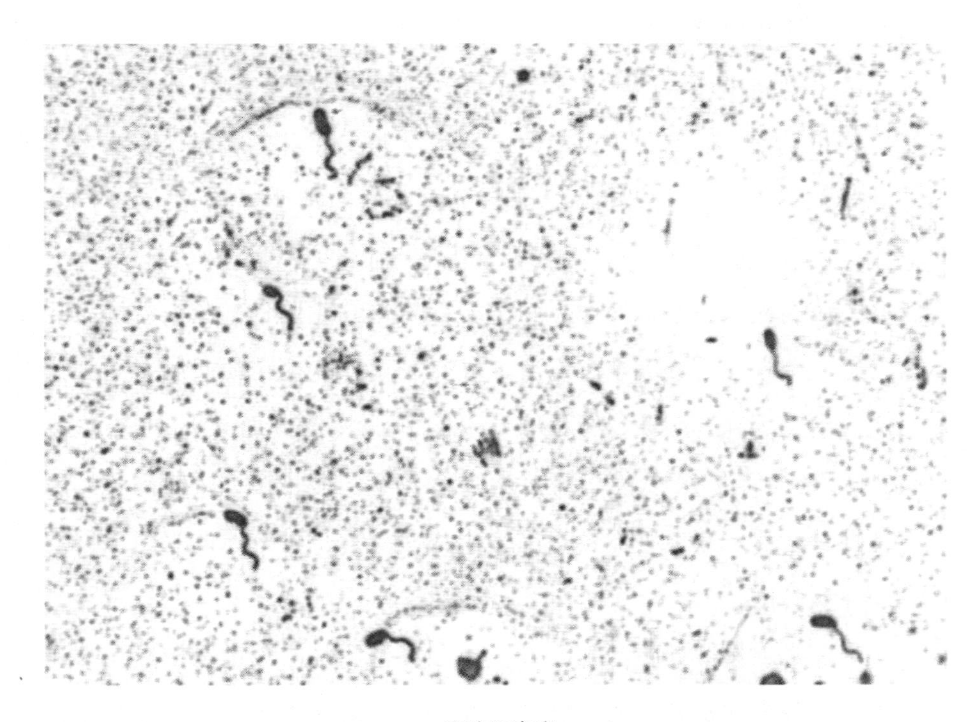

霍乱肠毒素

有效血容量急剧减少，血液浓缩，导致尿量减少、血压下降，甚至休克；由于肾缺血、缺氧，细胞内缺钾，导致肾小管上皮细胞变性、坏死，造成急性肾功能衰竭。

霍乱主要病变均由严重脱水引起，临床可见指纹皱缩，皮下组织及肌肉干瘪；心、肝、脾等脏器均见缩小；内脏浆膜无光泽；肠腔高度扩张、肠内充满泔水样液体，肠粘膜松弛，但粘膜上皮完整，无溃疡；胆囊内充满粘稠胆汁；肾小球及间质的毛细管扩张，肾小管肿胀、变性及坏死。其他脏器也有出血、变性等变化。

对霍乱必须贯彻预防为主的方针，做好对外交往及入口的检疫工作，严防本菌传入，此外应加强水、粪管理，注意饮食卫生。对病人要严格隔离，必要时实行疫区封锁，以免疾病扩散蔓延。

早发现、早隔离、早治疗是防治霍乱的基本原则。改善社区条件、加强饮食饮水及食品卫生管理、不生食海产品、大力灭蝇等是防止霍乱流行的重要措施。如果发现疫情，要及时封锁疫区，以防疫情蔓延。

肌肉接种霍乱弧菌死疫苗，可增强人群对霍乱的特异性免疫力，但血清中的抗体只能持续 3 ~ 6 个月，且保护率为 50% ~ 90% 。认识到肠道粘膜局部免疫在抗霍乱中的意义后，疫苗的研制方向已转移到口服疫苗方面，如 B 亚单位全菌灭活口服疫苗、带有霍乱弧菌几个主要保护性抗原的基因工程疫苗等。

霍乱治疗的关键在于补充水和电解质，防止由于大量失水而导致的低血容量性休克、代谢性酸中毒和急性肾功能衰竭。抗生素治疗可及时清除体内细菌，常用的有氯霉素、复方新诺明、氟哌酸、强力霉素、呋喃唑酮等。但个别多重耐药菌株的出现，给治疗带来了不便。

人群的菌苗预防接种，可获良好效果，用加热或化学药品杀死的古典型霍乱菌苗皮下接种，能降低发病率。这种苗菌对EL-Tor型霍乱弧菌感染也有保护作用，但持续时间短，仅3~6个月。近年来，口服菌苗（大剂量、反复服用），类毒素及类毒素与死菌的混合疫苗等的功效尚待现场验证，才能下结论。治疗方法主要为及时补充液体和电解质及应用抗菌药物如链霉素、氯霉素、强力霉素、复方SMZ-TMP等。

◆ 炭　疽

炭疽杆菌属于需氧芽胞杆菌属，能引起羊、牛、马等动物及人类的炭疽病，曾被帝国主义作为致

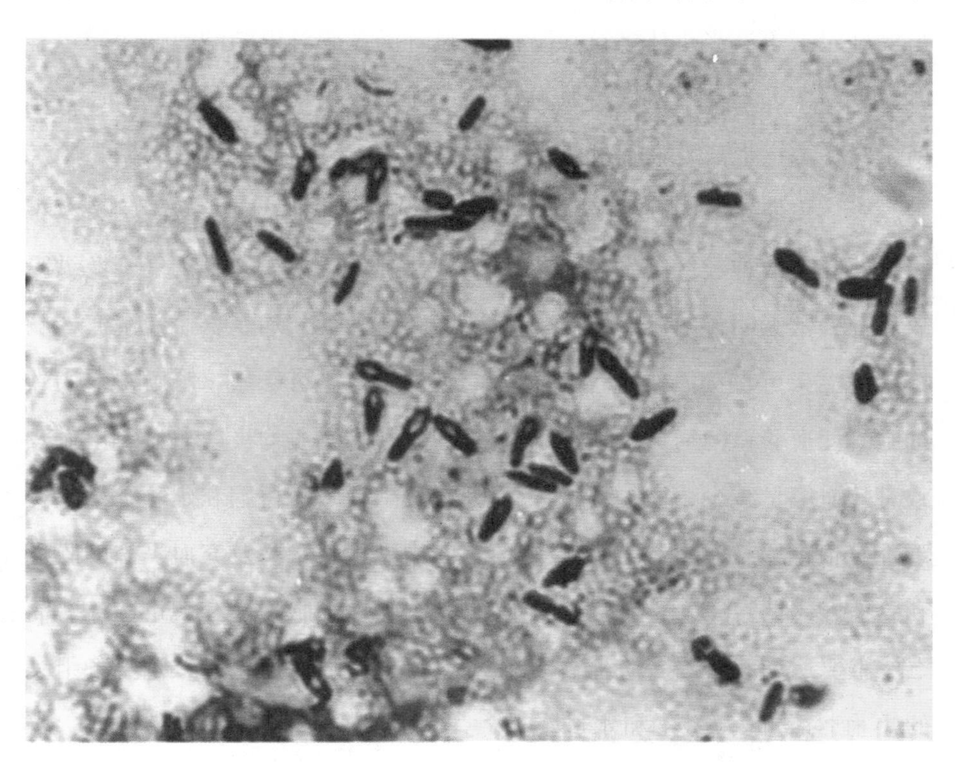

炭疽杆菌

死战剂之一。平时，牧民、农民、皮毛和屠宰工作者易受感染。皮肤炭疽在我国各地还有零散发生，不应放松警惕。

炭疽杆菌从损伤的皮肤、胃肠粘膜及呼吸道进入人体后，首先在局部繁殖，产生毒素而致组织及脏器发生出血性浸润、坏死和高度水肿，形成原发性皮肤炭疽、肠炭疽的肺炭疽等。当机体抵抗力降低时，致病菌即迅速沿淋巴管及血管向全身扩散，形成败血症和继发性脑膜炎。皮肤炭疽因缺血及毒素的作用，真皮的神经纤维发生变化，故病灶处常无明显的疼痛感。炭疽杆菌的毒素可直接损伤血管的内皮细胞，使血管壁的通透性增加，导致有效血容量减少，微循环灌注量下降，血液呈高凝状态，出现DIC和感染性休克。

主要病理改变为各脏器、组织的出血性浸润、坏死和水肿。皮肤炭疽呈痈样病灶，皮肤上可见界限分明的红色浸润，中央隆起呈炭样黑色痂皮，四周为凝固性坏死区。镜检可见上皮组织呈急性浆液性出血性炎症，间质水肿显著，组织结构离解，坏死区及病灶深处均可找到炭疽杆菌。

肠炭疽病变主要在小肠。肠壁呈局限性痈样病灶及弥漫出血性浸润。病变周围肠壁有高度水肿及出血，肠系膜淋巴结肿大，腹膜也有出血性渗出，腹腔内有浆液性含血的渗出液，内有大量致病菌；肺炭疽呈出血性气管炎、支气管炎、小叶性肺炎或梗死区。支气管及纵膈淋巴结肿大，均呈出血性浸润，胸膜与心包亦可受累；脑膜炭疽的软脑膜及脑实质均极度充血、出血及坏死。大脑、桥脑和延髓等组织切面均见显著水肿及充血。蛛网膜下腔有炎性细胞浸润和大量菌体。而炭疽杆菌败血症患者，全身各组织及脏器均为广泛性出血性浸润、水肿及坏死，并伴有肝、肾浊肿和脾肿大。

皮肤炭疽约占总数的98%，病变多见于面、颈、肩、手和脚等裸露部位皮肤。初为斑疹或丘疹，次日出现水疱，内含淡黄色液体，周围组织硬而肿胀。第3~4日中心呈现出血性坏死稍下陷，四周有成群小水泡，水肿区继续扩大。第5~7日坏死区溃破成浅溃疡，血样渗出物结成硬而黑似炭块状焦痂，痂下有肉芽组织生成（即炭疽痈），焦痂坏死区周围皮肤浸润及水肿范围较大。由于局部末梢神经受压而疼痛不著，稍有痒感，无脓肿形成，这是炭疽的特点。以后随水肿消退，黑痂在1~2周内脱落，逐渐愈合成疤。起病时出现发热（38~39℃）头痛、关节痛、周身不适以及局部淋巴结和脾肿大等症状。

少数病例局部无黑痂形成而呈大块状水肿（即恶性水肿），其扩展迅速，可致大片坏死，多见于眼睑、颈、大腿及手等组织疏松处。全身症状严重，若贻误治疗，后果很严重。

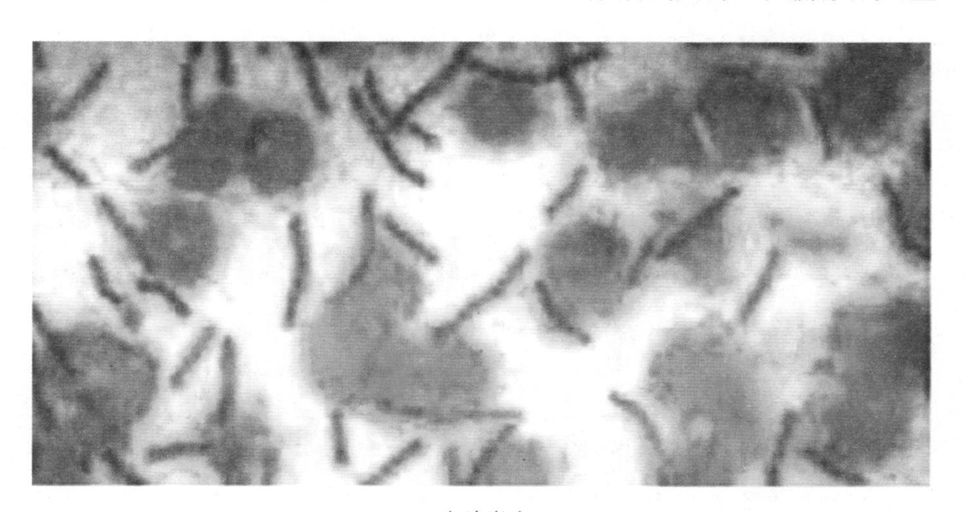

皮肤炭疽

肺炭疽多为原发性，也可继发于皮肤炭疽。可急性起病，轻者有胸闷、胸痛、全身不适、发热、咳嗽、咯粘液痰带血，重者以寒战、高热起病，由于纵膈淋巴结肿大、出血并压迫支气管造成呼吸窘迫、气急喘鸣、咳嗽、紫绀、血样痰等。肺部仅可闻及散在的细小湿罗音或有胸膜炎体征。肺部体征与病情常不相符。X线可见纵膈增宽、胸水及肺部炎症。

肠炭疽可表现为急性肠炎型或急腹症型。急性肠炎型潜伏期12~18小时。同食者相继发病，似食物中毒，症状轻重不一。发病时突然恶心呕吐、腹痛、腹泻。急腹症型患者全身中毒症状严重，持续性呕吐及腹泻，排血水样便，腹胀、腹痛，有压痛或呈腹膜炎征象，常并发败血症和感染性休克。

脑膜炭疽（炭疽性脑膜炎）多为继发性。起病急骤，有剧烈头痛、呕吐、昏迷、抽搐，有明显脑膜受刺激症状，脑脊液多呈血性，少数为黄色，压力增高，细胞数增多。病情发展迅猛，常因误诊得不到及时治疗而死亡。

炭疽病是可以治疗的。首先，炭疽流行时，绝大多数病例（98%）均为皮肤炭疽，病死率较高的肺炭疽仅占少数；另外，炭疽杆菌对许多抗生素（包括青霉素、链霉素、环丙沙星等）敏感，只要治疗及时，很快好转。

一般治疗：患者应严密隔离，卧床休息。污染物或排泄物严格消毒或焚毁。多饮水及予以流食或半流食，对呕吐、腹泻或进食不足者给予适量静脉补液。对有出血、休克和神经系统症状者，应给予相应处理。对皮肤恶性水肿和重症患者，可应用肾上腺皮质激素，对控制局部水肿的发展及减轻毒血症有效，每日氢化可的松100 ~ 300毫克，分次静点。

局部处理：皮肤病灶切忌按压

及外科手术，以防败血症发生。局部用1：2000高锰酸钾液洗涤，并敷以抗生素软膏。

病原治疗：青霉素为首选抗生素。皮肤炭疽成人青霉素用量为160～400万微克，分次肌注，疗程7～10日。对肺炭疽、肠炭疽及脑膜炭疽或并发败血症者，青霉素每日1000～2000万微克静脉滴注，并同时合用链霉素（1～2克/日）或庆大霉素（16～24万微克/日）或卡那霉素（1~1.5克/日），

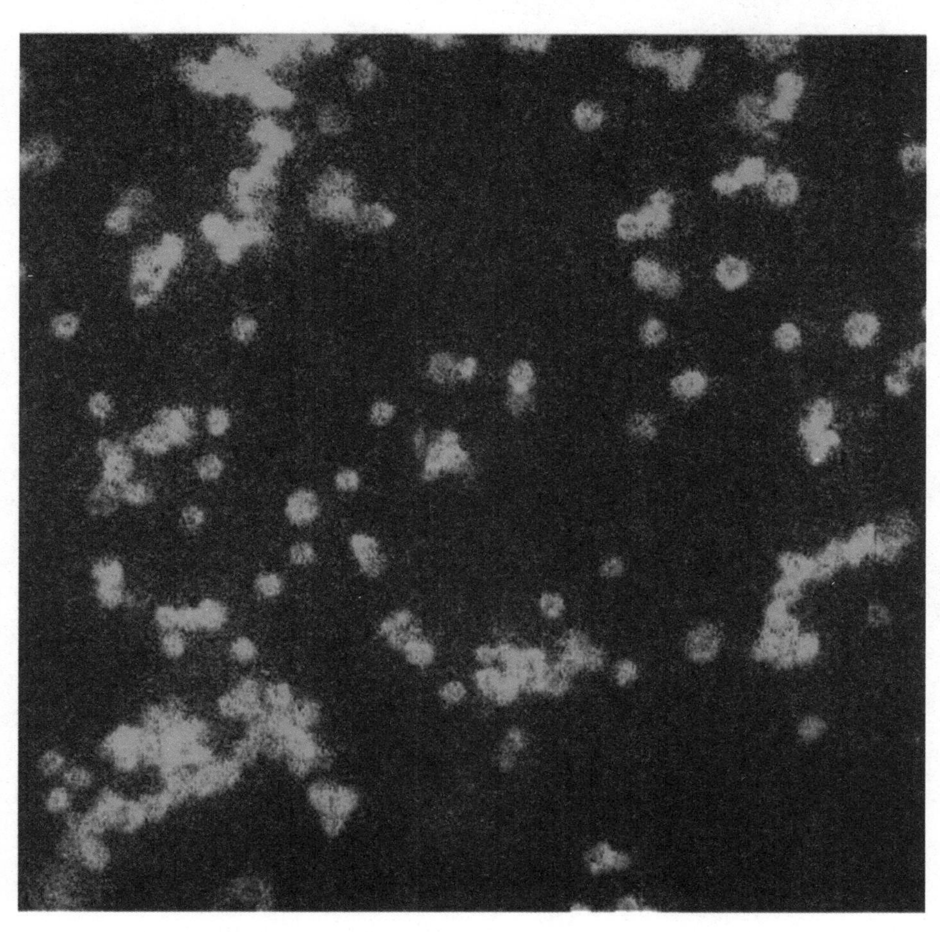

土拉弗朗西斯菌

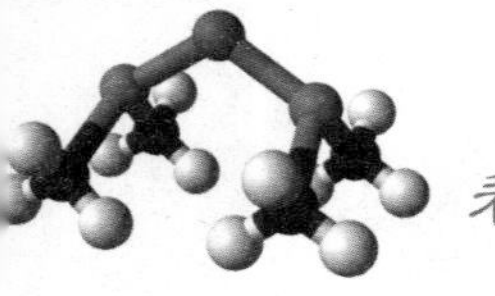

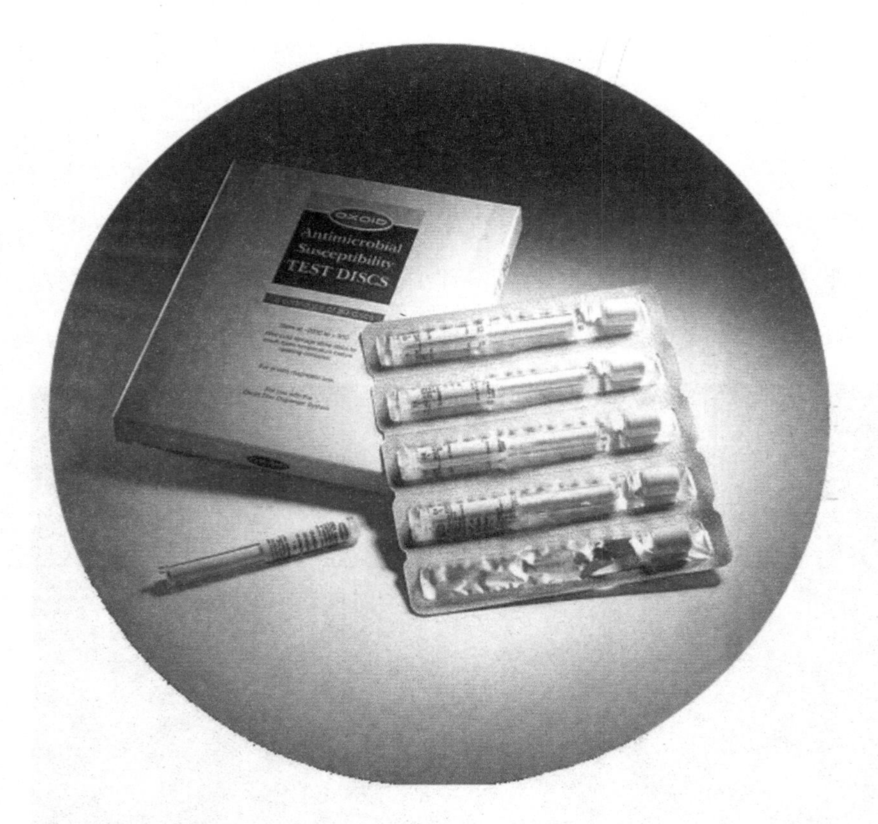

青霉素

疗程在2~3周以上。目前专家认为，对肺炭疽医生必须在感染者出现明显症状前对他们使用抗生素，才能有效治疗，否则一旦发病，病人在几天内就会死亡。单纯皮肤炭疽亦可用四环素（1.5~2克/日）或强力霉素（0.3~0.5克/日）或红霉素（1.5~2克/日）口服或静滴。

抗炭疽血清：目前已不用。重症病例可与青霉素联合治疗，第1日80毫升，第2、3日各20~50毫升，肌注或静滴，应用前须作皮试。

预防炭疽病的重点是加强家畜的管理。病畜的尸体必须焚烧或深埋于 2米以下。在流行地区对受感染威胁的人员（如牧民、屠宰工人、皮毛工人等）及易感染家畜进行炭疽杆菌减毒活菌苗预防接种，免疫力可持续1年。青霉素是治疗炭疽的首选药物，应早期应用，也可采用抗生素、磺胺类药及抗炭疽血清等进行综合治疗。

◆ 土拉菌病

土拉菌病（兔热病）是一种由扁虱或苍蝇传播的啮齿动物的急性传染病。土拉菌可以被用作生物战中的致病病菌，感染者会出现高烧、浑身疼痛、腺体肿大和咽食困难等症状。利用抗生素可以很容易治疗这种疾病。

土拉弗朗西斯菌为革兰氏阴性球杆菌，培养物涂片，菌体呈小球形；动物组织涂片，菌体呈球杆状。从脏器或菌落制备的涂片做革兰氏染色，可以看到大量的黏液连成一片呈薄细网状复红色，菌体为玫瑰色，此点为土拉弗朗西斯菌形态学的重要特征。

土拉弗朗西斯菌对低温具有特殊的耐受力，在0℃以下的水中可存活9个月，在20～25℃水中可存活1～2个月，而且毒力不发生改变。对热和化学消毒剂抵抗力较弱。

土拉弗朗西斯菌的储存宿主主要是家兔和野兔（A型）以及啃齿动物（B型）。A型主要经蜱和吸血昆虫传播，而被啮齿动物污染的地表水是B型的重要传染来源。家禽也可能作为本菌的储存宿主。在有本病存在的地区，绵羊比较容易被感染，主要经蜱和其他吸血昆虫叮咬传播。犬极少有感染的报道，但猫对土拉热菌病易感，经吸血昆虫叮咬、捕食兔或啮齿动物而被感染，甚至被已感染猫咬伤等途径均可感染。人因接触野生动物或病畜而感染。本病出现季节性发病高峰往往与媒介昆虫的活动有关，但秋

冬季也可发生水源感染。

土拉菌病症状：土拉弗朗西斯菌通过黏膜或昆虫叮咬侵入临近组织后引起炎症病变反应，在巨噬细胞内寄生并扩散到全身淋巴和组织器官，引起淋巴结坏死和肝脏、脾脏脓肿。猫在临床上表现为发热、精神沉郁、厌食、黄瘟，最终死亡。

土拉菌病诊断：本病确诊需依靠微生物学检查。由于本菌可感染人，因此，采样时应采取适当的防护措施，避免直接接触临床病猫的口腔分泌物和渗出液。

土拉菌病的治疗：抗菌药物广泛应用后，本病病死率已由30%降至1%以上。治疗方法主要为一般治疗和对症治疗两种。饮食应有足够热量和适当蛋白质，肺炎病例宜给氧，肿大淋巴结不可挤压，无脓肿形成，应避免切开引流，可用饱菌治疗首选链霉素，成人1克/日，分2次肌注，疗程7～10日。链霉素过敏者可采用四环素类药物，亦可用于复发再治疗，成人2克/日，分4次口服，疗程10～14日。合并脑膜炎者可选用氯霉素，成人1.5～2.0克/日，静脉给药，疗程10～14日，庆大霉素、丁胺卡那霉素、妥布霉素必要时亦可采用。

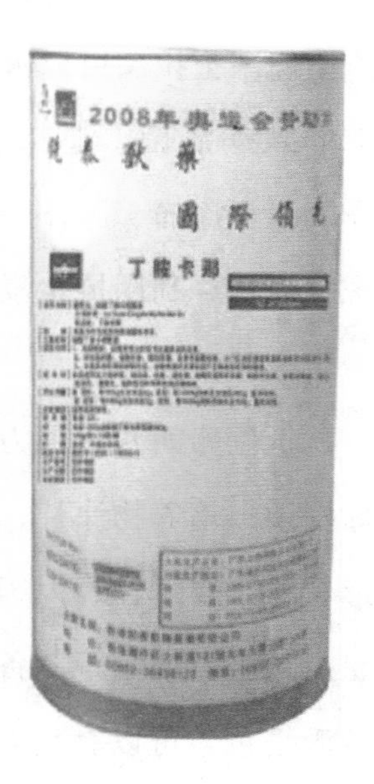

丁胺卡那霉素

土拉菌病的并发症及预防：随着病情进展或慢性化，肝、脾和淋巴结发生继发性炎症，表现为结核样肉芽肿形成。纵隔炎,肺脓肿和脑膜炎是罕见的并发症。

强调个人防护。采用皮肤划痕法接种减毒活菌苗，接种1次，免疫力可维持5～7年，口服减毒活菌苗及气溶胶吸入法也可采用；加强对守猎活动的防疫监督，对受到污染的环境和物体实施卫生防疫措施；防止对水源、肉类、毛皮制作和加工过程的污染；避免蜱、蚊、虻等吸血节肢动物和啮齿类动物叮咬。

预防接种尤为重要。一般采用减毒活菌苗皮上划痕法，疫区居民应普遍接种，每5年复种一次，每次均为0.1毫升，可取得较好的预防效果。口服减毒活疫苗及气溶胶吸入法也有采用者。

疫区居民应避免被蜱、蚊或蚋叮咬，在蜱多地区工作时宜穿紧身衣，两袖束紧，裤脚塞入长靴内。剥野兔皮时应带手套，兔肉必须充分煮熟。妥善保藏饮食，防止为鼠排泄物所污染，饮水须煮沸。实验室工作者须防止染菌器皿、培养物等沾污皮肤或粘膜。

应结合疫区具体情况开垦荒地、改进农业管理，以改变环境，从而减少啮齿类动物和媒介节肢动物的繁殖。

病人宜予隔离，对病人排泄物、脓液等进行常规消毒。

知识小百科

肉毒毒素

肉毒毒素是由肉毒杆菌产生的含有分子蛋白的神经毒素，是目前已知在天然毒素和合成毒剂中毒性最强烈的生物毒素，它主要抑制神经末梢释放乙醇胆碱，引起肌肉松弛麻痹，特别是呼吸肌麻痹是致死的主要原因。

从1964年由肉毒杆菌中分离出毒素结晶至今已获得七种（A，B，C，D，E，F和G）类型的毒素，能引起人员中毒的主要是A、B和E型毒素，其

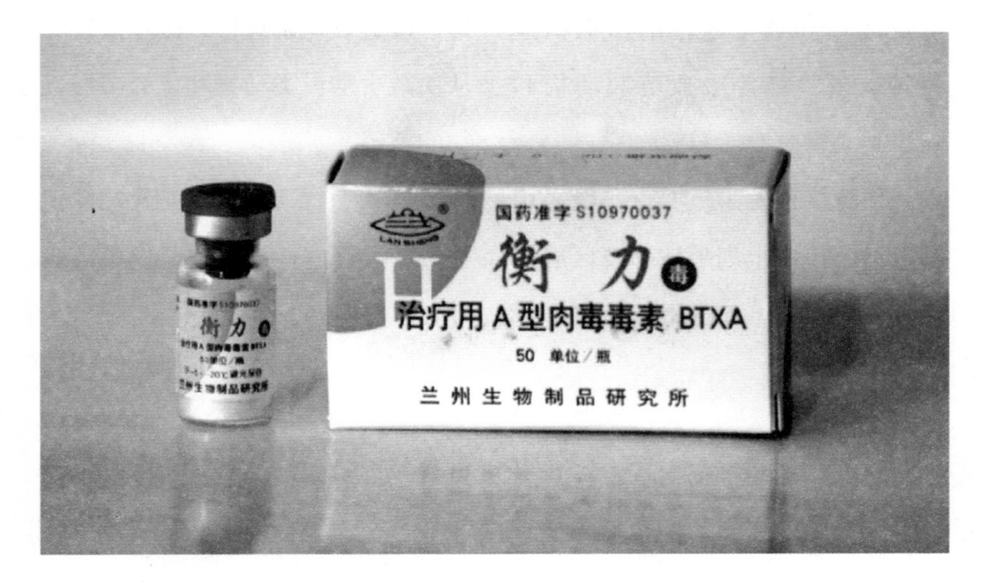

A型肉毒毒素产品

中以A型军用意义最大，A型结晶毒素是由19种氨基酸组成的单一蛋白质，分子量为90～120万，化学结构目前尚不清楚。肉毒毒素通常是由神经毒素和血凝素组成的复合形式存在。A型肉毒毒素的纯品是一种白色晶体粉末，易溶于水，但稳定性较差。受热、机械力和氧的作用而降解。粉末状的毒素可长期贮存而不失活性，肉毒毒素染毒的食物和水源，一般其毒性可保持数天乃至一周，肉毒毒素不被胃肠液所破坏，易经消化道中毒。

A型肉毒毒素的气溶胶对人吸入的致死量为0.3微克，静脉注射致死量为0.15～0.3微克，口服致死剂量为8～10微克，该毒素对小鼠的毒性LD50值约为3×10^{-5}~3×10^{-4}微克。野外试验表明，由于大规模施放方法尚未解决，肉毒毒素通过呼吸道中毒的致死效应，并不比等量神经性毒剂大。当前以污染食物和水源通过消化道染毒为其主要的中毒途径。另据报道，美军利用肉毒毒素污染小型武器的弹头，以增强杀伤效应，现已生产这种武器。平时主要是摄入被肉毒毒素污染的肉类和罐头等食品而中毒，死亡率大约为25～50％。

业已阐明，在体内肉毒毒素特异性的与胆碱能神经末梢突触前膜的表面受体相结合，然后由于吸附性胞饮而内转进入细胞内称为毒素的内转，使囊泡不能再与突触前膜融合，从而有效地阻抑了胆碱能神经介质——乙酰胆碱的释放。与此同时，毒素与突触前膜结合，还阻塞了神经细胞膜的钙离子通道，从而干扰了细胞外钙离于进入神经细胞内以触发胞吐和释放乙酰胆碱的能力。乙酰胆碱释放的抑制，有效地阻断了胆碱能神经传导的生理功能，尤其是神经一肌肉接头部位特别敏感，引起全身随意肌松弛麻痹，呼吸肌麻痹是致死的主要原因。

肉毒毒素经消化道吸收中毒，一般经过12～72小时的潜期伏，开始出现全身中毒症状。早期症状有恶心、呕吐及腹泻等，继之出现头痛、头昏、眩晕、软弱无力，中毒的重要特征为视力紊乱：复视、斜视、瞳孔散大、视力模糊，同时伴有眼球震颤，这是眼内外肌麻痹的结果。严重病人有吞噬、咀嚼、语言、呼吸等困难，排痰及抬头困难，共济失调等，神志清楚。症状继续发展则出现进行性呼吸困难，全身肌肉松弛性麻痹。继则脉搏加快，血压下降，短时间抽搐，意识丧失，最终因呼吸衰竭、心力衰竭或继发肺炎等而死亡。通过呼吸道吸入中毒，一般症状发展迅速且

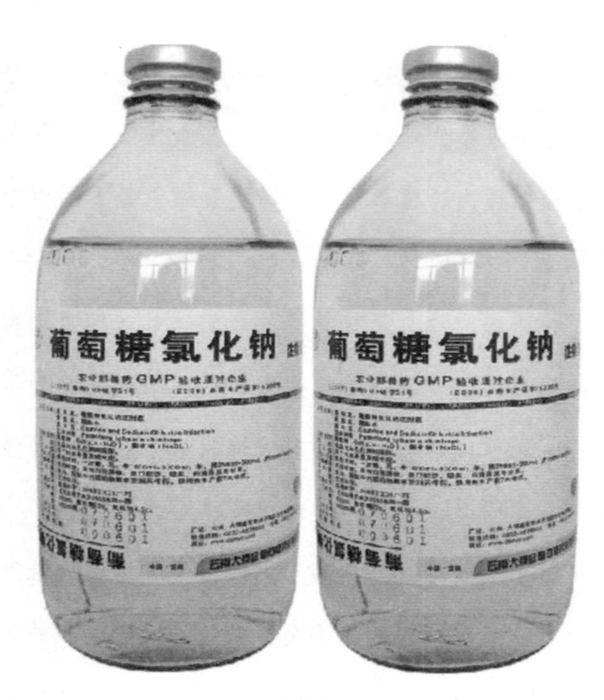

葡萄糖

严重。其他途径中毒的临床症状，因毒剂的剂量不同而异。病人恢复较缓慢，视觉障碍恢复特慢，有时需数月之久。

肉毒抗毒素对本病有特效，必须尽早给予，根据病情轻重，静肌或肌肉注射1～2万单位，必要时可重复注射。尽早进行催吐、洗胃、导泻、灌肠，以排出尚未吸收的毒剂。及时肌肉或皮下注射新斯的明、乙酰胆碱、毛果云香碱及钙制剂等，可显著减轻中毒症状，呼吸困难者，给氧及人工呼吸，必要时行气管切开术。吞咽困难者用鼻饲或静滴葡萄糖生理盐水，发生肺炎等继发感染时给与适宜的抗生素。患者必须卧床休息、保温、加强护理。

肉毒素并非像它的名字这样听起来让人害怕，肉毒素全称肉毒杆菌素，是肉毒杆菌在繁殖过程中分泌的一种A型毒素。由于它对兴奋型神经介质有干扰作用，所以原本就是治疗肌肉神经功能亢进的药物。1986年，一位叫琼·卡拉索的加拿大眼科医生在无意中发现这种用来麻痹肌肉神经的药物可以使患者眼部的皱纹消失。于是，她将这个意外的惊喜告诉了她的身为皮肤科教授的丈夫。后来，夫妇俩便开始合作研究这一课题，最终将A型肉毒素引入皮肤除皱领域，并于1990年首次发表了相关报告，引发了美容史上的所谓“Botox革命”。而我国则是继英国和美国之后第三个能自行生产这种美容用途产品的国家，并在1999年开始运用。肉毒素之所以有除皱的功效，是因为它能抑制周围运动神经末梢突触前膜乙酰胆碱释放，阻断神经和肌肉之间的信息传导，从而引起肌肉的松弛性麻痹。说得再直接一点，肉毒素是由于麻痹了肌肉使得肌肉没有跳动能力而消除了皱

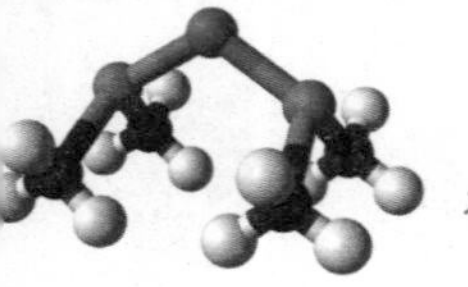

纹。肉毒素注射除皱具有损伤小、无创伤、见效快、操作方便、不影响工作等特点。和传统的化学剥皮、拉皮、脂肪充电或小切口除皱等方式相比，它只需将一定剂量的肉毒素注射进前额或眉间即可，整个过程仅几分钟。

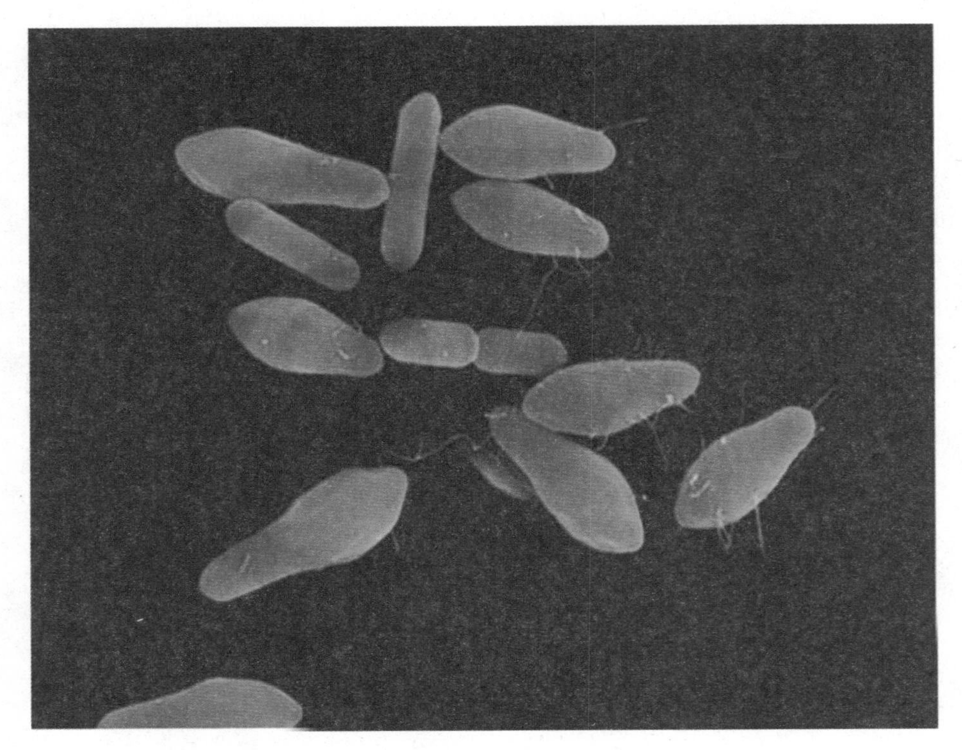

棒球状肉毒杆菌

◆ 麻 疹

麻疹俗称“出疹子”，临床上表现为发热、上呼吸道炎症、眼结膜炎等，而以皮肤出现红色斑丘疹和颊粘膜上有麻疹粘膜斑及疹退后遗留色素沉着伴糠麸样脱屑为特征。麻疹是以往儿童最常见的急性呼吸道传染病之一。它主要由空气飞沫传播，潜伏期一般为1～3周，病初有发热、怕光、流泪、眼结膜充血及分泌物增多和明显的上呼吸道炎症（如鼻堵、流鼻涕、打喷嚏、咳嗽、咽红等）。麻疹传染性很强，在人口密集而未普种疫苗的地区易发生流行约2～3年发生一次大流行。我国自1965年，开始普种麻疹减毒活疫苗后已控制了大流行。

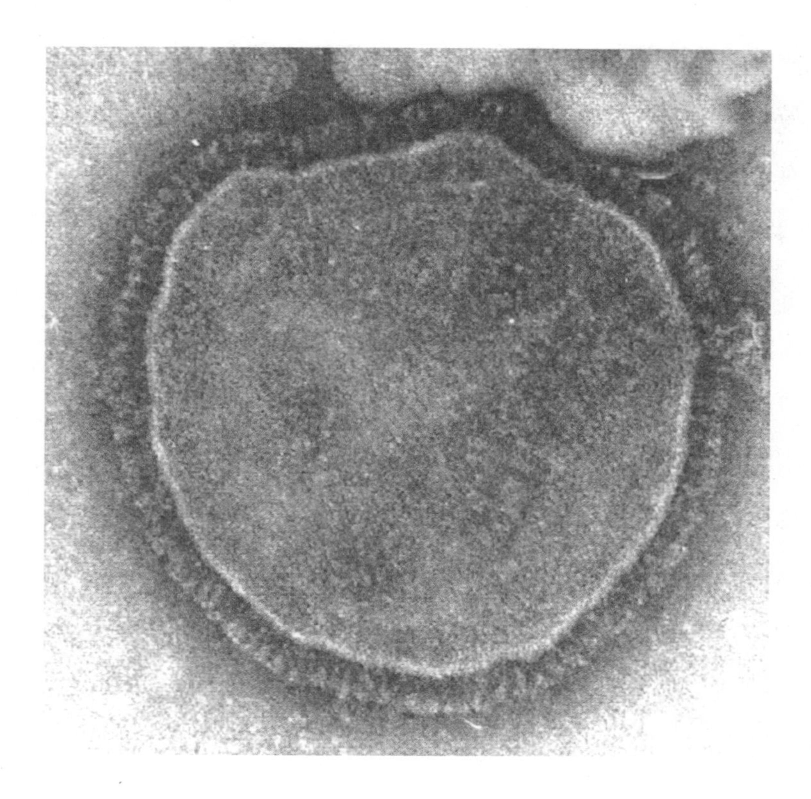

麻疹病毒

◆ **禽流感**

禽流感是禽流行性感冒的简称，是一种由甲型流感病毒的一种亚型引起的传染性疾病综合症，被国际兽疫局定为A类传染病，又称真性鸡瘟或欧洲鸡瘟。不仅是鸡，其它一些家禽和野鸟都能感染禽流感。禽流感是急性传染病，也能感染人类，感染后的症状主要表现为高热、咳嗽、流涕、肌痛等，多数伴有严重的肺炎，严重者心、肾等多种脏器衰竭导致死亡，病死率很高。此病可通过消化道、呼吸道、皮肤损伤和眼结膜等多种途径传播，人员和车辆往来是传播本病的重要因素。按病原体类型的不同，禽流感可分为高致病性、低致病性和非致病性禽流感三大类。

由于禽流感是由A型流感病毒引起的家禽和野禽的一种从呼吸病到严重性败血症等多种症状的综合病症，目前在世界上许多国家和地区都有发生，给养禽业造成了巨大的经济损失。这种禽流感病毒，主要引起禽类的全身性或者呼吸系统性疾病，鸡、火鸡、鸭和鹌鹑等家禽及野鸟、水禽、海鸟等均可感染，发病情况从急性败血性死亡到无症状带毒等极其多样，主要取决于带病体的抵抗力及其感染病毒的类型及毒力。

禽流感病毒不同于SARS病毒，禽流感病毒迄今只能通过禽传染给人，不能通过人传染给人。感染人的禽流感病毒H5N1是一种变异的新病毒，并非在鸡鸭鸟中流行了几十年禽流感的H5N2。目前没有发现吃鸡造成禽流感H5N1传染人的，都是和鸡的密切接触，可能与病毒直接吸入或者进入黏膜等等原因造成感染。

文献中记录的最早发生的禽流感在1878年，意大利发生鸡群大量死亡，当时被称为鸡瘟。到1955年，科学家证实其致病病毒为甲型流感病毒。此后，这种疾病被更名

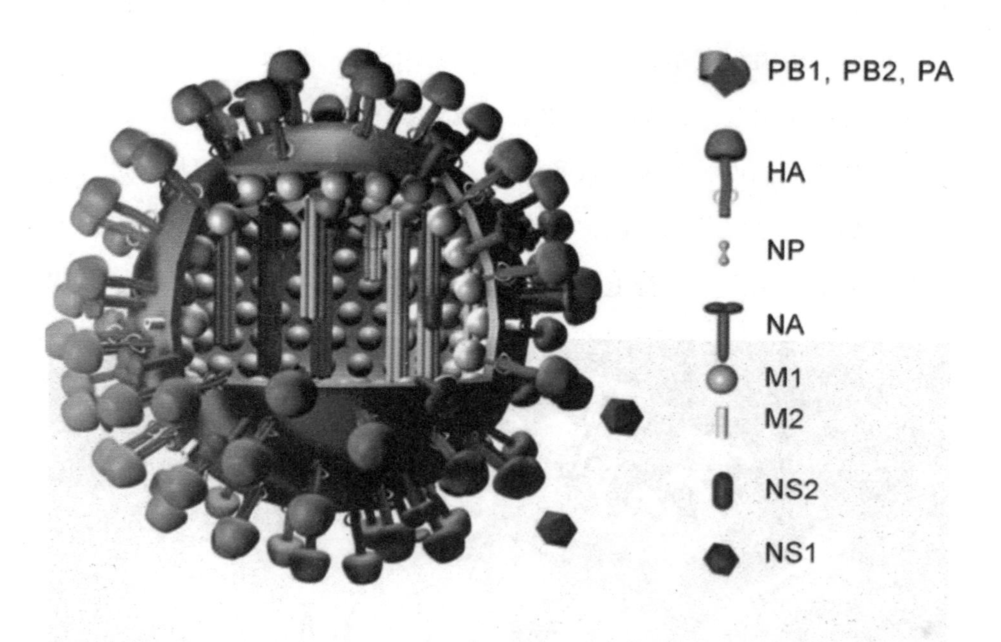

禽流感病毒结构

为禽流感。禽流感被发现100多年来，人类并没有掌握特异性的预防和治疗方法，仅能以消毒、隔离、大量宰杀禽畜的方法防止其蔓延。

人感染高致病性禽流感是《传染病防治法》中规定的按甲类传染病采取预防、控制措施的乙类传染病。

禽流感病毒可通过消化道和呼吸道进入人体传染给人，人类直接接触受禽流感病毒感染的家禽及其粪便或直接接触禽流感病毒也可以被感染。通过飞沫及接触呼吸道分泌物也是传播途径。如果直接接触带有相当数量病毒的物品，如家禽的粪便、羽毛、呼吸道分泌物、血液等，也可经过眼结膜和破损皮肤引起感染。

◆ SARS病毒

世界卫生组织宣布，冠状病毒的一个变种是引起非典型肺炎的病原体。科学家们说，变种冠状病毒与流感病毒有亲缘关系，但它非常独特，以前从未在人类身上发现，科学家将其命名为“SARS病毒”（SARS是“非典”学名的英文缩写）。

1965年，医学专家用人胚气管培养方法，从普通感冒病人鼻洗液中分离出一株病毒，命名为B814

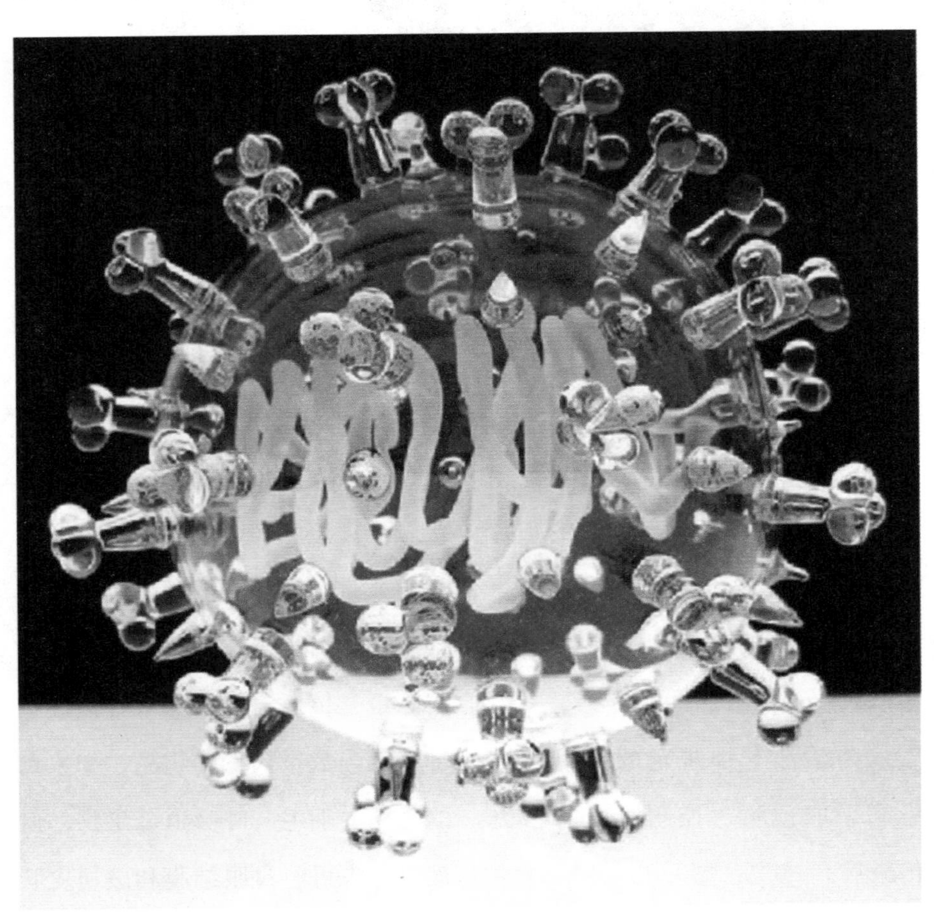

SARS病毒

病毒。随后，哈姆雷等用人胚肾细胞分离到类似病毒，代表株命名为229E病毒。1967年，麦克金托什等用人胚气管培养从感冒病人中分离到一批病毒，其代表株是OC43株。1968年，阿尔梅达等对这些病毒进行了形态学研究，电子显微镜观察发现，这些病毒的包膜上有形状类似日冕的棘突，故提出命名这类病毒这冠状病毒。香港卫生专家排除了它与甲型流感和乙型流感病毒有关的可能性，与1997年出现的H5N1禽流感病毒也没有联系。国家曾于1975年正式命名了冠状病毒科。据香港卫生官员说，非典型肺炎通常由病毒引起，例如流感病毒、腺病毒和其他呼吸道病毒。非典型肺炎也可能由生物体引起。冠状病毒感染在全世界非常普遍，人群中普遍冠状病毒抗体，成年人高于儿童。各国报道的人群抗体阳性率不同，我国人群以往冠状病毒抗体阳性率在30%至60%，前苏联的抗体阳性率则在53%至97%。

1937年，冠状病毒首先从鸡身上分离出来。1965年，分离出第一株人的冠状病毒。由于在电子显微镜下可观察到其外膜上有明显的棒状粒子突起，使其形态看上去像中世纪欧洲帝王的皇冠，因此命名为“冠状病毒”。

1975年，病毒命名委员会正式命名了冠状病毒科。根据病毒的血清学特点和核苷酸序列的差异，目前冠状病毒科分为冠状病毒和环曲病毒两个属。冠状病毒科的代表株为禽传染性支气管炎病毒。

2002年冬到2003年春，肆虐全球的严重急性呼吸综合征就是冠状病毒科，冠状病毒属其中的一种。冠状病毒通过呼吸道分泌物排出体外，经口液、喷嚏、接触传染，并通过空气飞沫传播，感染高峰在秋冬和早春。病毒对热敏感，紫外线、来苏水、0.1%过氧乙酸及1%克辽林等都可在短时间内将病毒杀

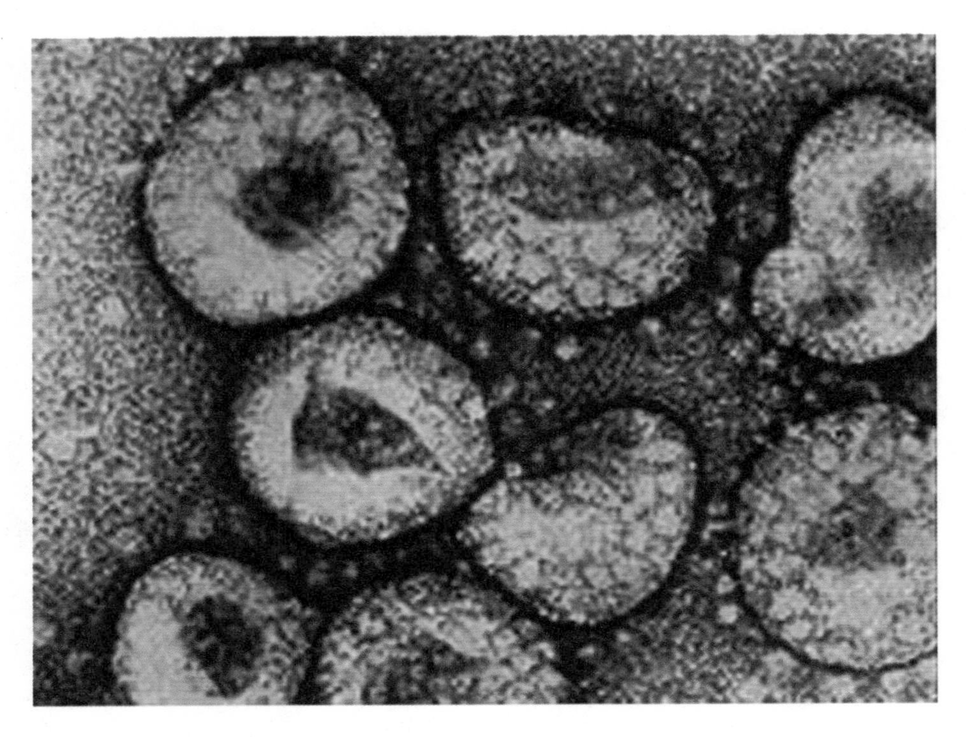

229E病毒

死。对其预防有特异性预防，即针对性预防措施（疫苗，疫苗的研制是有可能的，但需要时间较长，解决病毒繁殖问题是其难题）和非特异性预防措施（即预防春季呼吸道传染疾病的措施，如保暖、洗手、通风、勿过度疲劳及勿接触病人，少去人多的公共场所等）。

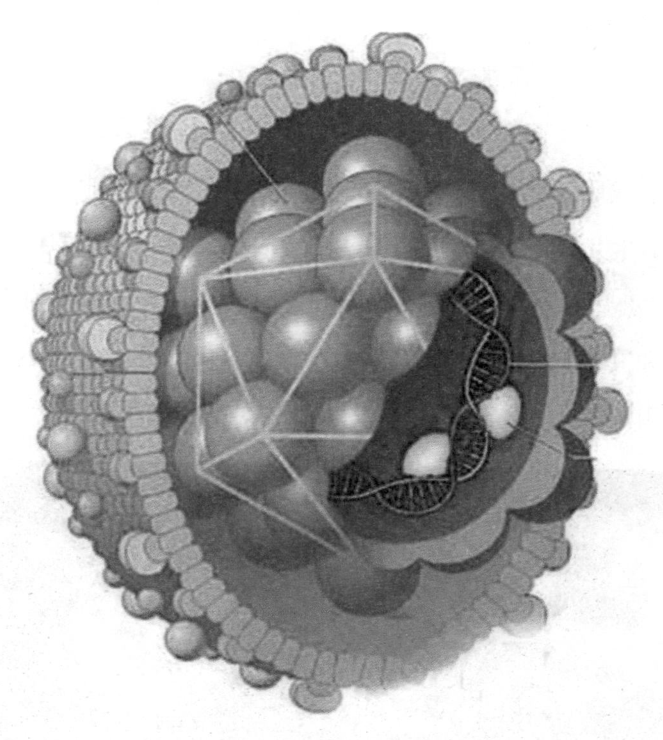

SARS病毒三维结构

◆ 艾滋病

艾滋病，又称为爱滋病、爱之病，是获得性免疫缺陷综合征或后天免疫缺乏症候群的英语全称“Acquired Immune Deficiency Syndrome”缩写“AIDS”的音译，是一种由人类免疫缺限病毒（简称HIV）感染后，因免疫系统受到破坏，逐渐成为许多疾病的攻击目标，促成多种临床症状，统称为症候群，而非单纯的一种疾病，而这种症候群可透过直接接触黏膜组织的口腔、生殖器、肛门等或带有病毒的血液、精液、阴道分泌液、乳汁而传染，因此各种性行为、输血、共用针头、毒品的静脉注射都是已知的传染途径，而怀孕的母体亦可借由胎盘或胎儿出生后的哺育动作传染给新生儿。

（1）艾滋病的起源。人类免疫缺限病毒和其它在很多灵长类动物中发生的引起类似艾滋病的病毒有密切关系，并曾一度被认为是在二十世纪初期从动物传染给人类的，尽管有一些证据表明在更早的一些个别案例中可能已经有艾滋病在传播了。但是传播的具体的动物源、时间和地点（或者有多少传播来源）都是未知的。与人类的HIV病毒相同的病毒在非洲的小人猿

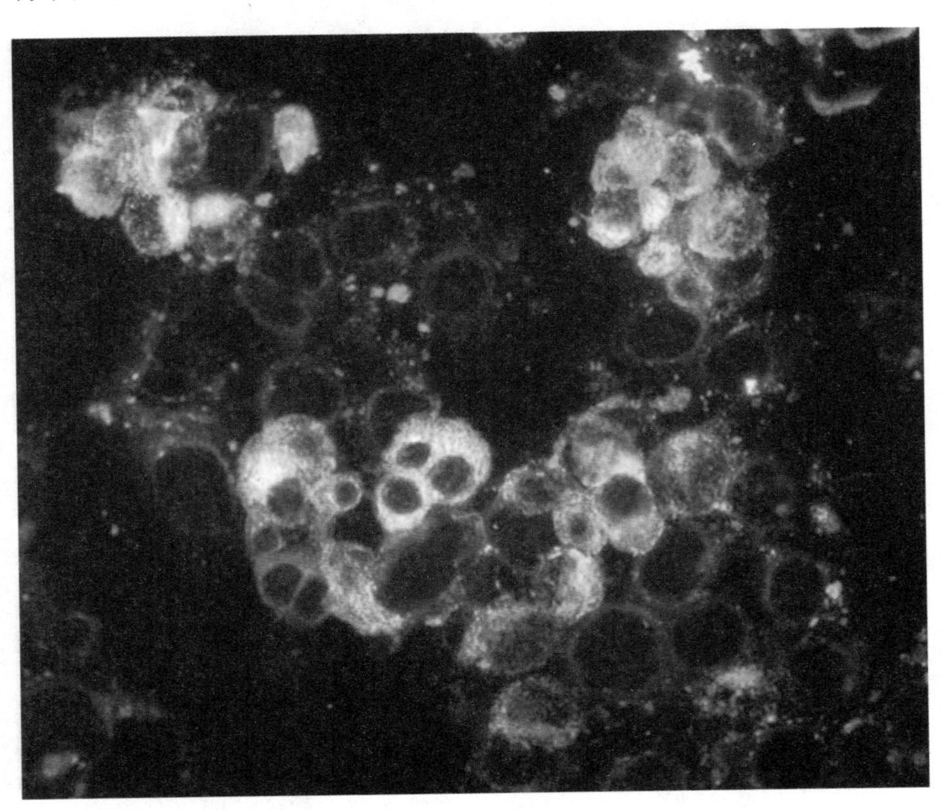

冠状病毒

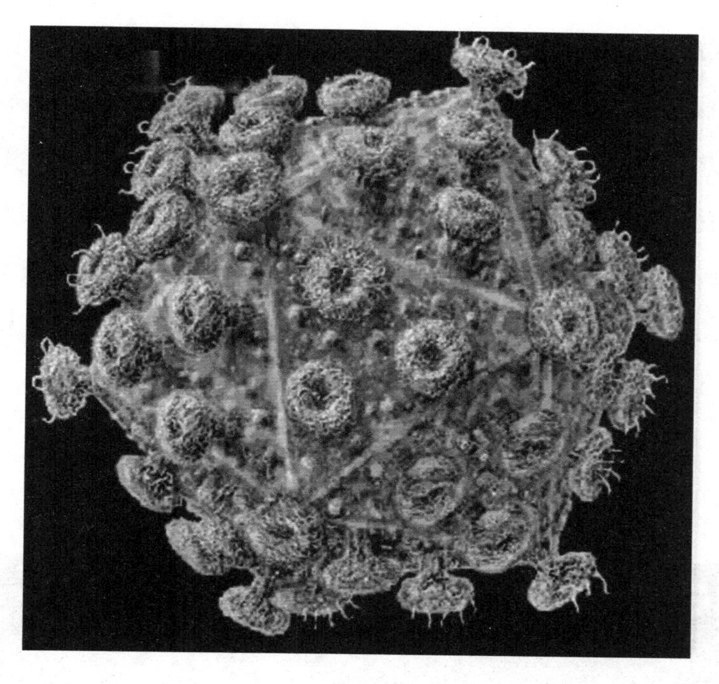

艾滋病毒

（黑猩猩）中都有发现，但这并不能确定艾滋病的来源就从黑猩猩到人类，或人类和黑猩猩的来源是从第三方获得的。

科学研究发现，艾滋病最初是在西非传播的，是一位非洲男子与其他灵长类动物性交后传染开的，当时该男子在与其他灵长类动物性交后，又与其他同性者性交，才开始有爱滋病。

（2）艾滋病传播途径。艾滋病传染主要是通过性行为，体液的交流而传播。体液主要有：精液、血液、阴道分泌物、乳汁、脑脊液和有神经症状者的脑组织中。其他体液中，如眼泪、唾液和汗液，存在的数量很少，一般不会导致艾滋病的传播。唾液传播艾滋病病毒的可能性非常小，所以一般接吻是不会传播的。但是如果健康的一方口

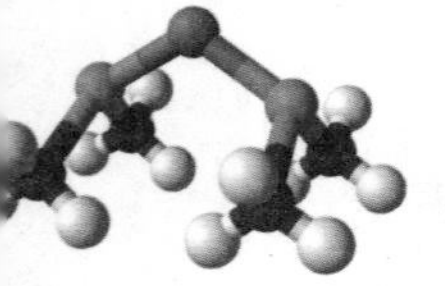

腔内有伤口，或者破裂的地方，同时艾滋病病人口内也有破裂的地方，双方接吻，艾滋病病毒就有可能通过血液而传染。汗液是不会传播艾滋病病毒的。艾滋病病人接触过的物体也不可能传播艾滋病病毒的。但是艾滋病病人用过的剃刀、牙刷等，可能有少量艾滋病病人的血液，毛巾上可能有精液。如果和病人共用个人卫生用品，就可能被传染。因为性乱交而得艾滋病的病人往往还有其他性病，如果和他们共用个人卫生用品，即使不会被感染艾滋病，也可能感染其他疾病。所以，个人卫生用品不应该和别人共用。一般的接触并不能传染艾滋

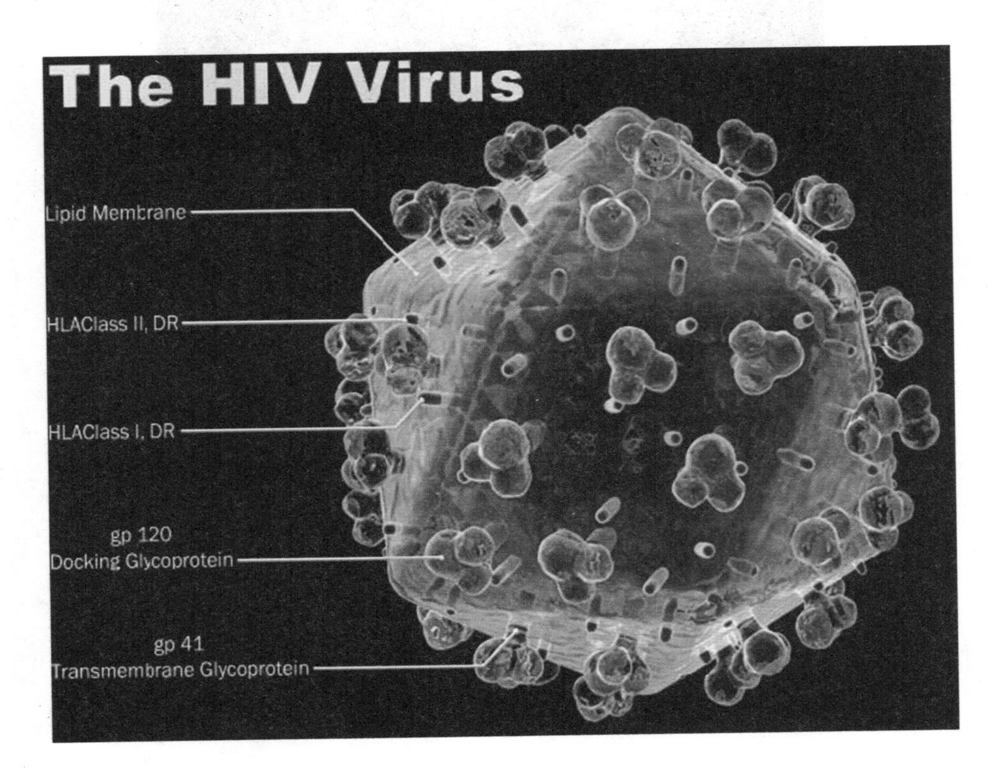

HIV病毒

病，所以艾滋病患者在生活当中不应受到歧视，如共同进餐、握手等都不会传染艾滋病。艾滋病病人吃过的菜，喝过的汤是不会传染艾滋病病毒的。艾滋病病毒非常脆弱，在离开人体，如果暴露在空气中，没有几分钟就会死亡。

艾滋病病毒可通过性交传播。生殖器患有性病（如梅毒、淋病、尖锐湿疣）或溃疡时，会增加感染病毒的危险。艾滋病病毒感染者的精液或阴道分泌物中有大量的病毒，通过肛门性交，阴道性交，就会传播病毒。口交传播的机率非常小，除非健康一方口腔内有伤口，或者破裂的地方，艾滋病病毒就可能通过血液或者精液传染。一般来说，接受肛交的人被感染的可能非常大。因为肛门的内部结构比较薄弱，直肠的肠壁较阴道壁更容易破损，精液里面的病毒就可能通过这些小伤口，进入未感染者体内繁殖。这就是为什么男同性恋比女同性恋者更加容易感染艾滋病病毒的原因。这也就是为什么艾滋病病毒在发现的早期，被有些人误认为是同性恋特有的疾病。由于现在艾滋病病毒传播到全世界，艾滋病已经不在是同性恋的专有疾病了。

艾滋病毒可通过血液传播。如果血液里有艾滋病病毒，输入此血者将会被感染。血液制品传播：有些病人（例如血友病）需要注射由血液中提起的某些成份制成的生物制品。有些血液制品中有可能有艾滋病病毒，使用血液制品就有可能感染上HIV。在1980年代及1990年代，因为验血的时候还没有包括对艾滋病的检验，所以有很多普通的病人因为接受输血，而被感染艾滋病病毒。现如今，全世界都已经认识到这个问题，所以在发达国家因为接受输血而感染艾滋病病毒的可能性几乎是零。

使用不洁针具可以使艾滋病毒从一个人传到另一个人。例如：静

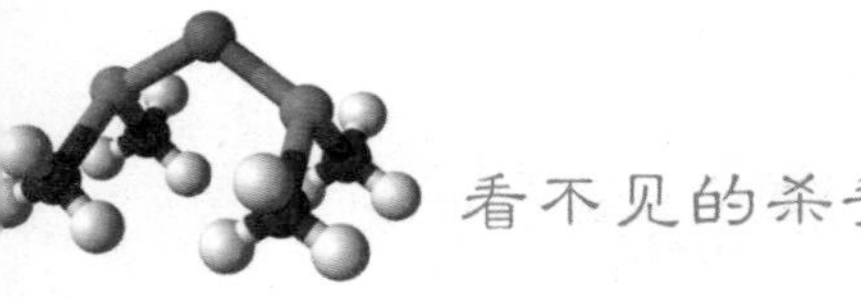

艾滋病毒

脉吸毒者共用针具、医院里重复使用针具、吊针等。不光是艾滋病病毒，其他疾病（例如：肝炎）也可能通过针具而传播。另外，使用被血液污染而又未经严格消毒的注射器、针灸针、拔牙工具，都是十分危险的。所以在有些西方国家，政府还有专门给吸毒者发放免费针具的部门，就是为了防止艾滋病的传播。

如果母亲是艾滋病感染者，那么她很有可能会在怀孕、分娩过程或是通过母乳喂养使她的孩子受到感染。但是，如果母亲在怀孕期间，服用有关抗艾滋病的药品，婴儿感染艾滋病病毒的可能就会降低很多，甚至完全健康。有艾滋病病毒的母亲绝对不可以用自己母乳喂养孩子。艾滋病虽然很可怕，但该病毒的传播力并不是很强，它不会通过我们日常的活动来传播。也就是说，我们不会经浅吻、握手、拥抱、共餐、共用办公用品、共用厕所、游泳池、共用电话、打喷嚏等，而感染，甚至照料病毒感染者或艾滋病患者都没有关系。

◆ 猪流感

猪流感是由A型流感病毒引起的一种猪的急性呼吸道传染病。流感病毒属于正黏病毒科，包括A、B、C、托高土病毒属4个属。A型流感病毒可以感染多种动物，包括许多禽类和哺乳动物。B型和C型病毒似乎只能从人体内分离到，虽然也从猪体内分离到了C型流感病毒，但感染猪的主要还是A型流感病毒。

早在1918年，美国、匈牙利和中国就有关于猪流感的报道，这与1918年西班牙人类大流感的时间一致。该病虽呈世界性分布，但主要以地方性流行为主。单纯的SIV感染表现为发病率高（100%）。病死率低（约5%）的特点，其严重程度与流行毒株、猪的日龄和健康状况、环境条件及细菌性继发感染相关。

墨西哥：墨西哥感染地区2009年4月23日晚上11时，猪流感的爆发首次在墨西哥得到广泛报道。4月24日墨西哥当局在60多个死者中，16名的死因确定是新品种的猪流感的感染，其余44名的死因仍检测中。当中大部分死者都是年轻的成年人。4月24日，在墨西哥境内已经发现了81个死亡，病发地区全部集中在墨西哥中部及北部州分。

美国：患者主要分布于加利福尼亚州、堪萨斯州2例、纽约市、俄亥俄州、得克萨斯州等地。

加拿大：2009年4月26日，加拿大东岸新斯科舍省的国王中学艾吉尔分校有四名学生被发现感染到猪流感病毒。他们年龄界乎12到18岁，病情温和。其中一位学生曾参加墨西哥东南部的尤卡坦半岛的游学团。同时，英属哥伦比亚省的低陆平原地区亦有两名年龄界乎25到35岁的男子被发现感染到此病毒。他们最近由墨西哥返回加国，并且已经完全康复。

其他地区：新西兰当地最大的

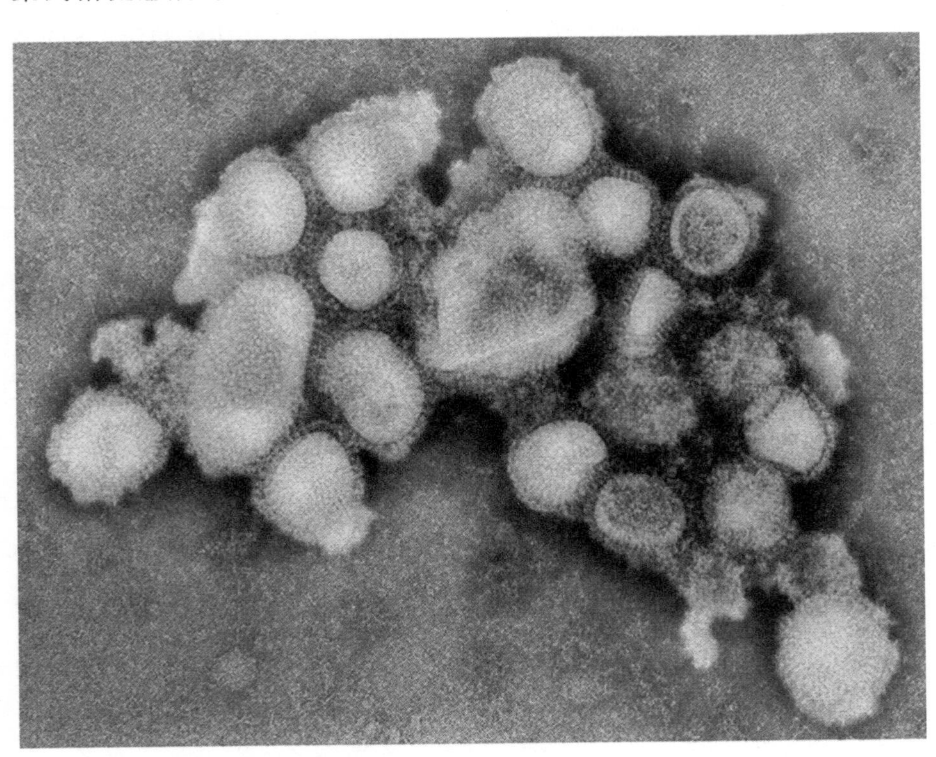

猪流感病毒

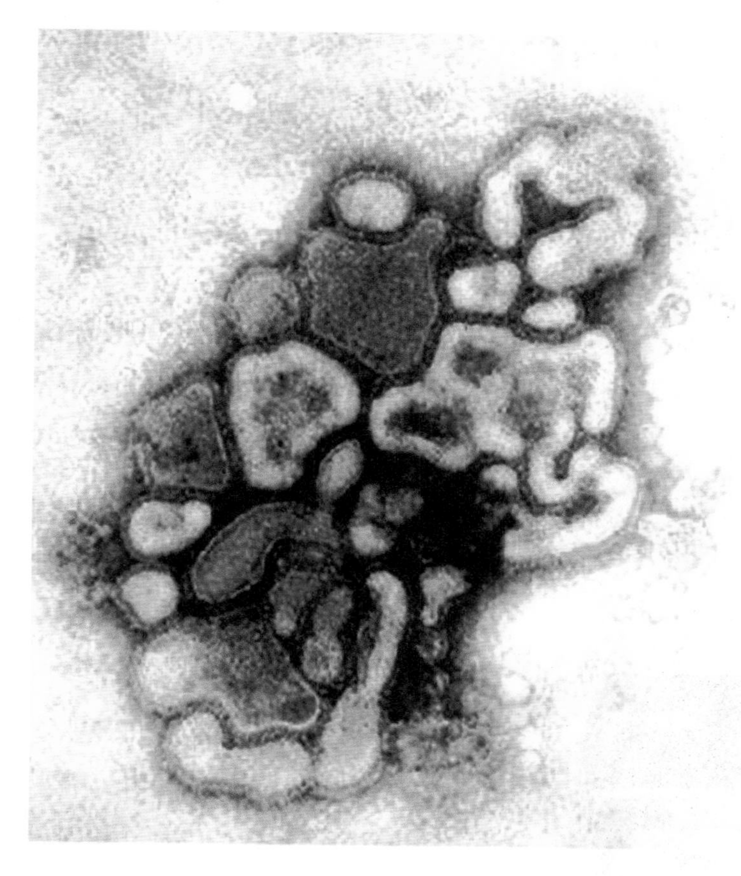

猪流感病毒

中学、位于奥克兰都会区北岸市的远极中学一个由3位老师及22位学生组成的游学团，在从墨西哥经洛杉机返回奥克兰之后，由于部分人有流感症状，所以25名师生均需要在家接受隔离观察。其中，10个学生的病毒测试对甲型流感呈现阳性反应。当时新西兰尚有三个滞留在墨西哥的游学团，但都未有回复有否学生有流感征状。英国、法国、西班牙、哥伦比亚及以色列亦有发现疑似案例。

2009年爆发的猪流感病毒代号为H1N1亚型猪流感病毒新毒株，它包含人流感病毒、北美禽流感病毒和北美、欧洲、亚洲三类猪流感病毒的基因片段。虽然世界卫生组织曾经发现过混合了人、禽和猪三种流感病毒的毒株，但从未见过这种跨洲组合的猪流感病毒。

◆ 甲型肝炎

甲型病毒性肝炎简称甲型肝炎，是由甲型肝炎病毒引起的一种急性传染病。临床上表现为急性起病，有畏寒、发热、食欲减退、恶心、疲乏、肝肿大及肝功能异常。部分病例出现黄疸，无症状感染病例较常见，一般不转为慢性和病原携带状态。甲型肝炎传染源通常是急性患者和亚临床感染者，病人自潜伏末期至发病后10天传染性最大，粪-口途径是其主要传播途径，水、食物是爆发性的主查方式，日常生活接触是散发病例的主要传播途径。

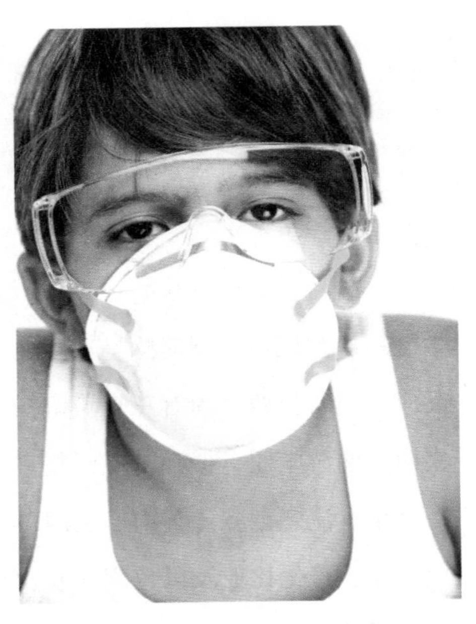

防止传染

甲型病毒性肝炎（简称甲型肝炎）主要由粪-口（或肛-口），通过消化道传播的甲型肝炎病毒（简称甲肝病毒）而得病。人类感染甲肝病毒后，首先在消化道中增殖，在短暂的病毒血症中，病毒又可继续在血液白细胞中增殖，然后进入肝脏，在肝细胞内复制繁殖。于起病前1~2周，甲肝病毒由肝细胞的高尔基体然向毛细胆管，再

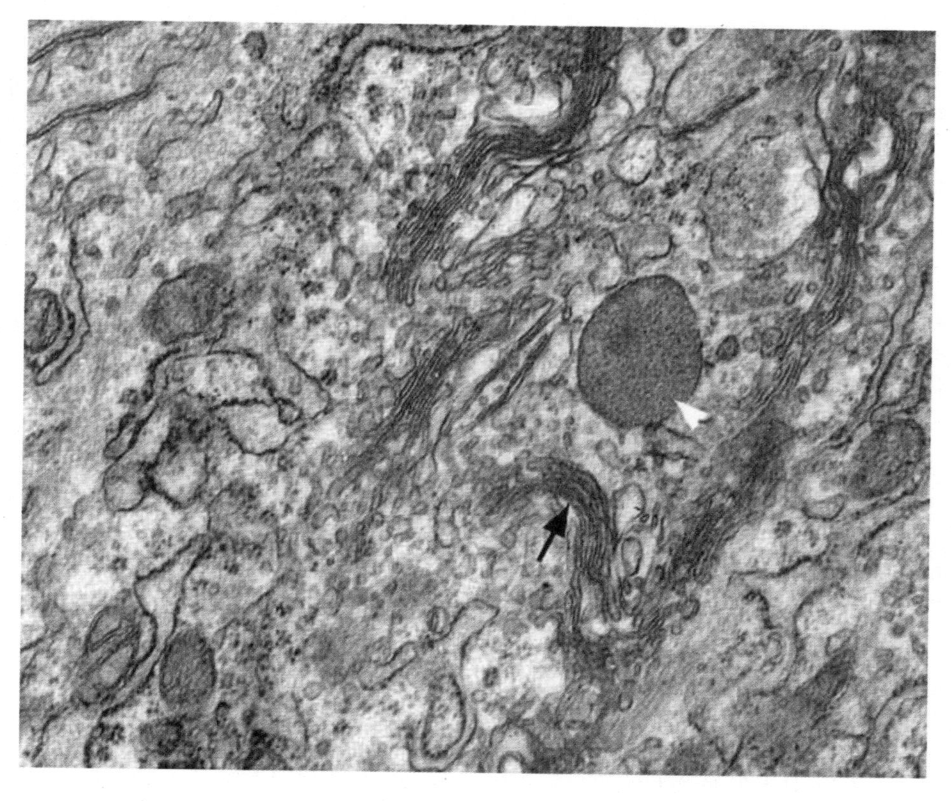

高尔基体

通过胆管进入肠腔，从大便排出。在甲型肝炎潜伏末期和黄疸出现前数日是病毒排泄高峰。处在这个时期的患者，尤其是无症状的亚临床感染者，是最危险的传染源。他们的粪便、尿液、呕吐物中的甲肝病毒，如果未经过很好消毒处理，就污染周围环境、食物、水源或健康人的手。另外，患病者的手（如潜伏期的炊事员）及带病毒的苍蝇，也能污染食物、饮水和用具。一旦易感者吃了含有甲肝病毒的食品和未经煮沸或煮熟的污染饮水和食物，或生食用粪便浇灌过的蔬菜、草莓、瓜果等均可患甲型肝炎，引起暴发或散发感染。

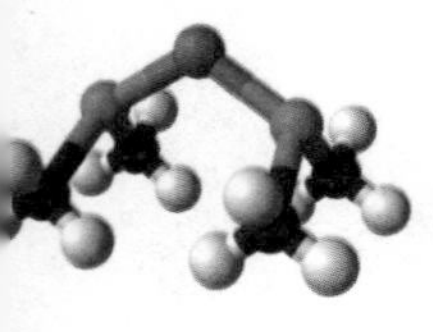

个人卫生习惯不良，居住拥挤，人口稠密，环境卫生差的学校、工厂、农村、托幼机构或家庭中，更容易发生甲型肝炎的感染和高度局限性流行，一旦水源污染可引起暴发流行。1950年瑞典及1978年我国均因食用泥蚶引起甲型肝炎流行，1979年上海食用醉蟹引起过暴发，1988年因食用甲肝病毒污染的毛蚶引起大暴发，均是粪-口途径传播的实例。近年国外陆续报道，滥用药物注射及同性恋群体中，甲肝病毒抗体水平和查出率很高，在这些人群中甲肝病毒的传播途径主要通过肛-口或被污染的注射用具。

◆ **人禽流感**

人禽流感，即人禽流行性感冒，是由禽甲型流感病毒某些亚型的毒株引起的急性呼吸道传染病。1997年5月，中国香港特别行政区1例3岁儿童死于不明原因的多脏器功能衰竭，同年8月经美国疾病预防和控制中心以及世界卫生组织荷兰的鹿特丹国家流感中心鉴定为禽甲型流感病毒H5N1引起的人类流感，这是世界上首次证实禽甲型流感病毒H5N1感染人类。之后相继有H9N2、H7N7亚型感染人类和H5N1再次感染人类的报道。

（1）人禽流感传播历史。1878年，Perroncito首次报道了在意大利鸡群中发生的家禽疫（鸡瘟、禽瘟），直到1902年其病原才被分离出，这也是第一株被证实的流感病毒。而第一株人流感病毒直至1933年才被分离出。1941年，赫斯特发现了流感病毒的血凝素活性。1955年，斯切弗证实，家禽疫病毒为一种甲型流感病毒。对1957年和1968年人流感大流行病毒株起源的找寻促进了对动物中流感病毒生态学的广泛研究，在此期间从禽类中分离出了许多非致病性禽流感病毒，这才使人们意识到，禽流感病毒

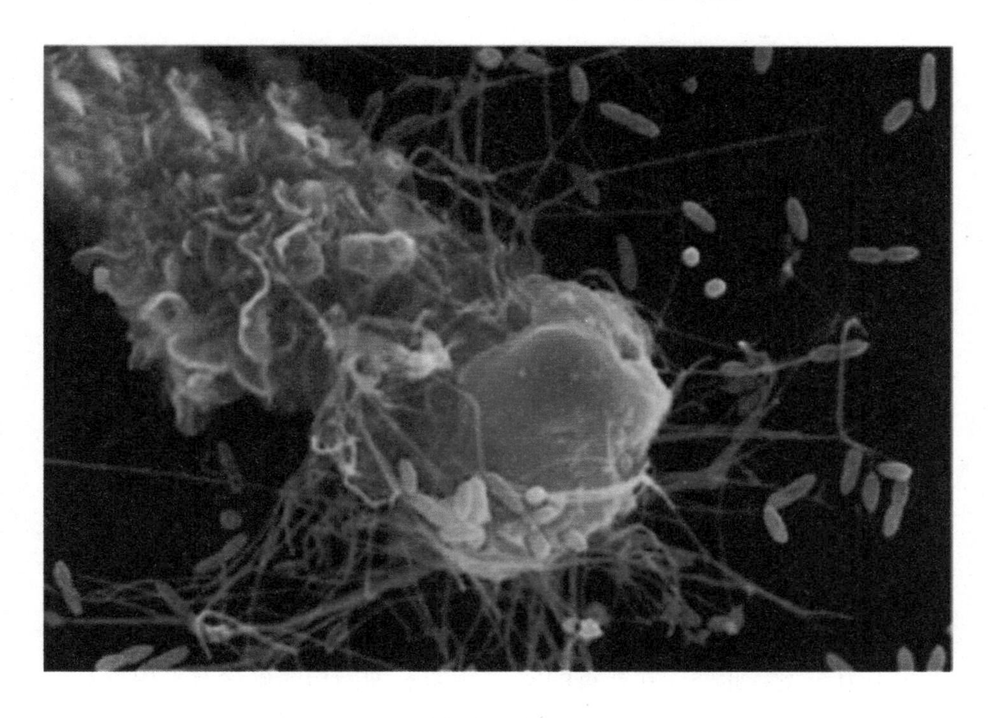

高致病性禽流感病毒感染

在禽类中分布是如此之广，在野生水鸟中更是普遍存在。此后，又在鸡和燕鸥中分离出了H5高致病株。

人们根据其毒力将禽流感病毒分为两型，高毒力性或称高致病性（可引起家禽疫）和无毒力性（仅引起轻症疾病或无症状感染）。少数情况下，实验室中的低致病性病毒也可在现实生活中导致禽流感暴发（如1978年美国明尼苏达州140个火鸡养殖场的禽流感暴发）。但总的来说，其发病率和病死率比高致病性病毒低得多。

近30年来，高致病性禽流感病毒在下列地区的家禽中发生过暴发：澳大利亚[1976（H7）、1985（H7）、1992（H7）、1995

（H7）和1997（H7）]，英格兰[1979（H7）和1991（H5）]，美国[1983—1984（H5）]，爱尔兰[1983—1984（H5）]，德国[1979（H7）]，墨西哥[1994—1995（H5）]，巴基斯坦[1995（H7）]，意大利[1997（H5）]，香港[1997（H5）]，2003年10月以来亚洲多国的H5N1型禽流感和今年2月初美国的H7型禽流感。显而易见，所有的高致病性禽流感皆为H5或H7亚型，而N亚型似乎与毒力无关。此外，在严重的家禽疫样暴发中还曾分离出H4和H10亚型。

（2）人禽流感的传播途径。人禽流感的传播途径有三种：一是经飞沫在空气中传播。病禽咳嗽和鸣叫时喷射出带有H5N1病毒的飞沫在空气中漂浮，人吸入呼吸道被感染发生禽流感。二是经过消化道感染。进食病禽的肉及其制品、禽蛋，病禽污染的水、食物，用病禽污染的食具、饮具，或用被污染的手拿东西吃，受到传染而发病。三是经过损伤的皮肤和眼结膜感染H5N1病毒而发病。

（3）2009年初中国人禽流感病例。自2009年1月6日北京确诊一例人感染高致病性禽流感之后，17日、18日、19日，分别在山西、山东、湖南相继确诊有人感染高致病性禽流感，从地图上看确诊时间和地点明显呈由北向南逐渐移动趋势。从时间和发病地点来看，也是先在北京有人感染之后，再出现有人在湖南、贵州感染（山东病例感染来源不明）。

其他相关疾病

禽流感病毒可以感染所有的物种，少数病毒甚至也会受到其他特定病毒的感染，但特定的病毒感染物种的范围是有限的。例如，植物病毒不会感染动物，而噬菌体只能感染细菌。

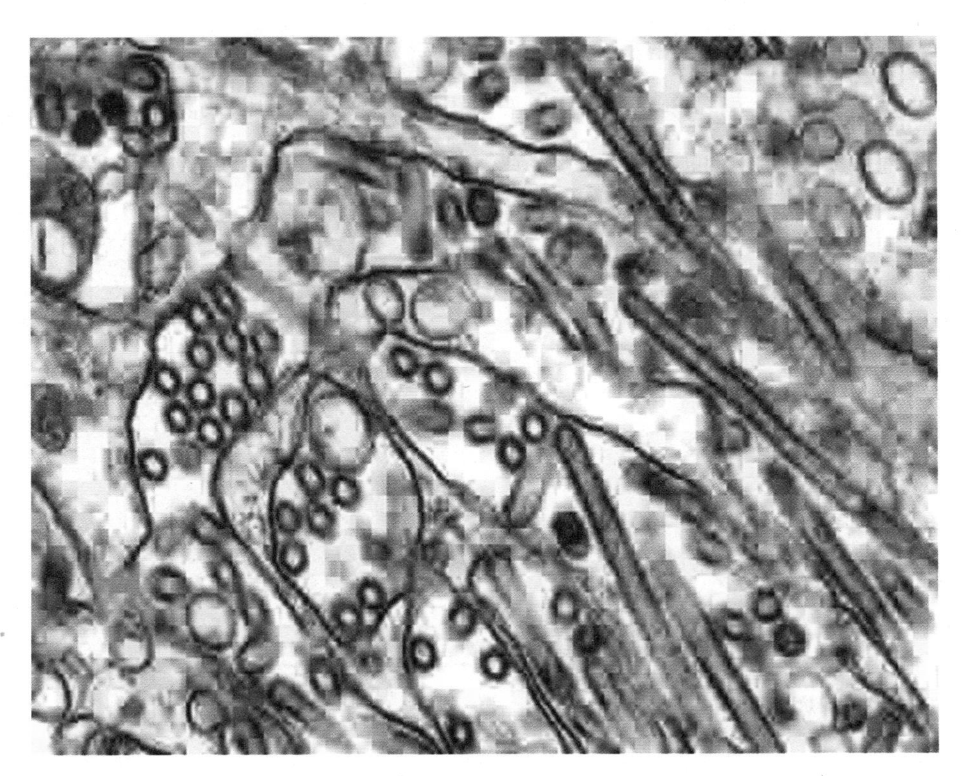

H5N1禽流感病毒

◆ **动　物**

对家畜来说，病毒是重要的致病因子，能够导致的疾病包括口蹄疫、蓝舌病等。作为人类宠物的猫、狗、马等，如果没有接种疫苗，会感染一些致命病毒。例如犬小病毒，一种小DNA病毒，其感染是导致幼犬死亡的重要原因。所有的无脊椎动物都会感染病毒。例如蜜蜂会受到多种病毒的感染。幸运的是，大多数病毒能够与宿主和平相处而不引起任何损害，也不导致任何疾病。

◆ **植　物**

植物病毒的种类繁多，能够影响受感染植物的生长和繁殖。植物病毒的传播常常是由被称为“载体”的生物来完成。这些载体一般为昆虫，也有部分情况下为真菌、线虫动物以及一些单细胞生物。控制针对植物的病毒感染，通常是采用消灭载体生物以及除去其他可能的病毒宿主，如杂草。对于人类及

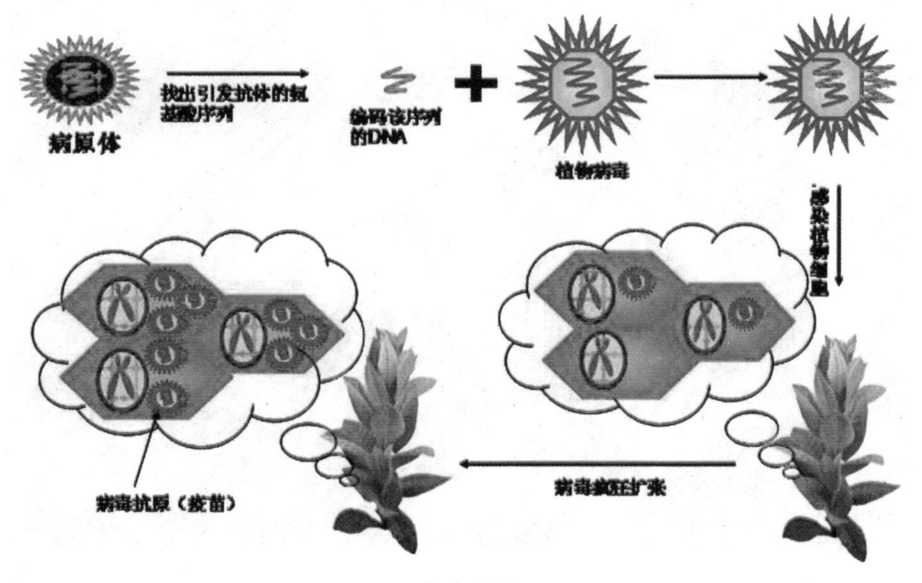

植物病毒

植物病毒症状

其他动物来说，植物病毒是无害的，它们只能够在活的植物细胞内进行复制。

植物具备精巧而有效的防御机制来抵抗病毒感染。其中，最为有效的机制是“抵抗基因”（R基因）。每个R基因能够抵抗一种特定病毒，主要是通过触发受感染细胞的附近细胞的死亡而产生肉眼可见的空点，从而阻止感染的扩散。植物中的RNA干扰也是一种有效的防御机制。当受到感染，植物常常就能够产生天然消毒剂（如水杨酸、一氧化氮和活性氧分子）来杀灭病毒。

◆ 噬菌体

噬菌体是病毒中最为普遍和分

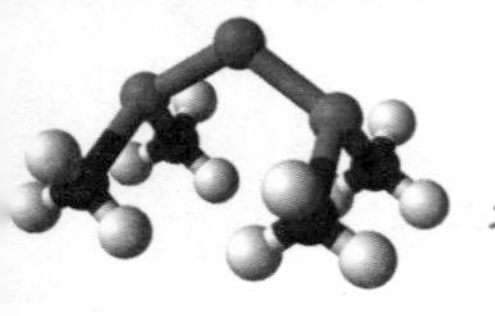

布最广的群体。例如，噬菌体是水体中最普遍的生物个体，在海洋中其数量可达细菌数量的十多倍，1毫升的海水中可含有约2亿5千万个噬菌体。噬菌体是通过结合细菌表面的受体来感染特定的细菌。在进入细菌后的很短的时间内，有时仅仅为几分钟，细菌的聚合酶就开始将病毒翻译为蛋白质。这些病毒蛋白质有些在细菌细胞内组装成新的病毒体，有些为辅助蛋白可以帮助病毒体的组装，有些则参与细胞裂解（病毒可以产生一些酶来帮助裂解细胞膜）。噬菌体的整个感染过程非常迅速，以T4噬菌体为例，从注入病毒核酸到释放出超过300个新合成的病毒，所需的时间仅为20多分钟。

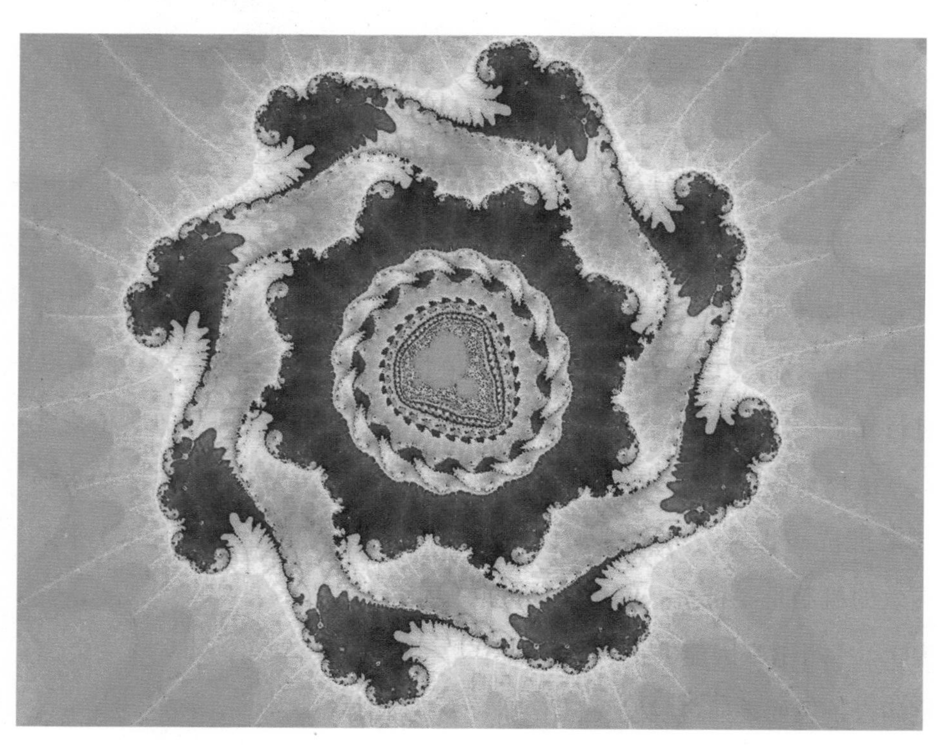

细 菌

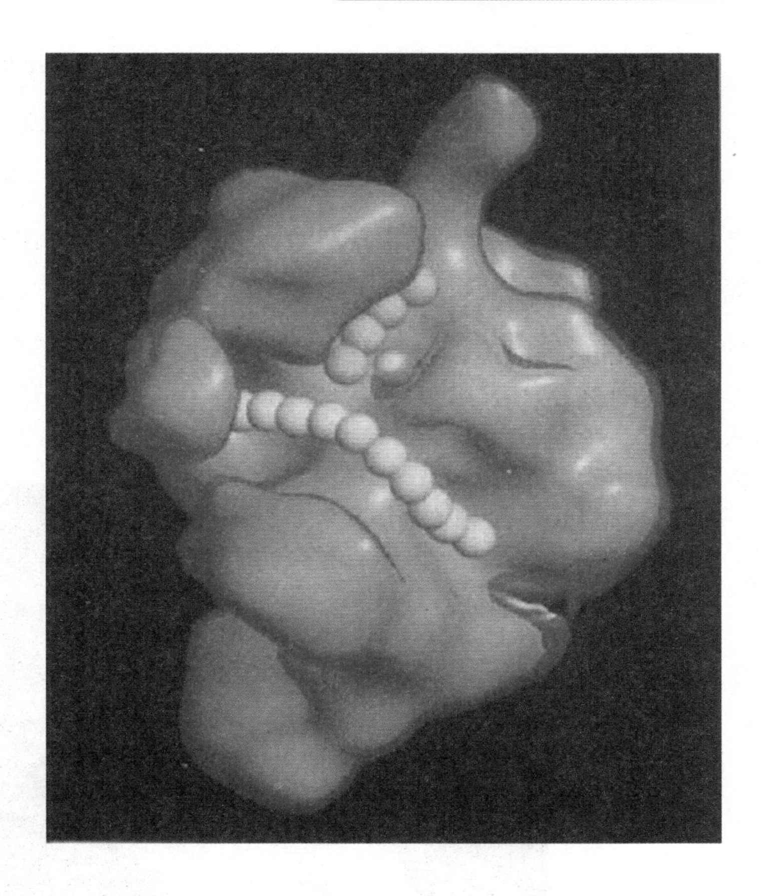

聚合酶

细菌防御噬菌体的主要方法是合成能够降解外来DNA的酶。这些酶被称为限制性内切酶，它们能够剪切噬菌体注入细菌细胞的病毒DNA。细菌还含有另一个防御系统，这一系统利用CRISPR序列来保留其过去曾经遇到过的病毒的基因组片断，从而使得它们能够通过RNA干扰的方式来阻断病毒的复制。这种遗传系统为细菌提供了一个类似于获得性免疫的机制来对抗病毒感染。

◆ **古　菌**

古菌也会被一些病毒感染，主要是双链DNA病毒。这些病毒明显与其他病毒无相关性，它们具有多种特别的外形，如瓶状、钩杆状或泪滴状。在嗜热古菌，特别是硫化叶菌和热变形菌中的这类病毒已经获得了细致的研究。古菌的病毒防御体系可能包括了RNA干扰（利用古菌基因组中所含的与病毒基因相关的重复DNA序列来进行）。

嗜热古菌

第六章

说说细菌专家

现代科学使我们逐步认识一个庞杂的微生物世界——细菌。这种单细胞原核生物，小到一微米，却遍布于土壤、水、空气、有机物和生物体，几乎无处不在，而且大部分是寄生菌。自然界的生物，总体而言，都是共存共生的，相辅相生，相克相生，形成生态平稳。科学家测定，一个健康人身上就有100万亿细菌，与人共生，发挥多种作用。譬如体表的葡萄球菌呈酸性，不但抑制喜欢碱性的病菌滋生，减少人类患皮肤病的几率，还保持水分，使人类的皮肤滋润、亮丽。如果没有消化道的细菌使食物发酵分解，人体就无法吸收营养，也就活不下去了。古人说，“水至清而无鱼”，人们讲卫生，洗脸洗澡，也要“适可而止”，如果洗得太干净了，皮肤就会皴裂、粗糙。有人滥用抗生素，体内的有益细菌被杀灭，人也死了。可见，人类休想消灭一切细菌。在人类与细菌间展开的旷日持久的战争中，敌我双方的力量总是此消彼长，往往是道高一尺，就魔高一丈。但是现在，或许我们真的可以说，在击败病菌的道路上，人类已经进入了收尾阶段。关于细菌的研究，一代代人付出了艰辛的努力，同时也涌现出了许多杰出的研究专家。

艾德华·贝曲

艾德华·贝曲医师是一位真正的西医师、细菌学家和同类疗法医师。他于1886年出生在英国伯明罕郊区的莫斯理。先后在伯明罕医学院和伦敦医学院攻读，并获得内科医师、外科医师及公共卫生的学位。

在第一次世界大战期间，贝曲不仅照顾了大量的病患，也在世界流行性感冒猖獗的时代，发明了流感疫苗，拯救了成千上万人的性命。因为工作及研究的庞大压力，让贝曲得到了癌症而倒了下去，但却在他许下为医学贡献和快乐的投入工作中，身体竟然慢慢的康复。对贝曲医师来说，上天给了他一个强而有力的信念——“心理状况对生理健康有直接而强大的影响”！

英国贝曲花精工作室

当他发现了哈尼曼医师有关同类疗法的书籍之后，启发了他走向自然疗法的道路。他结束了赚钱成功的诊所，全心全意地奉献在发现花精和建构新的医疗系统的工作之上。整整六年的光阴，他陆续的发现了 38种花精，并提出了新的医病关系，及自我疗愈的医学理念，将毕生的研究成果和心得，遗爱给世人！

从改善情绪入手改善身心的健康状态，这并不是贝曲医生某一天早上的突然“顿悟”，从1913年开始研究治疗慢性病的疫苗，到1936年去世前发表最后的关于38种花精的介绍，贝曲医生用了整整23年时间才完成花精疗法的治疗原则和花精体系的研究工作。

1913年，贝曲医生因健康状态恶化，辞去了在医院主治医生的工作。刚刚康复他就开始在伦敦哈雷街一家诊所工作，他的病人越来越多，但是经过长时间的观察和工作经验，越来越不满意传统的西医，因为很多病人虽然表面上康复了，但是他们的健康状态却并不能持续很久，而且很多人都有一些长期或慢性的病症，几乎无法治疗。很多人就是现代医学称为的亚健康状态。

贝曲医生感到医生太忙而只能专注病人的生理状态，根本无暇研究病人的性格和情绪状态，而他敏锐地感到这可能才是病人最重要的病症。于是他决心研究免疫学，寻找更好的治疗方法。1915年至1919年，贝曲医生在伦敦的学院大学医院作为一名助理细菌研究员。在这个领域他首次发现某些微不足道的肠道细菌和慢性病及其治疗有关，这些细菌在健康人和病人的身上都有，但是在病人身上的数量却急剧增加。他从这些肠道细菌中研制出一种疫苗，注射到病人的血管，可以清理引起慢性病的毒素系统。结果大大超出他的意料，病人不仅整体的健康状态改善了，而且一些慢性病比如关节炎，风湿病、头痛等，也彻底消失了。

虽然工作有了进展，但是贝曲医生一直不喜欢皮下注射的方式，因为它会引起病人痛苦的反应，还有局部的红肿和不适。

随后，他的一个新发现解决了一部分的问题。他注意到如果在前一次注射后产生的积极效果开始减弱的时候或病人的病情稳定以后，再使用疫苗，比固定地定期使用疫苗的效果要好得多，病人也没有那么严重的反应。这样就大大减少了注射的次数。

忘我的工作使从小体弱多病的贝曲医生在1917年被诊断为癌症晚期，手术医生断言他最多还有三个月的生命。在战胜了难以想象的身心痛苦后，贝曲医生决心用最后的时间全部投入心爱的研究工作，因为寻找更好的治疗方法帮助受病痛折磨的人们，一直是贝曲医生强烈的愿望，他不愿意轻易放弃，哪怕面对死亡。

几个月夜以继日的工作，他的病竟然在不知不觉中康复了！这在当时简直是一个奇迹，但是也使贝曲医生停下来思考自己康复的原因。他认为是因为一种专注的兴趣，一种伟大的爱，一个明确的生活目标，这些不仅是幸福的决定因素，而且也的确激发了他战胜困难的勇气，并帮助他重获健康。

诺拉·维克丝在贝曲医生的传记中写到："在他此后的工作中就体现了这个伟大的真理，因为他找到的花精就具有这种力量，使人的身心重新获得继续生活和做自己的工作的愿望，正是依靠这种愿望健康完全恢复了。"

1914年第一次世界大战爆发，由于过度忧伤，贝曲医生的身体状况一直不好，多次被拒绝加入海外服务。但是他的工作异常繁忙起来，除了细菌研究工作，他还负责

400多个病床的工作。

1918年流感爆发，贝曲医生研究的慢性病疫苗被非正式用于士兵的治疗，拯救了成千上万的生命。

1920年，他的疫苗研究成果被英国皇家医学会记录并承认。

虽然他的疫苗研究是传统西医对慢性病治疗的一大进步，但是贝曲医生自己并不满足。因为还有很多病症无法治愈，他感到自己的研究还刚刚起步，自己还需要加倍的努力。

◆ **花精疗法的特点**

第一，简单。花精的制作是非常简单的，通过日晒和煎煮获得野花的水溶液。没有任何高科技或神秘的加工。

第二，高度稀释后的花精是最安全的食品。花精水溶液首先用一半的白兰地稀释保存为母液，稀释率50%，然后用两大滴母液（约相当于6滴原液），灌入10ml（约300滴）的原液瓶，稀释率约为50%x6/300=1% 食用的时候，取两滴原液放入30ml（约900滴）的稀释瓶，稀释率约为1%x2/900=约为万分之二 如果把稀释液滴入一杯水中，稀释率可能为百万倍，但是效果却一样，甚至更好。 这样高度稀释的植物溶液是绝对安全，无任何副作用的。

第三，有效而可靠。花精是如此地高度稀释，甚至我们的味觉只能感到一点点白兰地的酒味。很多人尝不到任何味道，因此认为花精是没有作用的，或者自己的情绪改变是心理作用。花精正是在这种质疑的眼光中不断得到人们的认可。因为很多人都是在别无选择或急救的情况下才选择了花精，人们更愿意相信事实，也因此接受了花精温和而含蓄的作用风格。花精的安神的作用和中医、针灸的作用一样，是不可能用科学仪器测量分析的，我们的头脑暂时不能理解和解释的事实很多，但是只要我们尊重事实，也许有一天人类可以解释这些，东方的传统思维比西方的化学分析和解剖方式更接近解释这些事实。

◆ **花精疗法的功效**

心灵的作用是即刻产生的，但是带来的情绪、行为的改变，常常很微妙、温和。情绪强烈的时候，在服用花精后一两天会感到内心明显地安静了很多，但是以后的自我感觉便不明显，这是因为花精带来的内心的平静是自然的。通常需要多一点时间稳定下来，才会让自己和周围的人察觉到。内心自然的宁静和平安对外向性格的人来说可能自我感觉不明显，但是周围的人可以察觉你的情绪、态度的改变。

建议食用 2 ~ 8 周直到正面的情绪稳定，通常将稀释的一瓶食用完。对长期和严重的问题应该长期服用，多给自己一些时间适应态度和行为的改变，直到完全有能力把握正面的情绪。

贝曲花精使我们的消极情绪渐渐消退，心灵恢复平安和纯净。而情绪的改善可以通过我们的态度和行为表现出来,通常需要两周以上的时间使自己的情绪感受稳定。对外向的人,往往其他人更容易发现自己的改变：

（1）激烈的心情平静下来了

（2）不想发火或挑剔别人了

（3）不太着急，担心了

（4）能专注眼前的事情，不容易走神了

（5）脸色平和光滑了许多

（6）睡眠时梦少了，即使失眠，也不感到焦虑

（7）不太斤斤计较了，周围人对自己的态度好起来

（8）脾气温和了，不太走极端或易怒

（9）悲伤、担心的情绪淡了

许多，开始笑了

（10）忘记害怕了，开始积极地尝试参与许多事情

（11）不紧张焦虑了，而能镇定地面对问题

（12）胃痛次数越来越少

（13）注意力集中的时间越来越长

（14）长期使用，生活和工作效率越来越高，各种亚健康和慢性疾病得到明显改善或完全消除。

植物精华可以对人的情绪产生各种各样的影响，有些让人平静，有些让人兴奋；有些让人痴迷，有些让人难受；有些让人勇敢，而有些让人温柔等等。

许多对能量敏感的人，服用台湾花精后，常常会感觉到身体内有股强烈的震动，从头部、各个经络系统或七个脉轮等等，感觉到能量像气垫一般环绕著身体，心灵会变的比较平静，这种经验就像接受灵气治疗或冥想静坐时，身心灵平衡放松的感觉很相似。通常规律使用一个月后，可以观察到效果显著，很多生理、心理的症状都明显减轻消除。

服用花精不会有任何副作用，但是有些人会出现“好转反应”，中医称为“瞑眩反应”，也有称为“疗愈危机反应”或“贺林现象”的情形，像是发疹子、轻微腹泻、莫名其妙想哭、不断打喷嚏或是想睡觉等等，这是因为花精导引出我们体内潜藏的问题。

◆ 顺势疗法和贝曲疗剂

1919年至1922年，贝曲医生在伦敦顺势疗法医院建立了自己的细菌研究室，从此开始接触顺势疗法。

这时候，贝曲医生得到了一本顺势疗法的创始人汉勒姆的著作《推理法》。他几乎是带着怀疑的态度开始阅读这本书的，但是刚开始的前几页就彻底改变了他的态

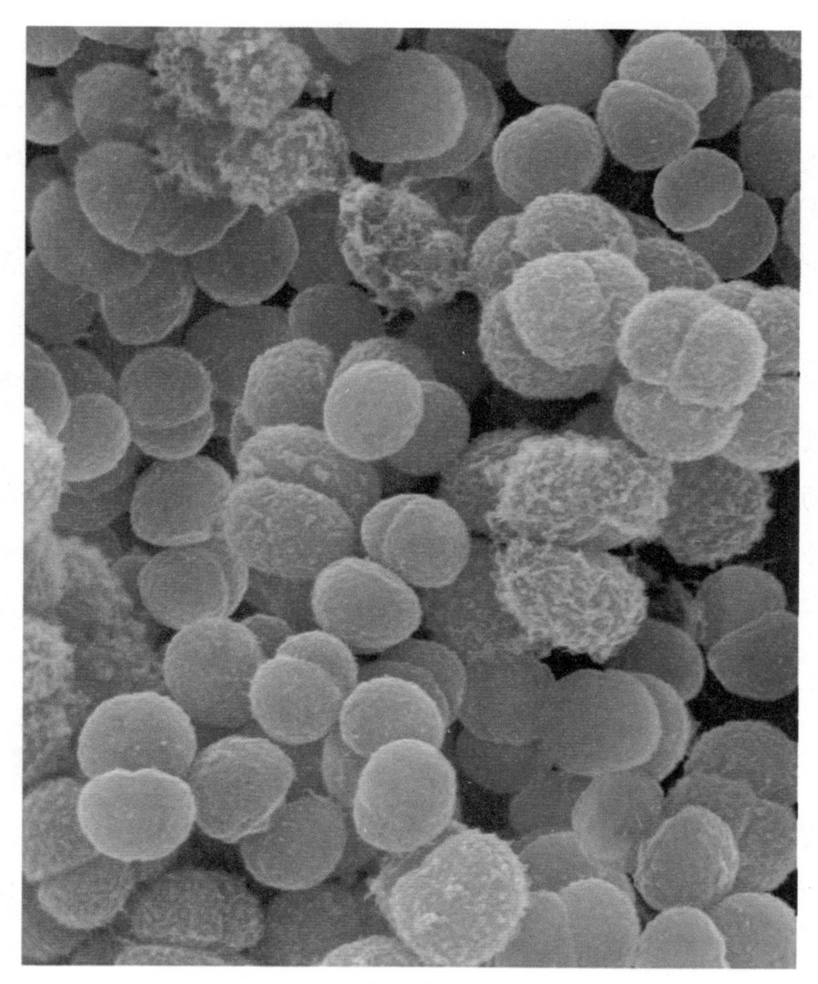

细　菌

度。他意识到汉勒姆天才的智慧，于是一页一页地仔细阅读。

他越看越有兴趣，因为他发现了很多和自己的研究结果相似之处。原来一百年前的汉勒姆早就知道了贝曲医生用各种方法才发现的事实：慢性病和肠道毒素存在紧密的联系，而且汉勒姆也用实验证明了在前次药物的效果消失后再使用药物，比定期使用药物效果更好的事实。

贝曲医生被深深震撼，因为汉勒姆医生在一百年前研究的时候，还没有任何科学仪器帮助，只有几个助手的协助。而且他还非常勇敢地公布了自己的发现，尽管当时没有一个人支持他。

汉勒姆使用来自大自然的治疗物，而非细菌，也使贝曲医生感到惊喜。尽管汉勒姆也使用有毒物或金属，但是都是非常非常少量，它们的危害完全可以忽略。

汉勒姆和贝曲医生还有一个相似之处，那就是每一个病历都应该得到个性化的治疗，而不是群体化的治疗。汉勒姆说“明智的医生应该根据每个病人的个性来诊断病情，也应该根据个性来治疗，用一个合适的针对个性的治疗物。”

汉勒姆和贝曲都认为真正的治疗原则应该是：治疗病人，而不是疾病。汉勒姆医生认为应该治疗病人的情绪和精神状态，并以此为指导寻找合适的治疗物，而不用考虑病人的生理病症。用这种方法可以马上给病人诊断和治疗，而不用浪费时间进行冗长的痛苦的检查化验。他在《推理法》的第一章写到：医生崇高和唯一的使命是使病人恢复健康，是治愈……。而这也正是贝曲医生从医的原因，正是这种愿望使他勇于克服一切困难，完成自己的使命。这样的理想也使他以后被传统医学所误解和质疑，在后来研究和使用花精疗法的过程中，他曾不止一次被警告将取消他的注册医生的资格，但是这些丝毫也不能影响他，因为他坚信有一种更好的治疗方法帮助病痛者，而他决不会向固有的规定和理论所屈服。

汉勒姆的《推理法》使贝曲医生认识到自己可以将顺势疗法和疫苗研究在某些方面结合起来，这样可以扩展和推进两个领域的研究。他开始用顺势疗法的方法制作疫苗，并改为口服，效果令他满意，从此以后他几乎放弃了注射的方式。他将发现的肠道细菌分为七组，并开始临床试验。他同时也开始研究七组病人的情绪状态，他发现每一组病人竟然表现出一种明确的个性，七组病人表现出七种不同的个性。他非常激动，感到自己的直觉得到了验证。

经过大量的临床观察和总结，贝曲医生开始根据病人的情绪状态诊断病人，他得到的结果也超出了他的预料。这种诊断方法也让他非常喜爱，病人不仅省去了很多身体检查时的不舒服和难堪，而且这些

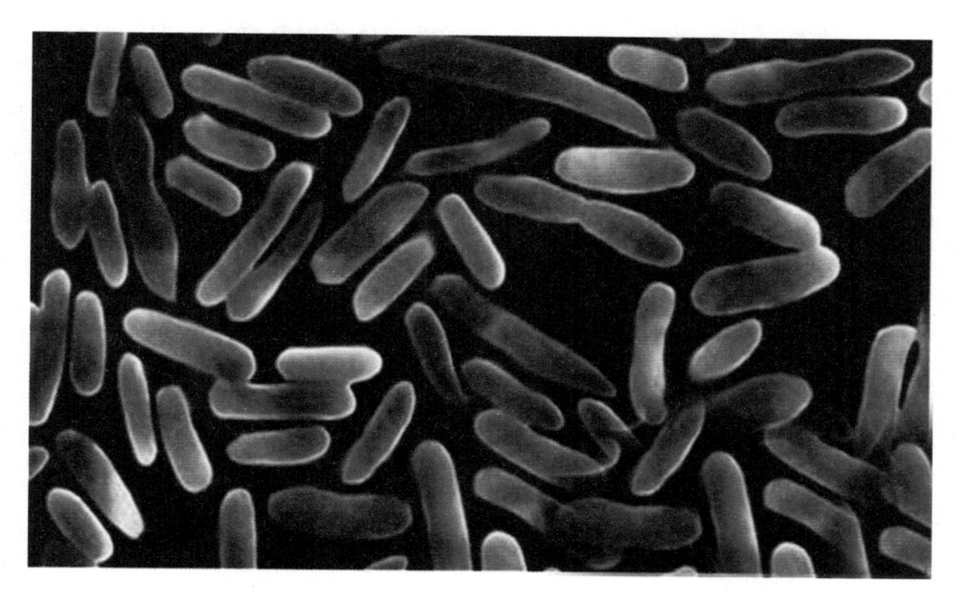

人体肠道细菌

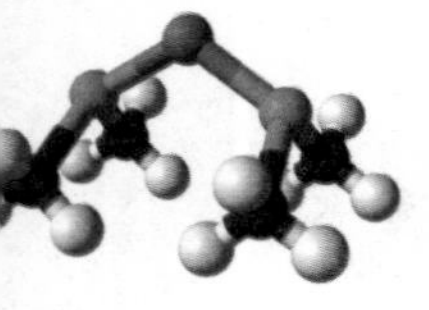

检查常常使病人更加疲倦和虚弱。

1920年，贝曲医生发表了《疫苗研究和顺势疗法的关系》。他指出两者之间的相识之处：小剂量，组成，使用方法以及治疗物的种类。这使当时很多细菌研究专家开始对顺势疗法产生了浓厚的兴趣。

在以后的几年中，贝曲医生不断完善每一个细节，使贝曲疗剂的使用诊断完全可以依靠观察症状就可以了，不需要任何仪器的帮助。

◆ **贝曲疗剂研究的新进展**

诊所和实验室的工作，以及疫苗成功带来的许多工作使贝曲医生又陷入异常忙碌之中，但是他始终在伦敦郊区还保留了一个小房间，免费地治疗和指导贫困的病人。

他的天才在一直倍受歧视的顺势疗法领域得到了承认，顺势疗法医生们称他为“第二个汉勒姆”。1926年他和助手C.E.Wheeler一起发表了《慢性病：一个存在的假设》。这本书影响广泛，并同时得到对抗疗法和顺势疗法的赞誉。他的疫苗是如此成功，从此口服疫苗开始大量取代注射疫苗。

他的实验室开始为700多名医生提供疫苗样品。同时他也在门诊工作。这其间他的收入非常高，但是大部分都用于了研究室的工作需要。

贝曲医生不知疲倦地研究如何更加简化治疗方法和使治疗物更加纯净。他夜以及日地发现，实验，研究，甚至尝试过电疗，X光疗等等。但是效果都不满意。

他同时也在研究饮食和疾病的关系，他倡导要尽量吃未烹煮过的新鲜的食物，水果，坚果，谷类，蔬菜等，这样也可以减少肠道毒素的数量。

1924年，贝曲医生发表了一篇文章《肠道细菌与癌症的关系》，正式向英国顺势疗法协会汇报了他的研究，健康的饮食和疫苗治疗结合起来可以产生身体的整体状况的改善，而不是针对局部的治疗。他终于用科学的方法验证了长期以来的直觉：病人的情绪状况是他治疗的最重要的病症。疫苗使人整体的健康状态完全恢复，以至于局部的病症也自己消失了。这一点和后来的花精疗法是一样的，他说花精疗法就是使病人从“不像自己”的精神和情绪状态恢复到“完全是自己”的情绪状态。

他的助手C.E.Wheeler在1927年国际顺势疗法大会上发言说“请首先注意贝曲医生是一位细菌学家，事实上他是通过细菌学的研究途径解决免疫学的难题。请再注意，当他得出这些研究成果时，他完全不知道顺势疗法。”这次大会贝曲医生还公布了他发现的肠道细菌就是汉勒姆发现的PSORA。贝曲医生认

青 菜

为自己只是验证和扩展了汉勒姆的研究。

虽然疫苗和口服法取得了成功，但是贝曲医生认为这七种疫苗还只是代表了疾病的一个分支，就是汉勒姆医生以PSORA命名的一组病菌，它们不能治疗所有的慢性病，而且疫苗来自细菌，也让贝曲医生不满意。他希望找到一种更纯净的治疗物。这时候他开始研究植物和草药，但效果都没有疫苗理想。

1928年，他写信给英国顺势疗法协会，他在提到汉勒姆时写道："我希望有可能为你们提供七种药草代替七组细菌，因为人们头脑中始终认为使用和疾病有关的细菌来治疗是不好的。汉勒姆看到由于社会环境的不断改变，新的疾病还会不断出现，因此必须寻找新的治疗物。他的天才也再次认为在大自然中可能存在着无数的治疗物，可以治愈所有可能产生的疾病。"

同年，贝曲医生第一次找到了三种花精植物，用它们取代七种贝曲疗剂。这些花精可以针对所有疾病，以及可能发生的所有疾病状况，因为他最终发现了治疗病人的情绪或精神状态，而与具体的疾病的类型，种类、名称或持续时间无关。

贝曲医生已经做了大量的植物研究，并预言可能产生一种新的制作方法。贝曲医生还在同一封信中阐述了他对疾病的新的定义："科学逐步表明，生命是和谐的，是一种合拍的状态，疾病是失调的状态，是一部分和整体失去和谐的状态。"

这样的理解已经超越了传统西医只从解剖学理解人体的认识，当时的西方主流社会是难以接受的，但是它符合顺势疗法的整体治疗的思想，也接近中医对人的整体认识。从贝曲医生的《治疗你自己》中可以看到印度文化对他的深刻影响。花精疗法的思想在当时是非常超前的，西医直到最近十几年才改变了其他医疗方法都是巫术的固执想法，比如现在的西方已经完全认可针灸，很多流行的另类疗法都来源于东方有着几千年经验的传统医疗手段。随着中国不断溶入国际社会，东西方文明的深层次融合是一个明显的趋势，东方的智慧和传统像一个封存很久的宝库，刚刚被人们重新打开。而花精疗法在东方的应用和研究也将是花精疗法在未来最重要的发展。

1931年，贝曲医生出版了花精

针　灸

疗法的哲学思想《治疗你自己》，同年还出版了《你的痛苦来自于你自己》。

1932年，出版《释放你自己》，倡导一种简单、遵循直觉、尊重个性自由和创造性的生活态度。

1933年，出版《12种治疗物》完成了确定12种性格情绪花精的工作。

1934年，出版《12种治疗物和7种辅助者》，完成了确定7种长期情绪花精的工作。同年还发表了文章《旅行者的故事》，用比喻介绍16种花精的情绪特点。

1936年，出版《12种花精和其他治疗物》，完成19种日常情绪花精的确定，至此确定了全部38种贝曲花精和对应的情绪分类。

路易·巴斯德

路易·巴斯德，法国著名的微生物学家，曾任里尔大学、巴黎师范大学教授和巴斯德研究所所长。在巴斯德的一生中，曾对同分异构现象、发酵、细菌培养和疫苗等研究取得重大成就，从而奠定了工业微生物学和医学微生物学的基础，并开创了微生物生理学，被后人誉为“微生物学之父”。

◆ 第一个胜利

巴斯德是一位法国制革工人、拿破仑军队的退伍军人的儿子，小时候家境贫困。巴斯德勤奋好学，再加上聪明伶俐，颇具艺术天分，很有可能成为一名画

路易·巴斯德

家。然而，他19岁时放弃绘画，而一心投入到科学事业中。

巴斯德最早是从事化学方面的研究工作——关于酒石酸的光学性质。他通过实验制备了19种不同的酒石酸盐和外消旋酒石酸盐的晶体。在显微镜下检查时，他发现，这些晶体能用机械的方法分作两

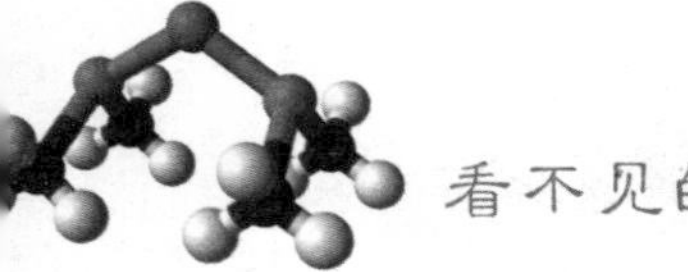

类：左旋和右旋晶体。它们具有旋光数值相同，但旋光方向相反的偏振光特性，从而揭示了酒石酸的“同分异构现象”。

巴斯德在化学领域的杰出成就，受到人们的重视并获得了荣誉。然而，他并未将自己的视线仅仅停留在化学领域，而是将实验化学的原理、技能等广泛地应用于发酵问题，从而开辟了人类科学历史的新纪元。

◆ **走向辉煌**

巴斯德从化学研究转入生物

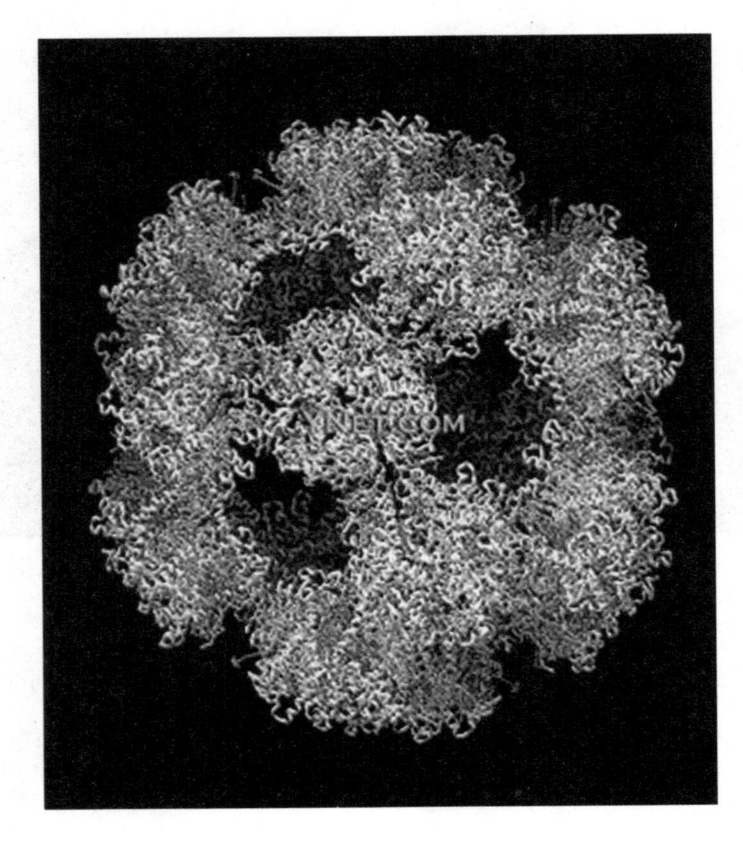

晶体结构

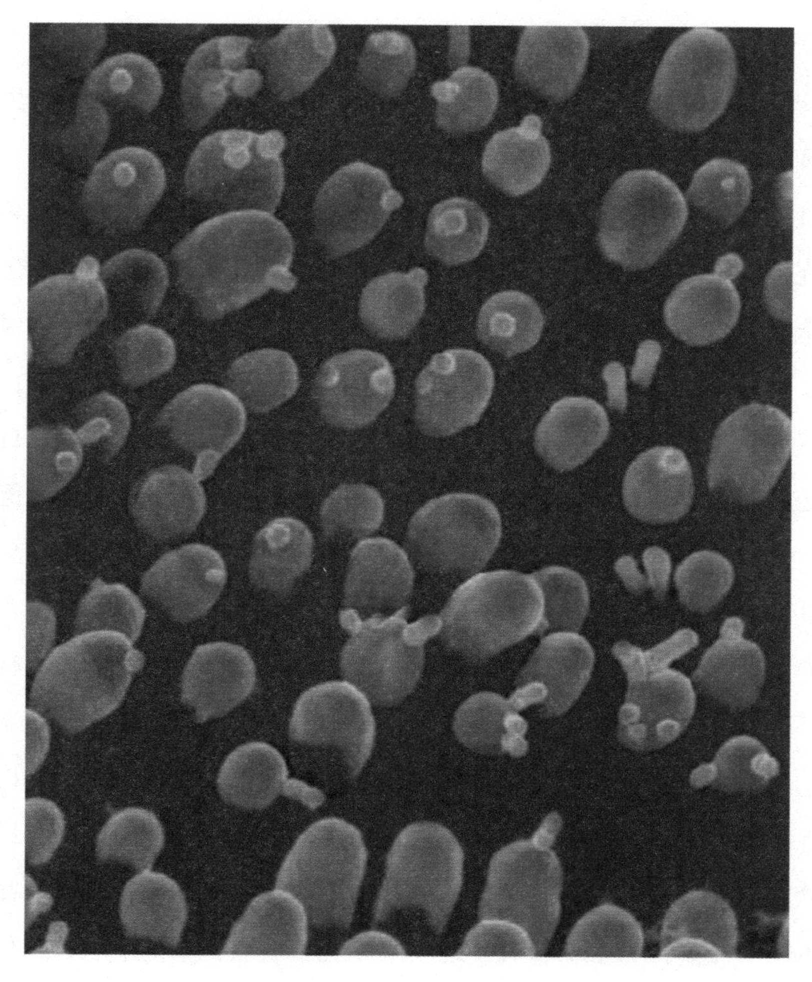

酵母菌

学研究，发现微生物对酸的选择作用。在研究酒质变酸问题过程中，明确指出发酵是微生物的作用，不同的微生物会引起不同的发酵过程。改变了以往认为微生物是发酵的产物，发酵是一个纯粹的化学变化过程的错误观点。同时，巴斯德通过大量实验提出：环境、温度、pH值和基质的成分等因素的改变，以及有毒物质都以特有的方式影响着不同的微生物。例如酵母菌发酵产生酒精的最佳pH值为酸性，而乳酸杆菌却喜欢pH值为中性的环境条件。

巴斯德在发酵问题的研究中，确立了他的学术地位，但他并不满足，仍然奋斗在科学实验的前沿阵地上，因为他坚信“科学实验”可以解决许多问题，是最有力的证据之一。1868年10月，他患上脑溢血，使他的身体左侧刺痛、麻木，最后失去活动能力。在这期间，他仍然口述一份备忘录，论述他富有独创性的实验——如何检查发现刚刚开始感染到疾病的蚕卵，最终实验获得成功，使纯净的“种子”（即蚕卵）得以传遍整个欧洲和日本。多么令人感动的科学研精神呀！正是这种精神，才使得巴斯德成为了世界上伟大的微生物学家。

◆ 不朽的功绩

第一，巴斯德否定了微生物的自然发生说。

新鲜的食品在空气中放久了，会腐败变质，并发现其中有微生物。这些微生物从何而来？当时有一种观点认为，微生物是来自食品和溶液中的无生命物质，是自然发生的——自然发生说。巴斯德通过自己精巧的实验给持有这种观点的人以有力的反驳。

巴斯德设计了一个鹅颈瓶（曲颈瓶），现称巴斯德烧瓶。烧瓶有一个弯曲的长管与外界空气相通。瓶内的溶液加热至沸点，冷却后，空气可以重新进入，但因为有向下弯曲的长管，空气中的尘埃和微生物不能与溶液接触，使溶液保持无菌状态，溶液可以较长时间不腐败。如果瓶颈破裂，溶液就会很快腐败变质，并有大量的微生物出现。实验得到了令人信服的结论：腐败物质中的微生物是来自空气中的微生物，这个实验也导致了巴斯德创造了一种有效的灭菌方法——巴氏灭菌法。

巴氏灭菌法又称低温灭菌法，先将要求灭菌的物质加热到65℃30分钟或72℃15分钟，随后迅速冷却到10℃以下。这样既不破坏营养成分，又能杀死细菌的营养体，巴斯德发明的这种方法解决了酒质变酸的问题，拯救了法国酿酒业。现代

巴斯德在做实验

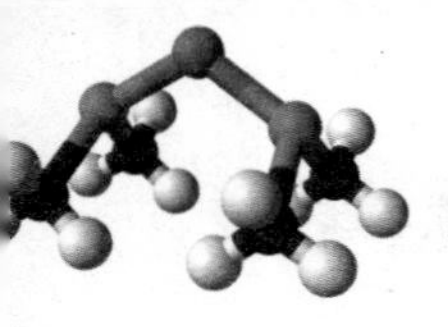

的食品工业多采取间歇低温灭菌法进行灭菌。可见，巴斯德的功绩有多大。

第二，巴斯德和疾病的病菌说。

巴斯德从研究蚕病开始，逐步解开了较高等动物疾病之迷，即由病菌引起的疾病，最后征服了长期威胁人类的狂犬病。

1865—1870年，他把全部的精力都集中到蚕病的研究上。这个研究牵涉到两种病原微生物。在搞清蚕病起因后，巴斯德提出了合理可行的防治措施，从而使法国的丝绸工业摆脱了困境。

而后，巴斯德又专心研究动物的炭疽病，他成功地从炭疽病的动物（如牛、羊）的血液中分离出一种病菌并进行纯化，证实就是这种病菌使动物感染致病而亡。这就是动物感染疾病的病菌说观点。但是，当时的内科医生和兽医们却普遍认为疾病是在动物体内产生的，由疾病产生了某种有毒物质，然后，也许是，由这些有毒物变成了微生物的错误观点。后来巴斯德又研究妇科疾病产褥热。他认为这种病是由于护理和医务人员把已感染此病的妇女身上的微生物带到健康妇女身上，而使她们得病。

由此可见，巴斯德虽不是一名医生，但他对医学的贡献也是无法估量的，他为医学生物学奠定了基础。

第三，巴斯德与免疫学。

巴斯德除了研究炭疽病外，还研究了鸡的霍乱病。这种病使鸡群的死亡率高达90%以上。巴斯德经过多次尝试后发现，这种致病的微生物能在鸡软骨做成的培养基上很好地生长。一小滴新鲜的培养物能迅速杀死一只鸡。

巴斯德在研究此病过程中最值得庆幸的是：当某鸡用老的、不新鲜的培养物接种时，它们几乎都只有些轻微的症状，并很快恢

牛

复健康。再用新鲜的、有毒力的培养物接种时，这些鸡对这种病的抵抗力非常强，这样巴斯德就使自己的实验用鸡产生了对鸡霍乱病的获得性免疫能力了。这可以同琴纳使用牛痘对人的天花病产生免疫能力相媲美。

巴斯德在成功地研究出防止鸡霍乱病的方法后，又着手研究对付炭疽病的方法。他把炭疽病的病菌培养在温度为42℃～43℃的鸡汤中。这样，此病菌不形成孢子，从而选择出没有毒性的菌株作为疫苗进行接种。

巴斯德是世界上最早地成功研制出炭疽病减毒活性疫苗的人，从

鸡霍乱病

而使畜牧业免受灭顶之灾。

◆ **光辉的顶点**

巴斯德晚年对狂犬病疫苗的研究是他事业的光辉顶点。

狂犬病虽不是一种常见病，但当时的死亡率为100%。1881年，巴斯德组成一个三人小组开始研制狂犬病疫苗。在寻找病原体的过程中，虽然经历了许多困难与失败，最后还是在患狂犬病的动物脑和脊髓中发现一种毒性很强的病原体（现经电子显微镜观察是直径25纳米～800纳米，形状像一颗子弹似的棒状病毒）。为了得到这种病毒，巴斯德经常冒着生命危险从患病动物体内提取。一次，巴斯德为了收集一条疯狗的唾液，竟然跪在狂犬的脚下耐心等待。这种为了科学研究而把生死置之度外的崇高献身精神，难道不值得我们后人去学习和称颂吗！

巴斯德把分离得到的病毒连续接种到家兔的脑中使之传代，经过100次兔脑传代的狂犬病毒给健康狗注射时，奇迹发生了，狗居然没有得病，这只狗具有了免疫力。

巴斯德把多次传代的狂犬病毒随兔脊髓一起取出，悬挂在干燥的、消毒过的小屋内，使之自然干燥14天减毒，然后把脊髓研成乳化剂，用生理盐水稀释，制成原始的巴斯德狂犬病疫苗。

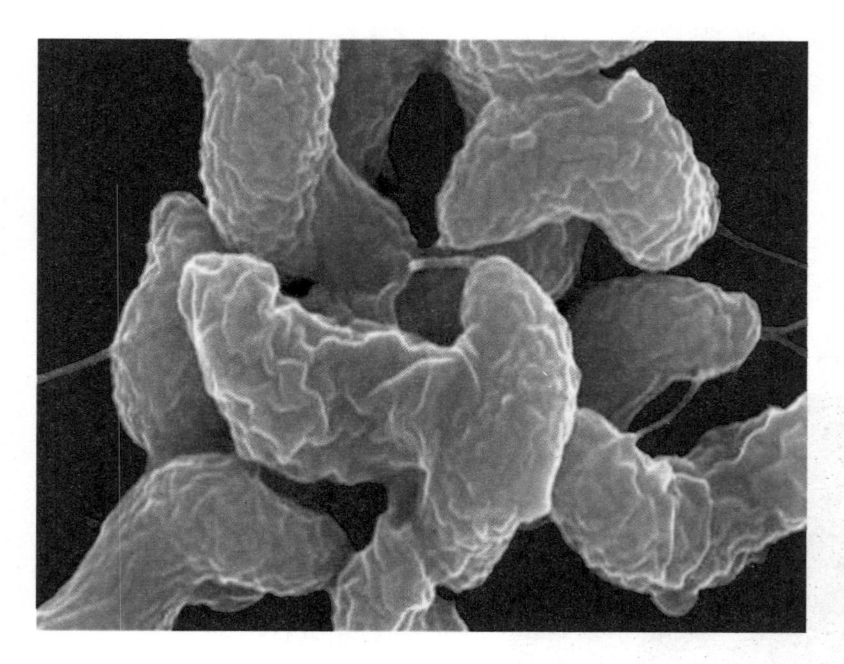

病原体

1885年7月6日，九岁法国小孩梅斯特被狂犬咬伤14处，医生诊断后宣布他生存无望。然而，巴斯德每天给他注射一支狂犬病疫苗。两周后，小孩转危为安。巴斯德是世

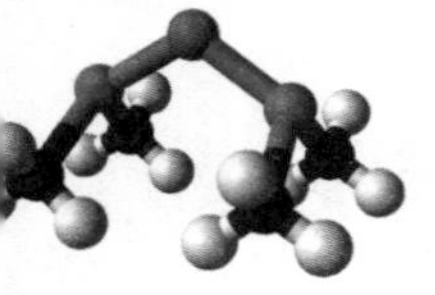

界上第一个能从狂犬病中挽救生命的人。1888年，为表彰他的杰出贡献，成立了巴斯德研究所，他亲自担任所长。

巴斯德严谨的、科学的实验设计，他淡漠名利的高尚情操，他为追求真理而不顾个人安危的献身精神将永远留在我们的心中。

巴斯德为微生物学、免疫学、医学，尤其是为微生物学，做出了不朽贡献，“微生物学之父”的美誉当之无愧。

罗伯特·科赫

1905年，伟大的德国医学家、大名鼎鼎的罗伯特·科赫以举世瞩目的开拓性成绩，问心无愧地摘走了诺贝尔生理学及医学奖。科赫的获奖，与另一位德国人伦琴获得首届诺贝尔物理学奖的时间仅相隔4年。

罗伯特·科赫

众所周知，传染病是人类健康的大敌。从古至今，鼠疫、伤寒、霍乱、肺结核等许多可怕的病魔夺去了人类无数的生命。人类要战胜这些凶恶的疾病，首先要弄清楚致病的原因。而第一个发现传染病是由病原细菌感染造成的人就是罗伯特·科赫，他堪称是世界病原细菌学的奠基人和开拓者。

罗伯特·科赫，1843年12月11日出生于德国哈茨附近的克劳斯特尔城，他从小就表现出开拓者的远大志向。有一天，科赫的父母在清点他们的13个子女时，发现不见了儿子科赫。后来，焦急万分的母亲终于在一个小池塘边找到了她的儿子。这时，小科赫正蹲在池塘边聚精会神地看着一只漂浮的小纸船。当母亲不解地问他在干什么时，小科赫回答道：“妈妈，我要当一名水手，到大海去远航……”

在科赫7岁那年，克劳斯特尔

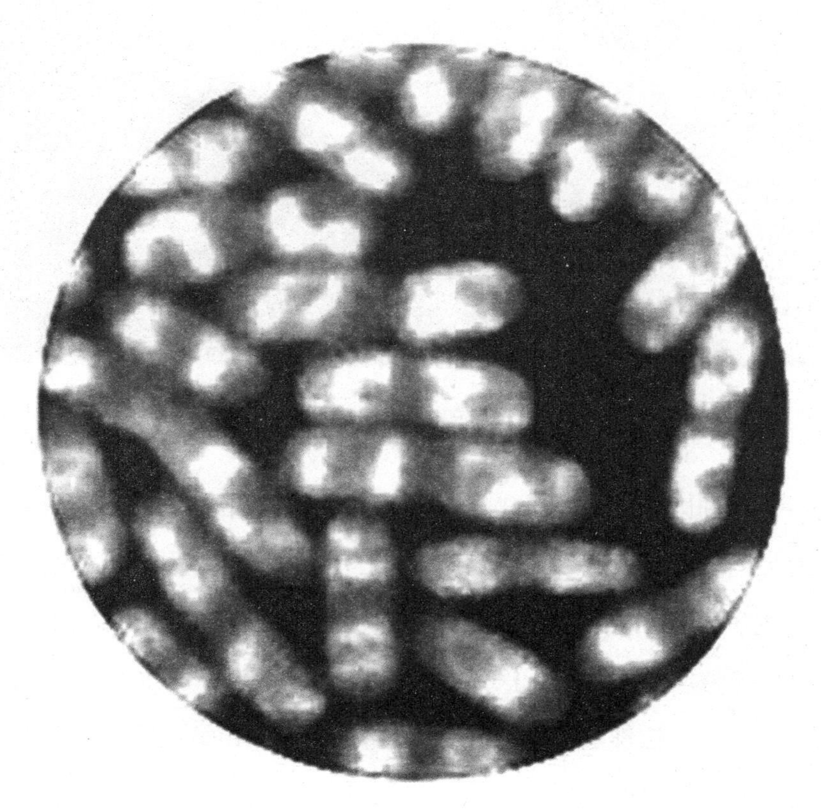

伤寒杆菌

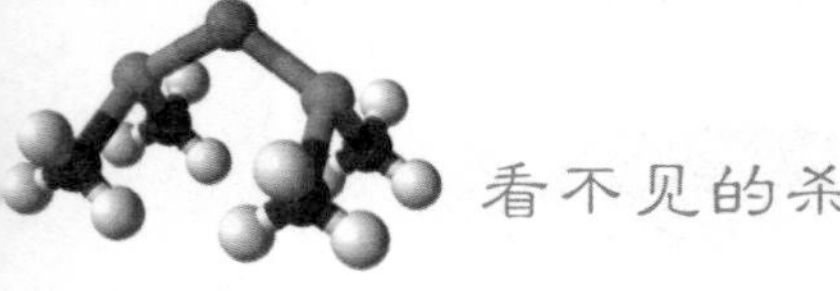

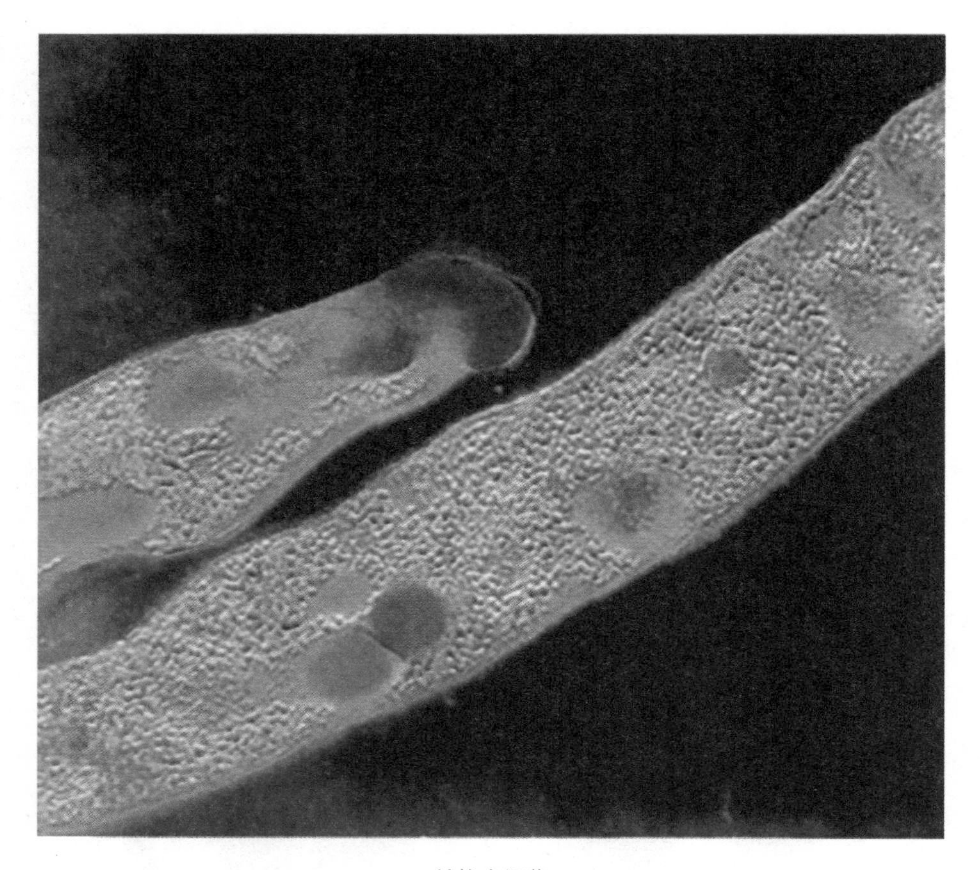
结核病细菌

城的一位牧师因病去世，小科赫向前往哀悼的母亲提出了一连串的问题："牧师得了什么病？""难道绝症就治不好吗？"母亲无法回答小科赫的提问。这件事在年幼的科赫心中留下了深刻的印象，并使他立志将来献身于征服病魔的医学事业，治好母亲认为是无法医治的绝症。正是凭着这股开拓志向，科赫在病原细菌学方面作出了非凡的贡献。以下一组有关罗伯特·科赫的统计资料已足以说明一切问题：

世界上第一次发明了细菌照相法。

世界上第一次发现了炭疽热的病原细菌——炭疽杆菌。

世界上第一次证明了一种特定的微生物引起一种特定疾病的原因。

世界上第一次分离出伤寒杆菌。

世界上第一次发明了蒸汽杀菌法。

世界上第一次分离出结核病细菌。

世界上第一次发明了预防炭疽病的接种方法。

世界上第一次发现了霍乱弧菌。

世界上第一次提出了霍乱预防法。

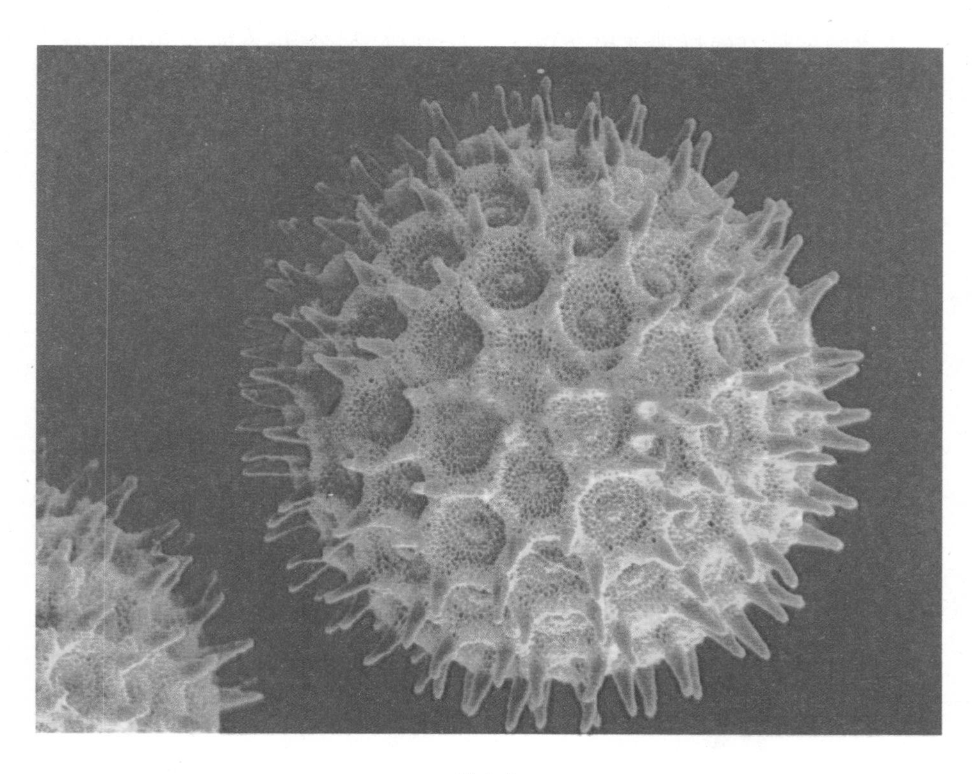

微生物

世界上第一次发现了鼠蚤传播鼠疫的秘密。

世界上第一次发现了睡眠症是由采采蝇传播的。

制定科赫法则：科赫为研究病原微生物制订了严格准则，被称为科赫法则，包括：一种病原微生物必然存在于患病动物体内，但不应出现在健康动物内；此病原微生物可从患病动物分离得到纯培养物；将分离出的纯培养物人工接种敏感动物时，必定出现该疾病所特有的症状；从人工接种的动物可以再次分离出性状与原有病原微生物相同的纯培养物。

创立了固体培养基划线分离纯种法。

以上这些，足以向世人展示罗伯特·科赫对医学事业所作出的开拓性贡献，也使科赫成为在世界医学领域中令德国人骄傲无比的泰斗巨匠。

拜耶林克

马丁努斯·威廉·拜耶林克，1851年3月16日生于荷兰阿姆斯特丹，1931年1月1日逝世于荷兰霍瑟尔。

拜耶林克是荷兰植物病理学家，获瓦赫宁恩大学博士学位，并在该校教授植物学，1895年任代尔夫特科技大学微生物学教授。

在烟草花叶病的研究中，拜耶林克发现病株汁液通过张伯兰细菌滤器后仍能保持其侵染能力，据此并认为这种致病物质中不可能有细菌存在。他把此致病物质称作传染活液，后称为过滤性病

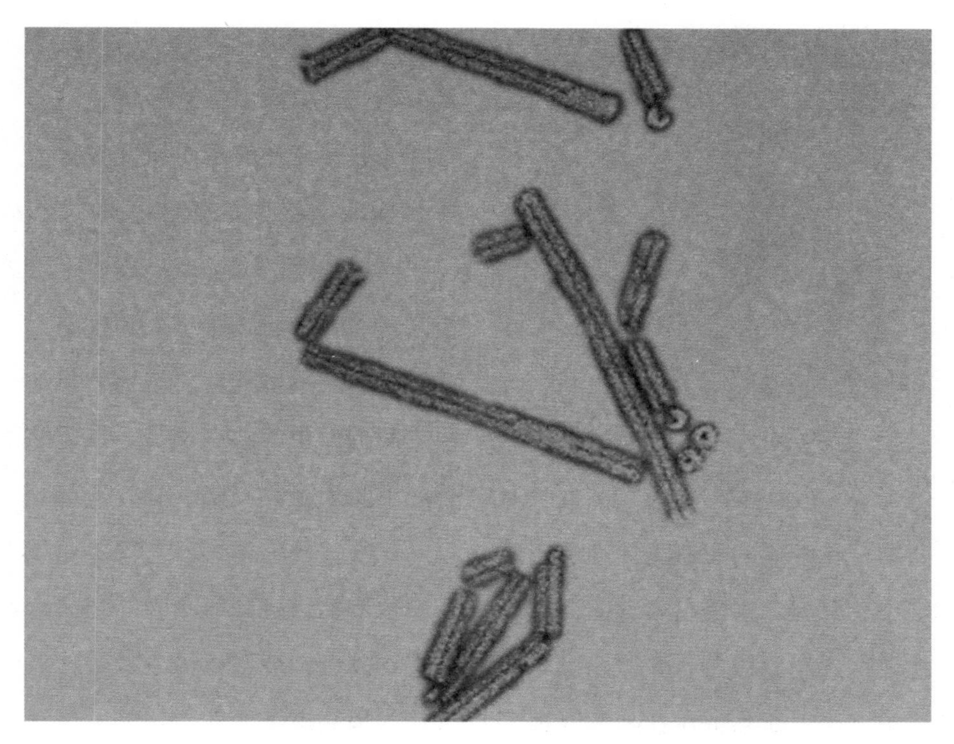

烟草花叶病毒

毒，从而渐渐发展成具有现代涵义的病毒一词。

拜耶林克就读于荷兰莱顿大学，并在在瓦赫宁根大学农业学校微生物专业（现在的荷兰瓦赫宁根大学）成了一名教师，后来在代尔夫特技术学院（现代尔夫特技术大学）。他建立了代尔夫特大学微生物学，研究农业微生物学和工业微生物学领域的生物学。但是，他却不公平的被同时代的罗伯特科赫和路易斯巴斯德所掩盖，因为与他们不同，拜耶林克没研究过人类疾病。

拜耶林克被认为是病毒学的开创者，他在1898年通过过滤实验证

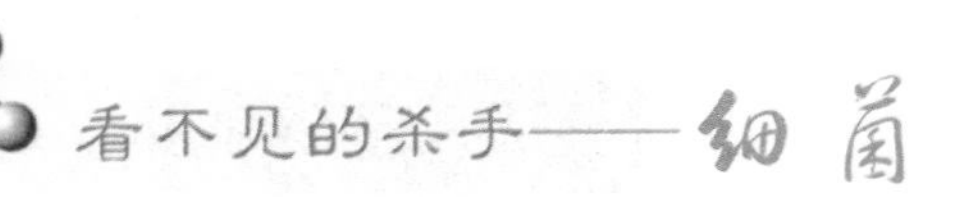

伊万诺夫斯基

明烟草花叶病的病原体比细菌还要细小，并因此推论出病毒的存在。他把这种病原体命名为“virus”。（伊万诺夫斯基也在1892年发现了病毒，但他没有公布他的发现。）他还主张病毒是一种液体，但后来美国化学家斯坦利证明了病毒其实是微粒。

拜耶林克还发现了氮气转化为植物所能够吸收的铵离子的过程——固氮作用。在这个过程中，附于某些品种植物（荚果）的根部上的细菌为其提供养分，是植物与细菌之间的共生的典型例子，也对维持泥土肥沃起着关键作用。

此外，拜耶林克还发现了通过还原硫酸盐进行缺氧呼吸的细菌，他认识到细菌能够以硫酸盐代替氧气作为最终电子受体。这个发现深远地影响到我们现时对生物地质化学循环的认识。

德尔布吕克

德尔布吕克（1906–1981）是信息学派的先驱者之一，1924年考入蒂宾根大学攻读天文学，1926年他转学到哥廷根大学，开始把兴趣中心转移到了量子论上，随后便提出了量子论的最终形式。他弥补了他大学阶段错过的物理学习，在马克斯·玻恩的指导下获得了博士学位。德尔布吕克曾经是丹麦著名物理学家、诺贝尔奖获得者玻尔的研究生。1932年，玻尔在哥本哈根举行的国际光疗会议上发表了《光和生命》的著名演讲，应用物理学的概念来解释生命现象。在当时，人们很难理解玻尔这些科学思想的意义，一些听讲的生物学家甚至不知所云。然而，玻尔以一种天才的直觉能力，借助于量子力学的范例，预感到在生物学中将有某些新的发现。这无疑给人们一种深刻的启示，并向当时的物理学家和生物学家提出了挑战。

德尔布吕克受到这个著名演讲的启发，使他“对于广阔的生物学领域将揭示的前景充满了热忱，并准备迎接挑战”，转而研究生物学，“选择了一条把遗传学与物理学结合在一起的道路。”1935年，德尔布吕克与前苏联遗传学家梯莫菲也夫-雷索夫斯基和物理学家齐默尔合作，应用物理学概念研究果蝇的X射线诱变现象，建立了一个突变的量子模型。他们三人共同署名的论文题为《关于基因突变和基因结构的性质》，刊登在德国哥廷根的科学协会通讯上，这篇论文代表了德尔布吕克的早期生物学思想，可以认为是量子遗传学的最早端倪。1937年，德尔布吕克带着洛氏基金的资助，前往美国加州理工

年轻的德尔布吕克

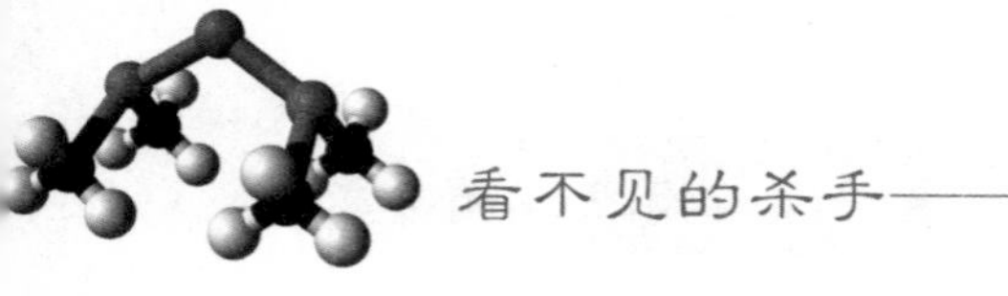

学院——当时世界的遗传学中心。在加州理工学院，德尔布吕克与摩尔根及其弟子们过从甚密。他犹豫不决地接受了基因作为“分子”的看法，但同时坚持，这种“分子”决不是处于随机碰撞和化学平衡中的分子，细胞中的化学反应是高度专一的，各个反应彼此常常保持独立。尤其重要的是，基因仅以一个或两个副本存在，它不可能是满足一般化学平衡所需的大量分子，而且基因代代相传，在结构上异常稳定，抵御着不确定性的降解。这一切对于物理和化学来说是反常的。在德尔布吕克这些独创性的想法中，看不到玻尔互补原理或统计决定论思想的痕迹，相反却看到了生命的确定性和因果性。

德尔布吕克想采用最简单的生物来探讨“基因的化学本质是什么”的问题。然而，摩尔根研究的果蝇使他感到一筹莫展，果蝇过于复杂而不适应于物理学家惯有的简单性思维。1938年，一种寄生于大肠杆菌（生活在人体或动物大肠中的一种细菌）中的小小病毒——噬菌体，闯入了德尔布吕克的生活。德尔布吕克与噬菌体可谓“一见钟情”，噬菌体碰上了德尔布吕克经过长期物理学方法论训练的有准备的头脑。噬菌体在分子生物学中的地位，犹如氢原子在玻尔量子力学模型中的地位，氢原子只有一个核外电子和一个核内质子。用噬菌体作生物学研究材料有着极大的优越性：它易于繁殖，在半小时内，就能依赖一个细菌细胞繁殖出数百个子代噬菌体；在培养基中，因为它们分解细菌而出现透明的噬菌斑，因而易于计数；噬菌体只含有蛋白质外壳和核酸内含物两种生物大分子，结构异常简单——氢原子结构与噬菌体结构惊人的可比性以及在玻尔和德尔布吕克师徒两人开创性成就中的作用之类似，难道仅仅是历史的巧合吗？噬菌体的特性符合德尔吕布克的想法："在每一个有机体中，所发现的许多高度复杂和特殊的分子，其起源有一个极大的简单性"。德尔布吕克与另一位生物学家爱利斯一道发展了研究噬菌体的方法以及分析实验结果的数学方法，但这里并没有开创性的发现，开创性的发现期待着另一位英雄的到来。

1969年，因在遗传学上取得的研究成果，马克斯·德尔布吕克和阿尔弗雷德·赫尔希和萨尔瓦多·

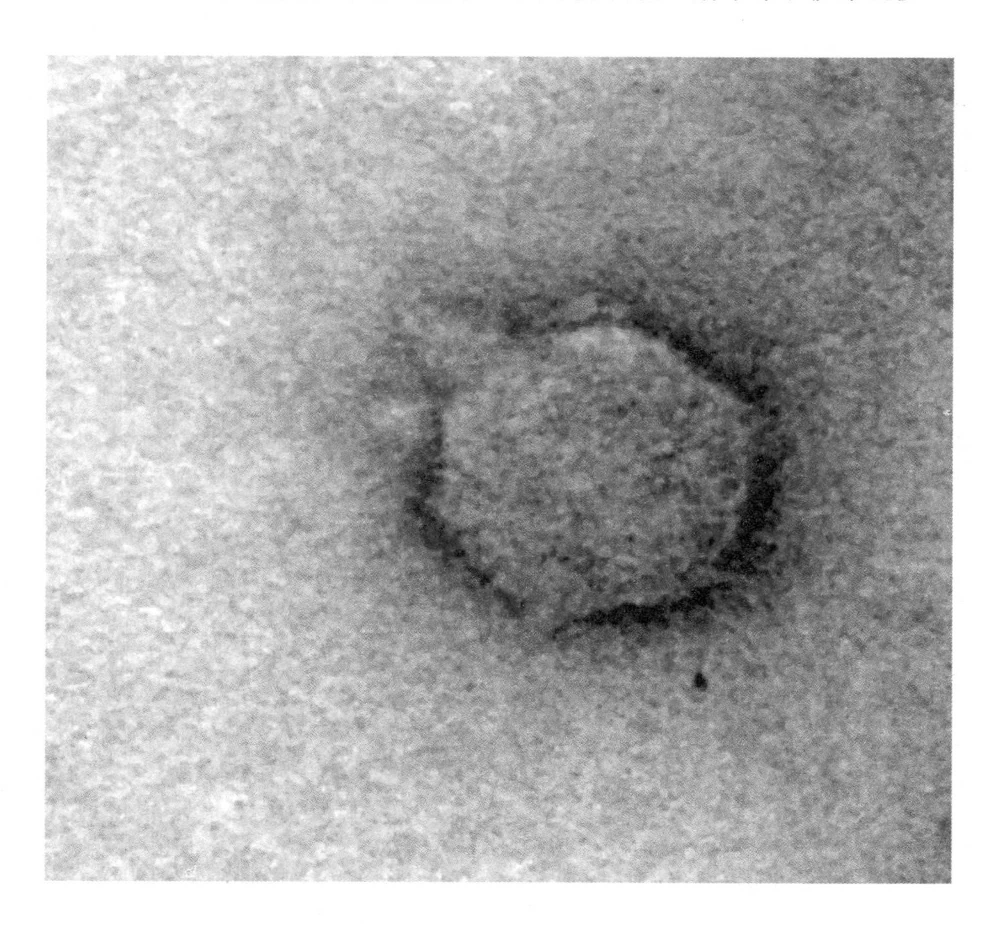

噬菌体图谱

卢利亚共享了诺贝尔奖。1977年，他从加州理工学院退休。贾德森在1972年遇到他时，这样形容他："活泼、有礼、平易近人、敏感、明了事理、厌恶虚伪。"

1981年3月10日，德尔布吕克逝世。

埃弗里

埃弗里，美国细菌学家。1877年10月21日生于加拿大新斯科舍哈利法克斯，1955年2月20日逝世于美国田纳西州纳什维尔。1887年，埃弗里随做牧师的父亲迁入美国纽约市。1904年毕业于哥伦比亚大学医学院，后到布鲁克林的霍格兰实验室研究并讲授细菌学和免疫学。1913年，埃弗里转到纽约的洛克菲勒研究所附属医院工作，直到1948年退休。

埃弗里和C.麦克劳德、M.麦卡锡于1944年共同发现不同型的肺炎双球菌的转化因子是 DNA。

英国微生物学家F.格里菲思于1928 年就发现：将已经死亡的Ⅲ型肺炎双球菌和活的Ⅱ型菌 分别注射入小白鼠体内小白鼠表现正常；若将两者混 合注入，则小白鼠死亡，并从其尸体中可分离出活的可 致病的Ⅲ型肺炎双球菌。

格里菲思由此推测，在Ⅲ型的死菌体中必有一种转化因子能使Ⅱ型转化为Ⅲ型，而且这种转化可以遗传给后代。埃弗里和他的同事则进一 步从被高温杀死的Ⅲ型菌中分离出蛋白质、荚膜的成分（粘多糖）和DNA，将这几种成分分别

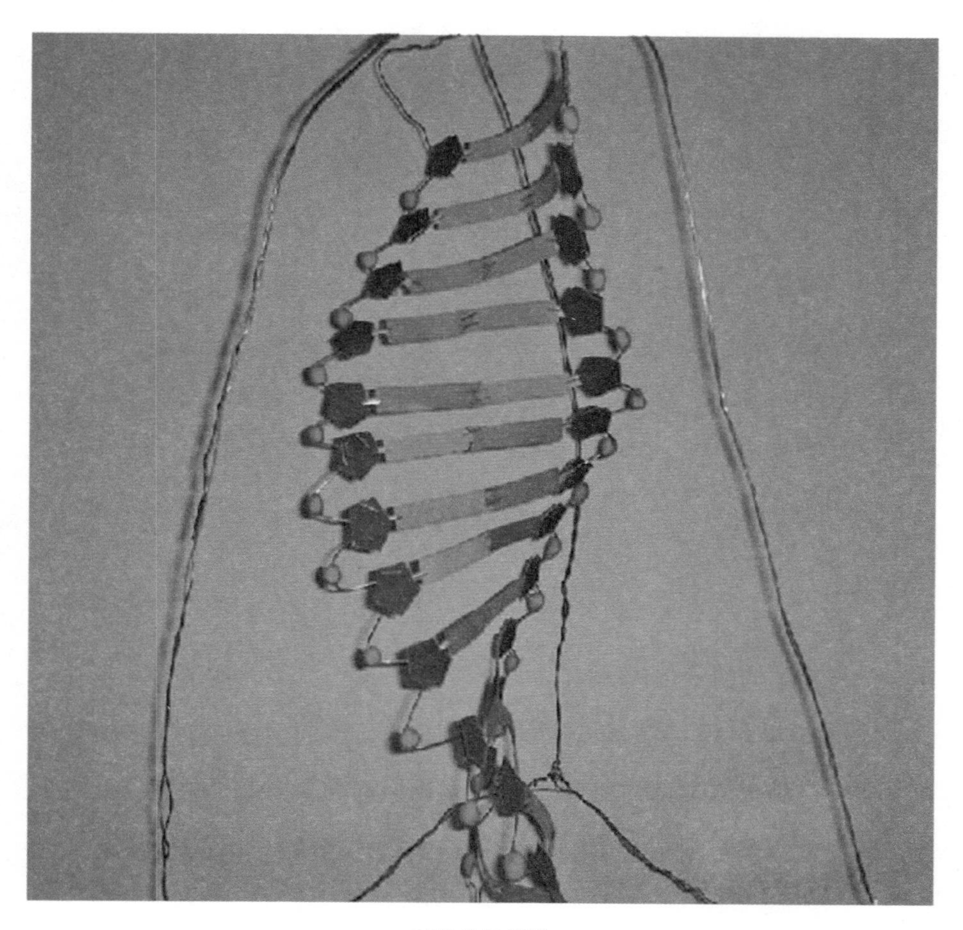

DNA分子模型

同活的Ⅱ型菌混合培养，发现只有DNA能使活的Ⅱ型转化为Ⅲ型，即使无荚膜、不致病的可转化为有荚膜、能致病的肺炎双球菌。由此证明，格里菲思所说的转化因子就是脱氧核糖核酸（DNA）。

这项实验第一次证明了遗传物质是DNA而不是蛋白质。虽然这一发现，曾引起争论和怀疑，但的确推动了DNA的研究，直至1953年

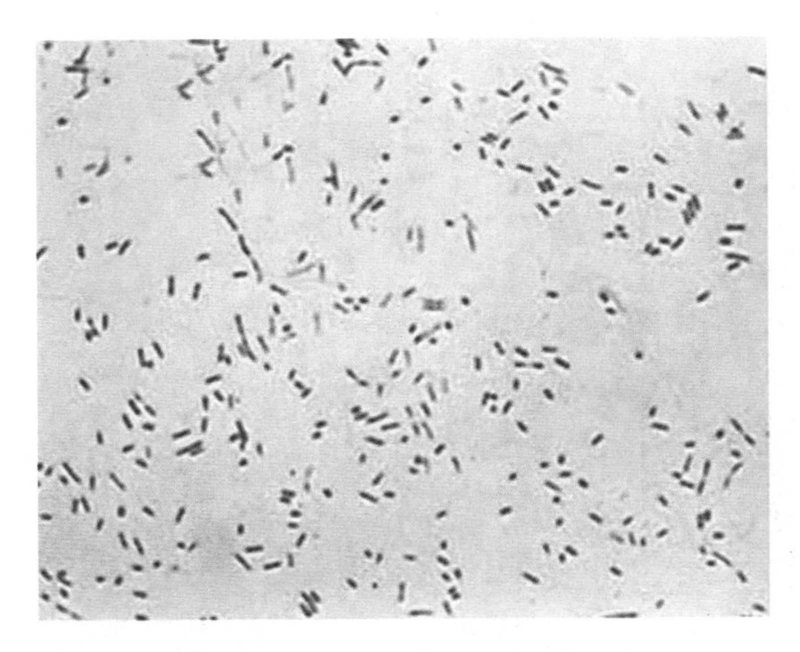
肺炎双球菌

DNA双螺旋结构的发现。

埃弗里早年就熟悉肺炎双球菌，研究过肺炎双球菌的免疫性。提出肺炎双球菌可根据其免疫的专一性来进行分类，而这种免疫专一性是由于不同菌型的荚膜中所含的多糖引起的。由此，他建立起对不同型肺炎双球菌的灵敏检验法。

陈宗贤

陈宗贤（1892—1979），湖北武昌人。民国3年（1914年）毕业于上海圣约翰大学医学部，次年赴美就读于哈佛大学医学院和哥伦比亚大学，获医学博士学位。民国7年回国，任北京协和大学医学院讲师，卫生署中央防疫处技师长、处长兼技正。民国19年再度赴美，任哈佛大学医学院细菌学研究员。后在香港协和药品公司血清疫苗部和细菌研究所主持工作。民国34年后历任南京中央防疫处处长、蒙绥及西北防疫处处长、青岛卫生试验所所长、中央生化处东北及上海生物制药实验厂厂长。解放后，任华东人民制药公司生物制品实验厂厂长、卫生部生物制品委员会副主任、上海生物制品研究所所长。连任上海市第三、四、五届政协委员。

陈宗贤是中国生物制品创始人之一，为国内外著名的细菌学及生物制品专家。曾代表中国出席有关专业国际会议，先后四次赴日本、菲律宾及美、法、德等欧美10国考察生物制品。1959年研制成功吸附白喉类毒素。撰写《抗脊髓灰质炎血清的生产》、《关于伤寒菌苗的研究》、《天然抗破伤风抗毒免疫的研究》、《抗猩红热血清制备的初步报告》等论文数十篇。著有《生物制品的制造及使用》、《生物制品的治疗》等。

陈文贵

陈文贵，名愠愧，光绪二十八年（1902）八月二十三日出生在永川县松溉镇花纱商人家。陈文贵6岁进私塾，12岁进江津县聚奎小学（现重庆白沙镇聚奎中学），民国6年（1917）进江津县中，民国

11年进湖南雅礼大学医预科，民国12年进长沙湘医学院学习，民国17年春转入成都协和大学医科学习，民国18年7月毕业，获博士学位。民国18—23年，陈文贵任北平协和医学院病理科助教，著有《嗜菌体对霍乱细菌的分解》、《恢复期病人霍乱细菌的粗型》等5篇论文，分别发表在美国的《实验生物》和《医学会刊》上。民国25年春，陈文贵被国联聘请为世界卫生组织公共卫生视察员，到印度孟买哈佛金研究所进行鼠疫防治研究，撰写《参观访问印度防治鼠疫的报告》。

1950年2月，陈文贵任西南军政委员会卫生部部长钱信忠的临时卫生顾问。7月，出任西南军政委员会卫生部副部长，兼中华医学会西南会理事长。1952年，美国在朝鲜进行大规模细菌战，中央卫生部派陈文贵赴朝鲜任中国人民志愿军卫生部顾问，搜集美军空投的昆虫标本，揭露美军侵略者的罪行，12月陈文贵出席在维也纳召开的世界和平大会，在会上揭露美军使用细菌武器的罪行，赢得了世界爱好和平人民对中朝两国人民的支持和同情。中国政府发给他荣誉奖状，朝鲜人民政府授予陈文贵二级国旗勋章，陈文贵回国后，还受到毛泽东主席的接见和宴请。解放后，陈文贵被评为一级教授和中国科学院生物地学部委员，并担任第一届全国政协委员和第一、二、三届全国人民代表大会代表。

文化大革命中，陈文贵被列为资产阶级反动学术权威。这时，他身患高血压、肺结核病，卧床不起，于1974年6月15日与世长辞，终年72岁。